杨国荣 著 作 集 ┃ 增订版 ┃

政治、伦理及其他

杨国荣◎著

华东师范大学出版社

·上海·

图书在版编目（CIP）数据

政治、伦理及其他／杨国荣著. —增订本. —上海：华东师范大学出版社，2021
（杨国荣著作集）
ISBN 978－7－5760－2362－6

Ⅰ.①政… Ⅱ.①杨… Ⅲ.①政治伦理学 Ⅳ.①B82－051

中国版本图书馆 CIP 数据核字（2021）第 266697 号

杨国荣著作集（增订版）

政治、伦理及其他

著　　者	杨国荣
责任编辑	朱华华
特约审读	富俊玲
责任校对	宋红广　　时东明
装帧设计	卢晓红

出版发行　华东师范大学出版社
社　　址　上海市中山北路 3663 号　邮编 200062
网　　址　www.ecnupress.com.cn
电　　话　021－60821666　行政传真 021－62572105
客服电话　021－62865537　门市（邮购）电话 021－62869887
地　　址　上海市中山北路 3663 号华东师范大学校内先锋路口
网　　店　http://hdsdcbs.tmall.com

印　刷　者　上海雅昌艺术印刷有限公司
开　　本　700×1000　16 开
印　　张　22.5
字　　数　281 千字
版　　次　2022 年 1 月第 1 版
印　　次　2022 年 1 月第 1 次
书　　号　ISBN 978－7－5760－2362－6
定　　价　89.80 元

出 版 人　王　焰

（如发现本版图书有印订质量问题，请寄回本社客服中心调换或电话 021－62865537 联系）

目 录

引 言

本书收入了我近年发表的部分论文。从内容看，这些论文大致分属政治哲学和伦理学、哲学理论（包括何为哲学、如何做哲学）、认识论以及儒家哲学等论域。它们既涉及哲学的不同方面，也记录了我对相关问题的若干思考。

一

2013 年，在《人类行动与实践智慧》一书完成后，我曾拟从政治哲学及伦理学方面，对实践哲学作进一步的考察。尽管因多重缘由，原定的研究计划有所改变，但在以上领域，仍留下了若干思考的印记，《政治哲学论纲》及伦理学领域的相关论文，便可视为这方面的一些研究结果。作为当代哲学中的显学,政治哲学诚然得到了较多的关注,但其中的一些基本问题,仍需加以辨析。以一定历史时期人类社会生活为实质的内容,政治表现为一种涉及多重维度的社会系统,其中包括观念层面的价值原则或政治理念、体制层面的政治制度和机构、政治生活的主体,以及多样的政治实践活动。通过政治实践(治国),以形成一定的政治秩序(国治),同时,又进一步赋予这种秩序以新的价值内容,使之更合乎人性发展的要求,这两个方面既有不同侧重,又相互关联,由此具体地展现了政治对于人类生活的历史必要性:如果说,前者为人类社会的存在和延续提供了担保,那么,后者则构成了人类走向理想存在形态的前提。

从政治哲学的角度考察政治领域,便不能忽视正当性问题。政治领域中的正当性可以广义地理解为"对"(rightness)与"善"(goodness)的统一,并相应地既有形式层面的意义,也有实质层面的规定。在形式的层面,政治正当主要体现于合乎一定的政治理念或价值原则,并相应地表现为"对"或"正确";在实质的层面,政治正当则在于实现人的存在价值,后者具体表现为不断超越自然的形态、走向人性化的存在和自由之境,这一意义上的正当,以广义的"善"为其内涵。考察政治的正当性,既应肯定形式层面的意义,也需关注其实质层面的内涵。从实质的层面看,政治的正当性同时体现了政治的目的:在终极的意义上,政治本身即以实质层面的善为指向,其目的在于不断将人引向人性化的存在形态、在不同历史条件下实现人的自由,这些方面同时具体地体现了人的存在价值。

政治正当性,首先关乎政治的价值目的或价值方向,相对于此,政治的合法性,则更多地涉及政治系统的程序之维。与之相联系,尽管正当性与合法性并非完全彼此悬隔,但不能把政治的正当性还原为合法性。事实上,形式层面的合乎程序,并不意味着在实质—目的层面也具有正当性。在政治领域,合法性问题既关乎政治权力的延续、传承,也关乎政治权力的中断和重建。从传统社会的君主世袭,到近代的民主选举,政治权力的更迭更多地与权力本身的延续、传承相关,在传统社会中的改朝换代以及近代的革命中,政治权力的形成则首先关涉政权的重建。政治权力更替的不同形式,也使相关权力的合法性根据呈现不同形态。

政治不仅面临"为何治"(政治系统的存在目的),而且无法回避"如何治"(政治实践展开的方式和手段),后者同时涉及有效性的问题。一方面,合法与有效本身不是目的,二者依归于价值意义上的正当性;另一方面,合法、有效又从形式(程序)与实质(具体手段)的方面,担保了正当目的之实现。要而言之,在目的层面,政治系统的运行以正当性为其指向,在程序之维,政治系统受到合法性的制约,在手段运用上,政治系统则涉及有效性;正当性、合法性、有效性的相互关联和互动,赋予政治系统以现实的品格。

作为人的存在的相关方面,政治与伦理难以截然相分。与存在形态上政治生活与伦理生活的以上联系相应,政治哲学与伦理学也具有内在关联。这种关联不仅仅在于政治实践的主体受到其人格和德性的影响,而且体现在道德对政治正当性的制约。政治的正当性和道德的正当性本身无法相分,无论在形式的层面,抑或实质之维,政治的正当性与道德的正当性都存在相关性。政治生活既在形式的层面受到价值原则的引导,也在实质的层面追求以合理需要的满足、走向自由之境等为内容的善,在这一过程中,道德的影响也渗入其内。

就伦理学或道德哲学本身而言,本书收入的相关论文首先涉及权利与义务及其相互关系。权利与义务都内含个体性与社会性二重规定。历史地看,彰显权利的个体性之维,往往引向突出"我的权利";注重义务的社会性维度,则每每导向强化"你的义务"。扬弃以上偏向,以视域的转换和交融为前提。这里的转换意味着从抽象形态的"我的权利"转向现实关系中的"你的权利"、从外在赋予(他律)意义上的"你的义务"转向自觉和自愿承担(自律)层面的"我的义务"。与之相关的视域融合,则表现为对权利二重规定与义务二重规定的双重确认。在权利与义务之间的以上关系中,权利的实现以社会的保障为前提,义务的承担则离不开个体的认同。权利与义务的以上互动,同时从一个方面为社会正义及健全的社会秩序的建构提供了现实的前提。

道德本质上具有实践性,后者具体地展现于道德行为,而如何理解道德行为,则是一个需要进一步考察的问题。以"思"、"欲"和"悦"为规定,道德行为呈现自觉、自愿、自然的品格。在不同的实践情境中,以上三方面又有各自的侧重。从外在的形态看,在面临剧烈冲突的背景之下,道德行为中牺牲自我这一特点可能得到比较明显的呈现,然而,在不以剧烈冲突为背景的行为(如关爱、慈善之举)中,道德行为则主要不是以牺牲自我为其行为的特征。道德行为的展开同时涉及对行为的评价问题,后者进一步关乎"对"和"错"、"善"和"恶"的关系。在对行为进行价值评价时,对(正确)错(错误)与善恶需要加以区分,二者的具体的判断标准也有所不同。从终极意义上的指向看,道德行为同时关乎至善。尽管对至善可以有不同的理解,但至善的观念都以某种形式影响和范导着个体的道德行为。

道德不仅涉及如何做,而且也关乎如何成就,后者侧重于广义的成人过程。中国哲学在较早的时期,便将"学"与"成人"联系起来,狭义之"学"主要与知识的掌握和积累相联系,以"成人"为指向的广义之"学"则以知与行的统一为其内容,这一视域中的"学以成人"相应地意味着在知与行的展开过程中成就人自身。在学以成人的过程中,一方面,"学"有所"本",人的自我成就离不开内在的根据和背景;

另一方面,"本"又不断在工夫展开过程中得到丰富,并且以新的形态进一步引导工夫的展开。本体和工夫的以上互动,构成了学以成人的具体内容,其中既涉及本然、当然、实然的关系,也关乎本体与工夫、性与习的互动,这一过程所指向的,则是德性和能力相统一的自由人格。

二

相对于政治哲学与伦理学的实践向度,认识论与方法论更直接涉及对存在的理论把握,本书关于人文学科的研究进路、中国文化认知取向以及认识论中的盖梯尔问题的论述,便属后一方面。人文研究在方法论上涉及多重方面。就理论与方法的关系而言,理解、解释世界的理论在运用于研究领域的过程,便具体转化为研究世界的方法。从思想和实在的关系看,人文研究既需要基于现实,也不能忘却对现实的理解和解释,仅仅关注一端,便很难避免偏失。与思想与存在之辩相关的,是实证与思辨的关系,无论是人文学科,抑或社会科学,不管是对外部世界的考察,还是对思想现象的把握,实证和思辨都应予以关注。从更为内在的层面看,实证与思辨都涉及不同的考察视域,这种视域在方法论上以知性思维和辩证思维为其具体形态;在理解世界和理解社会文化的过程中,二者都有其意义。进一步看,在人文研究过程中,既需要注重逻辑形态和逻辑脉络的揭示,避免使整个思想衍化仅仅呈现为一种现象的杂陈,也应关注思想本身的复杂性、多样性,以避免思想的贫乏化、抽象化。最后,今天从事人文学术的研究,应当具有"学无中西"的眼光,后者意味着超越中西之间的对峙,形成广义的世界文化视域。

历史地看,中国文化在其演进过程中逐渐形成了独特的认知取向。在理论的层面,认知取向既涉及能知,也关乎所知。就能知之维而言,中国文化在认知层面展现了以人观之的向度,后者使认知与评价难以分离:以人观之,认知过程便无法仅仅限定于狭义的事实认知,而总是同时指向价值的评价。从所知的方面看,中国文化的认知取向既表现为以道观之,又呈现为以类观之。前者(以道观之)关注对象本身的关联性、整体性、过程性,从而内含了辩证思维的趋向;后者(以类观之)注重从类的层面把握对象,并以类同为推论的出发点,其中体现了形式逻辑层面的思维特点。能知层面的以人观之与所知层面的以道观之、以类观之,同时指向知行过程的有效性、正当性、适宜性,后者在中国文化的认知取向中具体表现为明其宜。在“明其宜”的认知取向中,以人观之所渗入的认知与评价的互融、以道观之所体现的辩证思维、以类观之所展现的形式逻辑层面的思维趋向,统一于旨在实现多样价值目标的知行过程。

在当代西方哲学中,盖梯尔从知识是“经过辩护的真信念”这一前提出发,通过构想若干例子,对这一前提本身提出了质疑。然而,盖梯尔对知识的讨论方式,呈现明显的抽象性趋向:这不仅仅在于他基本上以随意性的假设(包括根据主观推论的需要附加各种外在、偶然的条件)为立论前提,而且更在于其推论既忽视了意向(信念)的具体性,也无视一定语境之下概念、语言符号的具体所指,更忽略了真命题需要建立在真实可靠的根据之上,而非基于主观的认定。从能知与所知的关系看,这种讨论方式在实质上限定于能知之域,而未能关注能知与所知的现实关联。事实上,以信念为知识的形态,在逻辑上容易导向主观的心理之域并由此略去能知与所知的关系:尽管“信念”之前被加上了“经过辩护”、“真”的前缀,但在以上的知识论视域中,这一类规定往往更多地限于逻辑层面的关系和形式,而未能在“信念”与“所知”之间建立起现实的联系。

三

从政治哲学、伦理学、认识论等转向元哲学的层面,便面临何为哲学、如何做哲学等问题。哲学在实质层面表现为对智慧的探求或性与天道的追问,由此转向广义的智慧性思考,则作为意见的哲学观念也属哲学之域的存在。在此意义上,以智慧之思为内容的哲学可以涵盖作为意见的哲学。对哲学的理解,同时需要区分哲学的结论和哲学的定论。哲学的思考可以形成结论,但结论不等于定论:定论通常只能接受,不可怀疑和讨论,而哲学的结论则可以放在学术共同体中作批判性的思考。对哲学的不同回答,同时与不同的哲学进路、哲学家的个性差异联系在一起,从根本上说,哲学本身便表现为对智慧的个性化追求。

与何为哲学相关的是如何做哲学。"做哲学"的方式在历史过程中呈现多重形态。相应于智慧的追求,哲学之思首先展现为以人观之和以道观之的统一。以人观之意味着以进入人的知行之域的世界为研究和追问的对象,并从人的现实存在境域和背景出发;以道观之则意味着跨越知识的界限,贯通存在的不同方面,把握世界的整体,并追问人和世界中本源性的问题。在形式的层面,哲学作为以理论思维方式来把握世界的过程,又表现为"运用概念"的思维活动。哲学的思想凝结在概念之中,新的哲学思想也通过新概念的提出而形成和展现。对于今天的哲学思考而言,还需要回到存在本身。所谓回到存在本身,意味着扬弃分析哲学的囿于语言与现象学的本于意识,回到语言和意识之后具体、现实的存在形态。在更广的意义上,哲学之思同时涉及史与思、知识和智慧的互动。

在当代中国,以智慧追寻为内容的"做哲学",依然得到延续。作为智慧探索的当代结晶,冯契的智慧说以近代"古今中西之争"为思想背景,既在一定意义上参与了"世界性的百家争鸣",也作为当代中国哲学的创造性形态融入于世界哲学之中。通过基于现实基础的智慧追寻,冯契对当代哲学中智慧的遗忘与智慧的抽象化做了双重扬弃。作为智慧学说的具体化,冯契的广义认识论展现为认识论、本体论、价值论的统一。以理性直觉、辩证综合、德性自证为实现转识成智的内在环节,冯契不仅回答了形上智慧如何可能的问题,而且展示了关于智慧如何落实于现实的具体思考。基于自由个性和社会性、理与欲、自然原则与人道原则的统一,冯契沟通了"何为人"与"何为理想之人",并进一步展开了自由人格的学说。通过名实、心物问题上的论辩,冯契既上承了中国传统哲学中的言、意、道之辩,又参与了当代哲学关于语言、意识、存在关系的讨论,后者在更内在的层面展现了世界哲学的视域。

走向世界哲学意味着不同哲学传统之间的会通,哲学对话从一个方面体现了后一趋向。哲学的发展离不开多元的智慧,对话则有助于不同智慧传统之间的理解和交融。从以上方面看,哲学对话展现了二重意义:一方面,不同哲学传统的对话以跨越学科界限、回到智慧的原初形态为指向;另一方面,这种对话又构成了不同哲学传统会通的前提。

四

智慧之思既基于现实,也源于历史。就中国哲学而言,由哲学理论的当代建构回溯哲学的历史,儒学显然无法忽视。与之相联系,本书收入了从不同方面讨论儒学的若干论文。就原初形态而言,儒学表现为"仁"与"礼"的统一。"仁"首先关乎普遍的价值原则,并与内在的精神世界相涉。在价值原则这一层面，"仁"以肯定人之为人的存在价值为基本内涵；内在的精神世界则往往取得人格、德性、境界等形态。相对于"仁"，"礼"更多地表现为现实的社会规范和现实的社会体制。就社会规范来说，"礼"可以视为引导社会生活及社会行为的基本准则；作为社会体制，"礼"则具体化为各种社会的组织形式，包括政治制度。从"仁"与"礼"本身的关系看，二者之间更多地呈现相关性和互渗性，后者同时构成了儒学的原初取向。作为历史的产物，儒学本身经历了历史衍化的过程，儒学的这种历史衍化，同时伴随着其历史的分化，后者主要体现于"仁"与"礼"的分野。从儒学的发展看，如何在更高的历史层面回到"仁"和"礼"统一的儒学原初形态，是今天所面临的问题。回归"仁"和"礼"的统一，并非简单的历史复归，它的前提之一是"仁"和"礼"本身的具体化。以"仁"与"礼"为视域，自由人格与现实规范、个体领域与公共领域、和谐与正义相互统一，并赋予"仁"和"礼"的统一以新的时代意义。对儒学的以上理解，同时体现了广义的理性精神。

在价值观上，儒家以"仁"为其核心，其中蕴含的观念对重新思考个体权利与存在价值的关系以及当代哲学关于善与权利关系的争论，也具有重要意义。在儒家那里，仁道的原则同时包含更为宽泛的内涵。孟子曾提出"亲亲"、"仁民"、"爱物"等观念，这里可以首先关注"仁民"和"爱物"。"仁民"主要涉及仁道原则与人的关系，它意味着把这一原则运用于处理和协调人与人之间的关系；"爱物"则是将这一仁道原则进一步加以扩展、引申，运用于处理人与物的关系。仁民爱物的引申和扩展，进一步指向更广的价值领域，后者具体体现于《中庸》的两个重要观念，即"万物并育而不相害"与"道并行而不相悖"。就价值目标而言，儒家提出"为己之学"并要求"赞天地之化育"，"为己之学"涉及成己，"赞天地之化育"则关乎成物，成己与成物,同时构成了儒家总的价值指向。

天人关系是中国哲学的重要论题。从价值观的视域看,天人之辩既涉及人自身的存在,也关乎人与对象之间的关系。在人的存在这一层面,儒家注重化天性为德性,与之相对的道家则以维护和回归天性为指向,二者既各有所见,也蕴含自身的问题,合理的取向表现为扬弃天性和德性之间的对峙和分离,这种扬弃的深层意义,在于一方面确认人之为人的本质,另一方面又避免社会规范的形式化、外在化。引申而言,在人与对象之间的关系上,今天面临三重超越或三重扬弃:首先是扬弃前现代的视域,其实质内涵在于超越天人之间原始的合一;其次是扬弃片面的现代性视域,其实质内涵在于超越天人之间的抽象分离;最后是超越后现代的视域,其实质表现为在天人互动充分发展的前提下,在更高的历史阶段重建天人之间的统一。以上超越,同时表现为以历史主义的观念,理解和看待天人之间的关系,其价值的指向,则是人道原则与自然原则的统一。

在更宽泛的价值趋向方面,儒家的思考与理想的追寻相联系。理想一方面尚未成为现实,另一方面又包含人们所追求和向往的目标。就理想本身而言,其形态又涉及多重方面。早在先秦,儒家的奠基者孔子就提出了"志于道"的观念。"道"既关乎天道,也涉及人道。从天道的层面看,"道"呈现为存在的根据和法则;就人道的层面而言,"道"则涉及普遍的理想,包括文化理想、社会理想、道德理想,等等。"志于道"以后一意义的"道"为指向,其实质的意义表现为对广义理想的追求。历史中所追求的这种理想,在今天既得到了某种延续,又获得了新的内涵。

儒学在其历史衍化中同时形成了不同的学派,关学是其中之一。关学奠基于张载,其基本特点与张载的思想难以分开。在天道观上,张载提出太虚即气,从这一观念看,气只有如何存在(聚或散)的问题,而无是否存在(有或无、实或空)的问题,哲学的视野和提问的方式由此发生了变化:对存在方式(如何在)的关注,开始取代对存在本身的质疑(是否在)。在张载那里,天道观与人道观彼此相关,天道观上以世界"如何在"的考察取代"是否在"的质疑,在人道观上进一步引向对人"如何在"的关切。以肯定人伦秩序为前提,张载进一步提出"为天地立心,为生民立道,为去圣继绝学,为万世开太平"的观念,其中包含理想意识与使命意识的统一,并在更内在的层面上展现了人的精神境界,后者既展现了普遍的价值追求,也体现了关学的内在精神。精神境界以人自身的成就或人的完善为指向。在如何成就人这一问题上,张载进一步提出了其人性理论及"变化气质"的观念,以此对孟子和荀子的人性理论作了双重扬弃,并对"成人"过程作出了新的阐发。

本书收入的两篇附录,以广义的实践哲学(包括伦理学)为讨论的对象,其内容既与元理论层面如何理解实践哲学相关,也涉及社会性道德与宗教性道德之分、伦理与道德的涵义、权利与善、经验与先验、历史与理性、心理与本体的关系。这些论辩在不同的层面上,呼应了本书正文所讨论的问题。

政治哲学论纲①

　　作为一种社会系统,政治涉及多重方面。政治生活的展开过程,既涉及目的层面的正当性,也关乎程序层面的合法性与手段层面的有效性。以社会生活过程为具体的形态,政治与道德无法截然相分。要而言之,何为政治生活,政治形态何以必要,如何达到政治生活的理想形态,这些问题既是政治领域所无法回避的,也从不同方面规定了政治哲学的内涵。

一、何 为 政 治

　　历史地看,政治在人类社会的演进中已经历了漫

---

　　①　本文原载《学术月刊》2015 年第 1 期。

长的过程。在古希腊，政治（politics）被视为与公民相关的存在形态。中国古代诚然没有近代意义上"政治"这一概念，但近于 politics 的观念及存在形态早已出现。在先秦，与 politics 相涉的观念和现象往往以"政"表示，而政治领域的活动，也常常取得"为政"的形式。

古希腊所理解的政治，主要与城邦中公民的活动相关，包括参加公民大会，讨论城邦事宜，等等。相形之下，先秦时期的"政"，则更多地与"治民"、"正民"相联系："政以治民，刑以正邪。"①"夫名以制义，义以出礼，礼以体政，政以正民，是以政成而民听。"②"治民"关乎对"民"的治理，"正民"则意味着通过对"民"的引导、塑造，使之在言行等方面都合乎一定的社会规范，从而成为相关政治共同体的合格成员。以公民参与的形式展开的政治活动，不仅体现了公民与城邦的关系，而且在更深层的意义上关乎人的存在方式，治民与正民则以更直接的形式展现了政治与人的关联。政治的这种早期观念和形态从一个方面表明：作为人类社会中的一种现象，政治与人类自身的存在无法分离。引申而言，不仅政治本身与人的存在难以相分，而且政治与非政治的区分与转换，也以人的存在及其活动为前提。以外部环境来说，作为本然的对象，由山脉等构成的环境本身主要表现为自然的状态，而非政治领域的存在，但一项涉及环境的实践计划（如开采矿山），则可能赋予环境问题以某种政治意义。

以人类自身的存在为指向，政治无疑与不同的社会领域相涉。就政治与经济的关系而言，政治既受到经济发展状况的制约，也对经济利益具有调节的作用，作为政治理念的分配正义，便关乎社会资源的协调，而经济利益的调节则构成了后者的题中之义。然而，作为社

---

① 《左传·隐公十一年》。
② 《左传·桓公二年》。

会生活的重要形态,政治本身又表现为包含多重方面的系统。首先是观念之维。在观念的层面,政治涉及价值原则、政治理念、政治理想,等等。在政治领域中,价值原则既具有建构性,也呈现范导性。一定时期的政治生活,往往是依据该时期主导的或被普遍接受的价值原则、政治理念建构起来的。以古希腊而言,赋予城邦以最高的利益和荣誉、尊重法律、和谐的共同生活,等等,构成了其基本的理念①,城邦本身的政治生活,则基于如上政治理念。在先秦的一定时期,依礼而行构成了政治领域的核心观念:"礼,所以守其国,行其政令,无失其民者也。"②这一原则和观念同时成为相关历史时期政治生活形成和确立的依据。同样,近代政治的演进,总是渗入了近代的价值观念,这种价值观念包括近代启蒙思想家所倡导的天赋人权以及自由、平等、民主,等等,在近代政治生活的多方面展开中,可以一再看到以上价值原则的范导作用。19世纪后期逐渐兴起的工人运动和社会主义运动,则以人的解放为理想,这种价值理想同时指引着与之相关的政治实践。在引导未来政治形态的同时,价值原则、政治理念和政治理想也构成了对现实政治形态批判的根据。相对于体现价值原则的一定政治理想,现实往往呈现某种不足,对这种现实的批判性考察,是走向新的政治形态的前提,而现实的批判,则既基于现实本身,又以一定的政治理想为出发点。

具体而言,作为观念形态的政治理想本身可以呈现不同的形态,其中,历史过程中的政治理想与形上层面的政治理想是尤为值得注意的两种形态。欧克肖特曾区分了信念论的政治与怀疑论的政治。关于信念论政治,欧克肖特作了如下概述:"在信念论政治中,治理活

---

① 参见[美]萨拜因:《政治学说史》,盛葵阳等译,北京:商务印书馆,1986年,第31—48页。

② 《左传·昭公五年》。

动被认为是服务于人类的完美,完美本身被认为是人类处境的一种世俗状态,而完美的实现则被认为取决于人类自身的努力。"相对于此,怀疑论政治则趋向于政治与完美之间的分离。① 这一理解中的信念政治,更多地涉及政治与理想的关系,在引申的意义上,所谓"完美"可视为形上层面的政治理想。这种政治理想既可能趋向于抽象化,也可以具有某种普遍的范导意义。与之相异的是历史过程中的政治理想,后者虽然不一定以完美为目标,但往往更切近于现实的政治生活,并由此可以为政治实践提供更具体的引导。以传统社会而言,如果说,"大同"、"止于至善"、"为万世开太平"所体现的政治理想蕴含某种形而上内涵,那么,"小康"、"一统"或"一天下"则更近于历史过程中的政治理想,二者从不同的层面呈现了对政治生活的导向意义。怀疑论的政治理论在否定完美的同时,似乎未能充分注意政治理想(尤其是形上层面的政治理想)在政治生活中的作用。

与观念层面的价值原则、政治理念、价值理想相联系的,是多样的政治体制。在体制的层面,政治的核心形态体现于国家。在政治出现于人类社会之后,其具体运行往往通过国家这一体制而实现,古希腊的城邦、东周的列国,直到晚近的现代国家,都可以视为国家的不同形态。从城邦的治理,到"政以治民"、"政以正民",其"治"其"正"都无法与广义的国家相分离。国家的具体形态可以不同,亚里士多德曾区分了国家的如下体制:贵族政体、君主政体、共和政体,三者又有各自的变体:君主制的变体为僭主制或暴君制,贵族制的变体为寡头制,共和制的变体则是平民制。② 这当然首先是一种理论上的

---

① [英]欧克肖特:《信念论政治与怀疑论政治》,张铭、姚仁权译,上海:上海译文出版社,2009 年,第 46、68 页。

② Aristotle, *Politics*, 1289a25 – 30, *The Basic Work of Aristotle*, Random House, 1941, p.1206.

分类,但其中也涉及历史中的某些形态。国家作为总的政治体制,同时包括行政、司法等多样的部门和机构,它们从不同的方面行使国家的职能。

作为人类社会演进过程中的现象,政治生活的展开、政治体制的运作始终无法与人相分。宽泛而言,当人成为国家的成员时,他同时也以某种形式参与了与国家相关的政治生活:"国家成员这一概念就已经有了这样的含义:他们是国家的成员,是国家的一部分,国家把他们作为自己的一部分包括在本身中。他们既然是国家的一部分,那么他们的社会存在自然就是他们实际参加了国家。"①当然,在政治生活的现实展开过程中,参与者的具体地位又并不相同。孟子已区分"治人"与"治于人"两种不同的政治活动方式:"或劳心,或劳力;劳心者治人,劳力者治于人;治于人者食人,治人者食于人;天下之通义也。"②"治人"以拥有政治权力为前提,其"治"属行使政治权力的活动;"治于人"则意味着成为政治权力的作用对象,二者之别相应于统治与被统治、治理与被治理之分。在一定的政治格局中,"治人"者往往构成了政治活动的主导方面,但当既存政治格局受到挑战的情况时,"治于人"者的政治作用则会发生某种变化。

政治领域中主体的不同作用,体现于多样的政治实践过程。城邦中的参与公民大会、讨论城邦相关事宜、调节和处理公民之间的关系,都属广义的政治实践。君主制中君臣的各尽其职,所谓君君、臣臣,也构成了一定历史时期中政治实践的内容。以君主而言,"道千乘之国,敬事而信,节用而爱人,使民以时"③。这里涉及千乘之君及

---

① [德]马克思:《黑格尔法哲学批判》,《马克思恩格斯全集》第一卷,北京:人民出版社,1956 年,第 392 页。

② 《孟子·滕文公上》。

③ 《论语·学而》。

其治国实践的具体内容,其中既包括对国事认真负责而重诚信这一类总体的治国态度,也兼涉对物(节用)与人(爱人)的不同处理方式,以及关注民力的征用与季节、时间的关系。政治实践的形式可以多样,即使无为而治,也可以视为政治实践的特定形态:无为而治并非完全疏离于实践过程,而是表现为以顺从民意、不加干预为特点的治国实践。近代以来,政治实践在内容与形式上都发生了重要的变化。在实质的层面,政治实践的主体逐渐由君转向民,从政治领导人的选择,到重大的政治决策,人民的政治参与程度超越了以往的历史时期;在形式的层面,与法制相关的程序性在政治实践过程中的作用愈来愈突出。作为政治领域的重要方面,政治实践无疑构成了不可忽视的环节。价值原则和政治理念的落实,以具体的政治实践为条件;政治理想的实现,也离不开相关的政治实践,政治体制的运行,同样基于政治实践:唯有在政治实践的展开过程中,政治体制才可能获得现实的生命力。进而言之,政治的主体,也与政治实践息息相关,人本身因"行"(实践)而在,人之成为什么,与他"做"什么(从事什么样的实践活动)相涉,正是在参与具体的政治实践的过程中,人才成为亚里士多德所谓"政治的动物"或政治的主体。

可以看到,作为一定历史时期人类社会生活的重要构成,政治表现为一种涉及多重维度的社会系统,其中包括观念层面的价值原则或政治理念、体制层面的政治制度和机构、政治生活的主体,以及多样的政治实践活动。"夫名以制义,义以出礼,礼以体政,政以正民,是以政成而民听。"这一论述从一个方面体现政治的以上内容:义渗入了普遍的价值原则,礼包含体制之维,这种体制形式在"政"之中进一步具体化,"夫名以制义"意味着价值原则的明确化,"义以出礼,礼以体政"则是根据价值原则以形成相应的政治体制,"政以正民"既涉及政治生活的主体,也关乎政治活动及其作用。政治观念、政治体制、政治主体以及政治实践的交织,构成了政治的现实形态。

二、政治何以必要

在人类社会的演进中,何以需要政治系统? 这首先可以从存在秩序如何可能这一角度加以考察。人的存在与秩序难以分离。就现实的形态而言,人不同于动物的特点在于具有社会性(所谓"能群"),社会性的核心,则在于秩序性:合群或社会的建构,具体便表现为一定社会秩序的形成。在日常生活的层面,家庭成员之间的关系构成了一种基本的关联,而基于父慈子孝的原则所形成的家庭伦常,则构成了伦理的秩序,这种秩序为日常生活的展开,提供了伦理的担保。人的存在并不限于家庭之域,在更广意义上的社会交往和关联中,伦理之外的政治便突显了其意义。历史地看,伦理与政治在人的社会生活中本身难以截然分离,亚里士多德已指出,古希腊的城邦所追求的便是善①,在指向"善"这一点上,政治与伦理呈现了内在的相通性。中国先秦的"礼",同样体现了二者的相关性:"道德仁义,非礼不成,教训正俗,非礼不备。分争辨讼,非礼不决。君臣上下、父子兄弟,非礼不定。宦学事师,非礼不亲。班朝治军,莅官行法,非礼威严不行。祷祠祭祀,供给鬼神,非礼不诚不庄。是以君子恭敬撙节退让以明礼。"②道德仁义、父子兄弟,更多地关乎伦理,君臣上下、莅官行法,则涉及政治领域,在此,政治意义上的关系和活动与伦理层面的关系和活动,都受到礼的制约,它在体现礼的普遍涵盖性的同时,也突出了

---

① Aristotle, *Politics*, 1252a. *The Basic Work of Aristotle*, Random House, 1941, p.1127.

② 《礼记·曲礼上》。

政治与伦理的相关性。作为伦理原则，"礼"指向的是父子兄弟的人伦秩序；作为政治领域的原则，"礼"则引向君臣上下的政治秩序。所谓"非礼不成"、"非礼不定"，既肯定了"礼"在形成伦理、政治秩序中的作用，也强调了伦理、政治秩序本身在人类存在过程中的意义。

　　政治与秩序之间的关联，在中国文化中的"治"这一概念中得到更为具体的展现。"治"首先被用以表示"治国"的实践活动，所谓"君师者，治之本"①、"无法不可以为治"②、"凡治国之道，必先富民"③，等等，其中的"治"，便指治理国家的政治实践。这种治理活动本身涉及多重方面，包括治理的主体（所谓"君师"）、治理的依据（法）、治理的步骤（先富民），等等。除了治理的实践活动外，"治"在政治领域同时表现为一种状态："治国去之，乱国就之。"④"所谓治国者，主道明也；所谓乱国者，臣术胜也。"⑤"达治乱之要者，遏将来之患。"⑥这里的"治"主要表现为政治上的有序状态，与之相对的"乱"，则以政治上的无序性为其特点，国家和社会的其他发展状况，均以上述状态（治或乱）为前提。不难看到，后一意义上的"治"，以政治秩序为其具体内容。作为政治实践的"治"与作为政治形态的"治"，并非毫不相关：通过"治"（治国的政治实践），以达到"治"（形成一定的政治秩序，并使社会在此基础得到发展），构成了政治领域中相互联系两个方面。二者的这种相关性，也从一个方面展现了政治与秩序的难以分离性。政治与秩序的这种相关性，同时规定了以政治系统为

---

① 《荀子·礼论》。
② 《文子·上礼》。
③ 《管子·治国》。
④ 《庄子·人间世》。
⑤ 《管子·明法》。
⑥ 《抱朴子·用刑》。

对象的政治哲学的宗旨,施特劳斯的如下看法便涉及这一点:"政治哲学是一种尝试,旨在真正了解政治事物的本性以及正当的或好的政治秩序。"①在此,把握政治秩序,亦被视为政治哲学的内在旨趣。

秩序不仅构成了政治领域的现实目标,而且影响着社会成员的精神趋向,后者又进一步为政治实体的稳定提供了某种担保。黑格尔在谈到国家时,曾指出:"需要秩序的基本感情是唯一维护国家的东西,而这种感情乃是每个人都有的。"②这里所说的国家,可以视为政治领域的主要实体,而对秩序的需要,则被视为维护国家这种政治实体的关键性因素。以情感为维护国家的唯一因素,多少有些夸大观念作用的倾向,但此所谓"需要秩序的基本感情",同时可以看作是一种价值层面的精神导向,这种导向所体现的,是政治领域的目的性追求。就后一方面而言,"需要秩序的基本感情"与国家的关联,无疑在价值目标和价值导向上彰显了政治领域中秩序的意义。

政治领域中的秩序,在逻辑上可以取得不同的形态。从中国历史的演进看,"礼"曾在社会生活中居于重要的地位。就政治领域而言,礼既体现了一定的政治秩序,又构成了这种秩序的担保。在合乎礼的形式下,政治秩序更多地呈现出等级结构的形态:"上下有义,贵贱有分,长幼有等,贫富有度。凡此八者,礼之经也。"③"夫礼者所以别尊卑,异贵贱。"④"上下之分,尊卑之义,理之当也,礼之本也。"⑤如

---

① [美]施特劳斯:《什么是政治哲学》,季世祥等译,北京:华夏出版社,2011年,第3页。

② [德]黑格尔:《法哲学原理》,范扬等译,北京:商务印书馆,1982年,第268页。

③ 《管子·五辅》。

④ 何宁:《淮南子集释》,北京:中华书局,1998年,第759—760页。

⑤ 程颢、程颐:《周易程氏传》,《二程集》,王孝鱼点校,北京:中华书局,1981年,第749页。

此等等。这里所说上下、尊卑、贵贱不仅仅表现为一般意义上的社会分层,而且以政治层面的等级之别为其内容。礼的基本要求即是"分"(别异),这种"分"意味着将社会成员划为不同等级,与之相应的是不同的名位、名分,其间既呈现社会关联性,也具有政治上的从属性。通过以上等级结构,每一社会成员各自获得相应的社会定位,彼此之间形成确定的界限,当人人各安其位、相互不越界限时,政治秩序便随之形成。礼所体现的这种秩序,往往被类比于"天序"与"天秩":"生有先后,所以为天序;小大、高下相并而相形焉,是谓天秩。天之生物也有序,物之既形也有秩,知序然后经正,知秩然后礼行。"①"天序"与"天秩",属自然之序;"经"与"礼",则关乎社会之序。这里既蕴含着肯定天道(自然之序)与人道(社会之序)具有相通性的观念,也突出了礼的秩序之义。在一定的历史时期中,这种等级结构同时为人的生存提供了前提。马克思在谈到传统社会的特点时,曾指出:"差别、分裂是个人生存的基础,这就是等级社会所具有的意义。"②这里所说的差别、分裂,便可以视为等级区分的具体体现,而传统社会中人的生存,则与之相关。

较之传统社会对秩序的理解,近代视域中的政治秩序被赋予了不同的内涵。与价值观念的转换相联系,贵贱、尊卑的社会关联逐渐淡出,选民之间的平等权利,开始取代上下的等级结构。尽管实质层面的不平等依然存在,但至少在形式的层面,政治秩序的等级形态不再成为主导的方面。在近代以前,希腊的城邦尽管似乎也肯定公民之间的平等权利,但这种平等关系乃是以社会被划分为公民与非公

---

① 张载:《张载集》,章锡琛点校,北京:中华书局,1978 年,第 19 页。

② [德]马克思:《黑格尔法哲学批判》,《马克思恩格斯全集》第一卷,北京:人民出版社,1956 年,第 346 页。

民不同部分为其前提,这一视域中的奴隶便被排斥在公民之外,并难以获得相应的权利。以天赋人权、契约原则、选举制度等为观念前提和制度背景,近代社会趋向于以形式上的权利平等为政治秩序的主导原则。当黑格尔肯定"需要秩序的基本感情是唯一维护国家的东西"时,这里的国家便指近代的政治实体,而与之相关的秩序,也以近代政治社会为依托。

政治秩序不仅存在不同的形态,而且对其形成过程,也有相异的理解。荀子在谈到礼的起源时,曾指出:"礼起于何也? 曰:人生而有欲,欲而不得,则不能无求;求而无度量分界,则不能无争;争则乱,乱则穷。先王恶其乱也,故制礼义以分之,以养人之欲,给人之求,使欲必不穷乎物,物必不屈于欲,两者相持而长,是礼之所起也。"[①]如前所述,礼在中国传统社会中被视为秩序的表征,礼的起源则相应地关联着秩序的形成。这里值得注意的不仅仅是从人的欲求与度量界限的关系上解释礼的起源,而且更在于对"制礼义以分之"的强调。将礼视为某一历史人物(先王)的"制"作,无疑既不适当地突出了个人在历史上的作用,也把问题过于简单化,然而,如果把"制"理解为人的自觉活动,则其中显然又蕴含如下思想,即礼以及与之相关的政治秩序的形成,是一个与人的自觉活动相关的过程。

除了以上的自觉之维外,政治秩序还涉及另一些方面,道家对后者予以了较多关注。与儒家注重礼义有所不同,道家对礼义主要持批评态度。当然,这并不意味着他们完全否定政治秩序,毋宁说,他们更多地突出了政治领域中与礼义之序相异的另一方面。老子在比较不同的政治形态时,曾指出:"太上,下知有之。其次,亲而誉之。其次,畏之。其次,侮之。信不足焉,有不信焉。悠兮其贵言。功成

---

① 《荀子·礼论》。

事遂，百姓皆谓我自然。"①"下知有之"意味着统治者仅仅是存在而已，并不对民众作过多干预，所谓"功成事遂，百姓皆谓我自然"，便表现为有序、协调的政治形态，后者同时被视为自然而形成。在老子看来，这是最理想的政治形态（"太上"）。对道家而言，具有理性内涵的礼义之治及广义的礼法之治，往往将导向社会之序的反面。正是在此意义上，庄子强调："礼法度数，形名比详，治之末也。"②"礼"体现了儒家的治国原则和要求，"法"与"刑名"相联系，似乎更多地反映了法家的政治理念，在庄子看来，二者尽管表现形式不同，但无论是"礼治"，抑或"法治"，都意味着以理性的自觉方式从事社会政治活动，其结果则是将社会生活纳入理性的规范之中。与之相对，道家将"无为"视为"治"（治理）的方式，所谓"帝王无为而天下功"③，并以绝圣弃智为达到"治"（秩序）的前提："绝圣弃知而天下大治。"④

　　在当代哲学中，波兰尼（M. Polanyi）曾提出了自发秩序的概念（spontaneous order），就社会领域而言，他所说的自发，首先与个体的自我决定及社会成员体间的相互协调相联系，后者与围绕某种中心而展开的社会限定或约束不同。简言之，对波兰尼来说，社会秩序基于社会成员的相互作用。哈耶克（F. A. Hayek）对自发秩序的概念作了进一步的发挥。以文化进化理论为基础，哈耶克区分了自发秩序与建构性秩序或计划秩序，自发秩序是指社会系统内部自身运行过程所产生的秩序，它是行动的产物，而不是有意设计的结果，从认识论上说，上述观点是建立在理性的有限性这一确认之上。道家对政

---

① 《老子·十七章》。
② 《庄子·天道》。
③ 《庄子·天道》。
④ 《庄子·在宥》。

治之序的看法,在某些方面与波兰尼及哈耶克的自发秩序思想有相通之处。

对理性限度的关注,当然并不仅仅具有负面的意义。一般而言,过分强化理性的作用,往往导致无视自然之道、以主观意向主宰世界。当理性被视为万能的力量时,自我的构造、主观的谋划常常会渗入到人的不同历史活动之中,而存在自身的法则则每每被遗忘或悬置,由此往往可能导向无序("乱")。肯定秩序的自发之维,显然有助于提醒人们避免以上偏向。不过,仅仅强调秩序的自发性,无疑也有自身的限度。从最宽泛的层面看,社会的演进,包括政治体制的衍化,总是受到一定价值原则、价值理想的制约,这种原则和理想同时对人的社会行为(包括政治实践)具有引导的意义。社会领域的价值原则、价值理想本身当然可以成为讨论、批评的对象,而不能被奉为独断的教条,但这种讨论、批评作为理性的活动,对人的政治实践同样具有规范作用。事实上,先秦的礼法之辩,便对那一历史时期的政治活动产生了深刻的影响,这种影响,也从一个方面体现了政治秩序形成过程中的自觉之维。近代以来,政治秩序的形成和发展,同样受到民主、平等、正义等价值原则和价值理想的制约,正是这种观念的引导,使近代政治之序以不同于传统的形式发展,后者显然也无法完全归之于自发的演进。如前所述,政治本身表现为一种社会系统,其中既包括作为社会实在的国家以及实践活动及其主体,也内含以价值原则、政治理念为形式的观念之维,这种观念既制约着政治体制的建构,也影响着政治实践的展开和政治秩序的形成。政治观念与政治实体、政治实践、政治主体的关联和互动,使由此形成的政治秩序难以仅仅呈现自发的形态。

广而言之,在政治实践的展开过程中,理性的自觉引导与不同社会因素的自然调节并非截然对立。自然的调节(如以市场配置资源)

固然有其作用,理性也确乎有其限度,基于主观意向的理性计划更是容易偏离现实,但理性的自觉思考和引导在政治实践中依然不可或缺。对过度强调理性计划的批评,不能导向绝对的无为,更不能走向无思无虑、绝圣弃智。在具体的政治实践的过程中,往往同时面临不同形式的民意。民意本身每每有二重性:它既可以体现一定时期社会发展的要求,也可能带有某种与历史衍化方向相冲突的自发倾向,与之相联系的是顺乎民意与自觉引导的关系:对前一意义上的民意,无疑不应背离,但对后一意义上的民意,则显然不能简单迎合。然而,在片面强化自发的情况下,常常将导致放任政治领域中自发的民意,由此,自发的秩序也可能引向自发的无序。从现实的层面看,这里似乎需要区分仅仅基于某种抽象理念所作的政治筹划与广义的理性引导,前者可能在历史演进中带来灾难,后者则至少在历史的导向上,赋予政治实践以自觉的品格。

通过政治实践(治国)以形成一定的政治秩序(国治),由此从一个方面为人类社会的存在和延续提供担保,这同时也展现了政治本身存在的理由。不过,秩序的建构并不是政治的全部内容。在儒家关于"治国、平天下"的观念中,已可以看到对政治的更广意义的理解。宽泛而言,这里所说的"治国",既涉及政治实践,也关乎政治形态,具体地说,表现为前面提到的由"治"(治国的政治实践)而"治"(政治秩序的形成)。"平天下"则不仅仅以政治领域的扩展为指向,而且涉及政治形态的转换:所谓"平",已不限于政治秩序的建立,而是关乎更广的政治理念。在谈到"治天下"与"天下平"的关系时,《吕氏春秋》指出:"昔先圣王之治天下也,必先公,公则天下平矣。平得于公。"[1]"公"既体现了广义的政治理想,也构成了政治实践的指

---

① 《吕氏春秋·贵公》。

导原则,这一原则的贯彻和落实,则被理解为从"治天下"到"天下平"的前提。在儒家那里,"公"同时与大同的政治理想相联系。关于大同,《礼记》有如下论述:"大道之行也,天下为公,选贤与能,讲信修睦。故人不独亲其亲,不独子其子,使老有所终,壮有所用,幼有所长,矜、寡、孤、独、废、疾者皆有所养,男有分,女有归。货恶其弃于地也,不必藏于己;力恶其不出于身也,不必为己。是故谋闭而不兴,盗窃乱贼而不作,故外户而不闭。是谓大同。"[1]悬置其关于大同社会的具体描述,这里更值得注意的是对"公"的强调。从政治哲学的层面看,"平天下"并非单纯地指形式上的天下安定,而是包含实质意义上的价值内容,后者具体地体现于对"天下为公"的肯定。事实上,"平天下"、"为万世开太平"与"天下为公"的大同理想,构成了彼此相通的价值目标。所谓"公",则关乎以同等的方式对待天下之人:《礼记》关于"不独亲其亲,不独子其子"等描述,便渗入了如上观念。这一意义上的"公"与"私"相对:"公是个广大无私意。"[2]"广大无私",意味着以超越个体的普遍视域为处理社会关系(包括政治关系)的原则。

引申而言,作为价值目标和价值原则的公或公正,在政治领域中可以被赋予不同形态,韩非曾对此作了考察。在思想倾向上,韩非属法家,但在政治理念方面,他同样不仅仅限于形式层面的政治秩序,而是在更普遍的意义上追求公正的理想。韩非首先将公正视为自上而下的治国原则:"上公正,则下易直矣。"[3]从治国过程看,如果在上者(君主)做到公正,那么在下者(臣民)就会"易直",从而容易约束。

---

① 《礼记·礼运》。

② 朱熹:《朱子语类》卷二十六,《朱子全书》,第14册,上海:上海古籍出版社/合肥:安徽教育出版社,2002年,第933页。

③ 《荀子·正论》。

与之相辅相成的是自下而上视域中的公正:"群臣公正而无私,不隐贤,不进不肖。然则人主奚劳于选贤?"①群臣(在下的臣民)在推举人的时候如果能够做到公正无私,那么,执政的君主就可以无为而治。这里所谈到的公正,涉及的首先是社会政治领域的实践原则和运行方式,其中所体现的观念已超乎单纯的秩序关切,而蕴含更高层面的政治理想。

从"治国"到"平天下",政治在社会生活中的意义得到了不同的展现。较之"治"对秩序的侧重,"平天下"可以理解为具有更广价值指向的政治实践和与之相关的价值形态。具体地看,这种价值指向在不同的历史时期每每呈现不同的历史内容。"天下为公"意义上的"公"和前面提及的"公正",分别体现了宽泛意义上的政治理想和特定的治国理念,二者从不同方面赋予"平天下"以一定历史时期的价值内容。近代以来,启蒙思想家所倡导的自由、平等、民主、正义逐渐构成了政治理想新的内涵,而马克思则基于更现实的社会变迁,将人的解放作为历史衍化的目标。从广义的视域看,这些观念以及与之相关的政治实践,可以同时视为"平天下"的不同历史内容,其具体趋向在于不仅仅通过政治秩序的建构以保证人类的生存和延续,而且进一步赋予这种秩序以新的价值内容,使之更合乎人性发展的要求。在这一意义上,"治国"与"平天下"本身又有内在的联系:"平天下"作为政治领域的价值目标,对"治国"过程具有引导的意义,就此而言,"治国"过程无疑渗入了"平天下"的价值理想;另一方面,"治国"既是"平天下"的前提,又包含了"平天下"的相关内容,就此而言,"平天下"又体现于"治国"过程。从政治所以存在的历史理由看,如果说,通过"治国"而建立政治秩序是人类存在的现实条件,那么,"平

---

① 《韩非子·难三》。

天下"所包含的价值内容,则从不同方面体现了人类走向理想存在形态的前提。二者既有不同的侧重,又相互关联,由此具体地展现了政治对于人类生活的历史必要性。

三、政治的正当性

从政治哲学的视域考察政治领域,正当性是一个无法回避的问题。政治领域中的正当性常常被对应于 legitimacy,后者虽与法律相关,但并非仅仅限定于法律,按其本义,它同时关联更广的价值之域,其内涵也相应地涉及更普遍意义上的正当(rightness)。①

以上视域中的正当性问题,本身可以从不同的方面加以考察。在形式的层面,政治的正当性首先关乎一定的价值原则。施特劳斯已注意到政治哲学与价值的不可分离性,并认为:"价值无涉(value-free)的政治科学是不可能的。"②如前所述,政治作为一种社会系统,包含政治观念、政治体制、政治主体以及政治实践,政治观念又以价值原则为其核心内容。这一层面的正当性,主要以是否合乎评判者所认同的价值原则为其准则:如果一定的政治体制、政治实践合乎相关的价值原则,则往往被赋予正当的性质。以先秦而言,王霸之辩是当时重要的政治论争,而其背后则蕴含着不同的价值原则。对于认

---

① 就其内在涵义而言,legitimacy 既关乎某种法律、政治制度是否合法,也涉及正确性。这里的"法",同时与自然法等相通,从而已不同于狭义上的合法(legality)。rightness 则以更宽泛意义上的正确、正当为其涵义。legitimacy 与 rightness 的结合(legitimacy-rightness),或可更为具体地展现政治正当性的意义。

② [美]施特劳斯:《什么是政治哲学》,李世祥等译,北京:华夏出版社,2011 年,第 14 页。"价值无涉"在狭义上关乎研究方式,在广义上则涉及对政治领域的理解。

同"王道"的思想家而言,与"王道"相悖(不合乎"王道"所体现的价值原则)的政治现实,便缺乏正当性。同样,近代以来,自由、平等、民主、正义等逐渐成为普遍接受的价值原则,这些原则同时构成了评价不同政治体制、政治活动的准则,政治领域的事与物唯有与之一致,才可能被接受为正当的政治形态。法西斯主义之所以被视为非正当的政治体制,就在于它完全悖离了近代以来自由、民主、正义等价值原则。

以上视域中的正当,与伦理意义上的正当具有相关性。在伦理的领域,行为的正当或对(right)从形式的层面看也以相关行为合乎一定共同体所认同的价值原则或伦理规范为前提。以传统社会而言,仁以及礼义廉耻等既具有价值原则的意义,也被视为一般的行为规范,人的行为如果与这些规范一致,便将获得正当(对)的性质并得到肯定,反之则可能受到谴责。广而言之,肯定意义上的公平、正义和否定意义上的"不说谎"、"不偷盗"等等,也常常被理解为行为的规范,它们既是行为选择的依据,也构成了判断行动性质(正当与否)的准则。根据是否合乎一定共同体所接受的价值原则和规范以确认某种存在形态正当与否,从形式的层面构成了价值判断的特点,政治上的正当与伦理上的正当作为价值领域的相关现象,其确认过程也呈现相通性。

作为评判政治正当性的准则,价值原则本身应如何理解?在这一问题上,存在着不同的看法。具有经验主义倾向的思想家往往将价值原则与苦乐联系起来。以中国传统思想中的墨家学派而言,其认同的基本价值观念为"兴利除害"的功利原则:"仁之事者,必务求兴天下之利,除天下之害,将以为法乎天下。利人乎即为,不利人乎即止。"[1]这种原则本身又基于趋乐避苦的感性欲求。以此为政治领

---

① 《墨子·非乐上》。

域的评价准则,则凡是有助于兴利除害的政治主张和政治举措,便都将被赋予正当的性质,反之则难以被纳入正当之域。

在近代思想家那里,实践过程中的功利原则取得了更明确的形式。边沁便对功利原则作了明晰的概述:"它根据看来势必增大或减少利益有关者之幸福的倾向,或者在相同的意义上,促进或妨碍此种幸福的倾向,来赞成或反对任何一项行动。"作为社会实践(包括政治实践)的准则,功利原则本身以何者为根据? 在解决这一问题方面,边沁的看法同样未超出经验主义:"自然把人类置于快乐和痛苦这两位宰制者的主宰之下。只有它们才告知我们应当做什么,并决定我们将要做什么。无论是非标准,抑或因果联系,都由其掌控。它们支配我们所有的行动、言说、思考:我们所能做的力图挣脱被主宰地位的每一种努力,都只是确证和肯定这一点。""功利原则承认这一被主宰地位,把它当作旨在依靠理性和法律之手支撑幸福构架的基础。"①快乐和痛苦固然不完全限于感性之域,但如前所述,从原初的形态或本原上看,苦乐首先与感性经验相联系,与之相联系,将功利原则建于其上,也意味着在理解价值原则方面赋予感性经验以优先性。

与基于经验论的功利主义相异,罗尔斯首先将人视为理性的存在,并以正义为理性存在的主要关切点。由此,罗尔斯提出了正义的两个基本原则:其一,"每一个人都拥有对于最广泛的整个同等基本自由体系的平等权利,这种自由体系和其他所有人享有的类似体系具有相容性";其二,"社会和经济的不平等,应被这样安排,以使它们(1)既能使处于最不利地位的人最大限度地获利,又合符正义的储存原则;(2)在机会公正平等的条件下,使职务和岗位向所

---

① Jeremy Bentham, *An Introduction to the Principle of Moral and Legislation*, New York, Hafner Publishing Co, 1948, p.1.

有人开放。"①这种正义观念,往往被更简要地概括为正义的自由原则与差异原则,自由原则指出了正义与平等权利的联系,差异原则所强调的则是社会和经济的不平等只有在以下条件下才是合理的,即在该社会系统中处于最不利地位的人能获得可能限度中的最大利益,同时它又能够保证机会的均等。罗尔斯所提出的以上原则,既涉及伦理上的正当,也关乎政治领域的正当。当然,对正当性的具体理解,罗尔斯与功利主义又存在重要分歧。功利主义以最大多数人的最大利益为追求目标,在逻辑上蕴含着对少数人权利的忽视,这种价值取向与罗尔斯对平等的注重显然有所不同。同时,相对于功利主义以人的感性意欲为出发点,罗尔斯以"无知之幕"的预设为正义原则的前提,似乎更多地表现出先验的倾向。

历史地看,对价值原则的先验理解,在另一些哲学家那里取得了更为直接的形式,从孟子那里,便不难注意到这一点。孟子以理、义为普遍的价值原则,这种原则之源,则被追溯到"心之所同然":"口之于味也,有同耆焉;耳之于声也,有同听焉;目之于色也,有同美焉;至于心,独无所同然乎?心之所同然者何也?谓理也,义也。圣人先得我心之所同然耳。故理义之悦我心,犹刍豢之悦我口。"②所谓"心之所同然",也就是一种普遍的理性趋向。对孟子而言,这种理性趋向一如恻隐之心,并非来自经验活动,而是为每一个体所先天具有。可以看到,相对于墨家之诉诸感性经验,孟子更多地从先天的理性观念出发理解价值原则,以上的分野,同时蕴含着经验与先验之辩。

---

① 参见 John Rawls, *A Theory of Justice*, The Belknap Press of Harvard University Press, Cambridge, 1971, p302。

② 《孟子·告子上》。

广而言之,在价值观的转换过程中,价值原则本身往往被赋予先天的规定,在近代以来各种形式的天赋人权或天赋权利论中,便不难看到这一点。与之相联系的是所谓自然法,自然法的核心即天赋理性或天赋的理性观念。自由、平等、民主等每每或者被视为天赋的权利,或者被理解为基于自然法的普遍价值原则。在康德那里,人是目的这种根本的价值原则,进一步被提升为绝对命令,这种原则与感性、经验、历史完全无涉,纯然表现为先天的形式。对先天性的如上强调,其意义不仅仅在于突出伦理规范的绝对性,而且也旨在为政治领域(包括权利与法之域)中价值原则的权威性提供根据。

然而,进一步的考察表明,作为政治正当性的判断准则,价值原则既非仅仅源于感性欲求或经验活动,也非完全表现为先天的形式。在其现实性上,这些原则无法离开社会本身的历史发展。在人类社会尚存在等级区分的历史条件下,真正意义上的自由、平等难以成为普遍接受的价值原则,而差异、区分则如马克思所说,展示了它们对人的生存的实际意义。以人类政治生活为指向,政治领域的观念、原则本身即植根于政治生活。礼、义等传统社会的价值原则,体现的是当时社会生活的历史需要;自由、平等、民主等近代的政治理念,则折射了近代的社会变迁。在观念、原则转换的背后,是历史的选择:较之感性欲求、先天预设,后者既突显了观念演进的现实根据,也展现了制约观念的现实力量。

以是否合乎一定的价值原则来确认某种政治形态是否具有正当性,主要体现了正当性的形式之维。政治领域的正当性,当然不仅仅限于形式的层面:它同时具有实质的内容。在实质的层面,政治的正当性与目的性相联系。施特劳斯曾对政治哲学作了如下概述:"政治哲学以一种与政治生活相关的方式处理政治事宜;因此,政治哲学的主题必须与目的、与政治行动的最终目的相同。"①从根本上说，作为政治哲学对象的政治生活与更广意义上的人类生活息息相关，其形成也基于人类生活的历史需要。亚里士多德在谈到城邦时，曾指出："每一城邦都是某种共同体，每一共同体的建立都着眼于某种善。"②城邦在古希腊是一种基本的政治实体，"善"所体现的，则是实质意义上的价值，以善为城邦的指向，意味着将实质意义上的价值理解为政治的目的。构成政治生活目的之"善"，本身以好的生活为其内容："最好的政体是这样一种政体，在其中，每一个人，不管他是谁，都能最适当地行动和快乐地生活。"③引申而言，政治哲学也以好的生活为研究的对象："如果人们把获得有关好的生活、好的社会的知识作为他们明确的目标，政治哲学就出现了。"④最适当地行动涉及对人的引导，亦即中国思想家所说的"政以正民"，好的生活（快乐的生活）则关乎人自身的生存。以存在的完善为内容，好的生活所体现的，乃是实质层面的价值。

政治的以上价值指向，同时在实质层面为确认政治的正当性提供了根据：从实质之维看，政治的正当性就在于对人的存在价值的肯定。具体而言，一定的政治系统，包括其政治观念、政治实体、政治实践，如果对实现人的存在价值具有积极意义，便具有正当性，反之则无法归入正当之域。以上视域中的正当性，可以进一步从实然或现实性和当然或理想性两个层面加以考察。实然在此展现为人的现实

---

① ［美］施特劳斯：《什么是政治哲学》，李世祥等译，北京：华夏出版社，2011 年，第 2 页。

② Aristotle, *politics*, 1252a, *The Basic Work of Aristotle*, Random House, 1941, p.1127.

③ Aristotle, *Politics*, 1324a20, *The Basic Work of Aristotle*, Random House, 1941, p.1279.

④ ［美］施特劳斯：《什么是政治哲学》，李世祥等译，北京：华夏出版社，2011 年，第 2 页。

存在,在这一层面,正当性关乎人类自身的生存以及人类社会的存在、发展所以可能的现实前提:在一定的历史时期,如果某一政治体制能够为人类生存和社会发展提供正面的条件,便至少呈现某种历史的正当性。以前面提到的礼制而言,在当时的历史条件下,如荀子所言,人与人之间如果没有礼所规定的"度量分界","则不能无争,争则乱,乱则穷",乱与穷,无疑将威胁到一定时期人的自身的生存,与之相对,礼的确立,则可"养人之欲,给人以求",从而为人的生存提供基本的条件。就礼制的确立在一定历史时期使社会避免了走向乱与穷、并由此构成了这一时期人生存的社会前提而言,其存在显然具有历史的正当性。同样,近代以来,如何保障个人的财产,成为个体生存和社会稳定的重要方面,近代的政治体制,也首先被赋予以上功能:"人们联合成为国家和置身于政府之下的重大的和主要的目的,是保护他们的财产。"①当国家和政府能够确实承担以上社会功能时,它同时也就获得了正当的存在形态。

与实然(现实的存在形态)相关的是当然(理想的存在形态)。较之实然,当然更多地涉及人的发展趋向,并以达到理想的存在形态为内容。从走向理想的形态这一角度看,问题便关乎如何真正达到人性化的存在、如何不断实现自由之境,等等。马克思在谈到中世纪以等级为特点的政治体制时,曾指出:"等级不仅建立在社会内部的分裂这一当代的主导规律上,而且还使人脱离自己的普遍本质,把人变成直接受本身的规定性所摆布的动物。中世纪是人类史上的动物时期,是人类动物学。"②中世纪的等级区分,往往使人的存在受到既成

---

① [英]洛克:《政府论》下篇,叶启芳、瞿菊农译,北京:商务印书馆,2011年,第77页。

② [德]马克思:《黑格尔法哲学批判》,《马克思恩格斯全集》第一卷,北京:人民出版社,1956年,第346页。

社会因素(如出身、门第等)的限定,正如动物的存在受到自身所属物种的限定一样。在此意义上,中世纪的人,与动物具有某种类似性,而未真正达到人性化的存在形态。这样,尽管从实然(一定的历史现状)的角度看,等级制的存在有其历史的理由,但就当然(走向真正合乎人性的理想形态)的层面而言,这种尚未使人完全摆脱动物性的体制,显然难以视为正当的存在形态。广而言之,一种政治体制如果对人类走向合乎人性的存在、合乎自由的理想具有积极意义,便同时呈现正当的性质,反之,则缺乏正当性。

综合起来,人类的存在既涉及如何生存的问题,也关乎如何更好地生存的问题,如果说,"实然"(现实性)意义上的正当体现了人类生存、延续的实际需要,那么,"当然"(理想性)意义上的正当则折射了人类走向更好的存在境域的历史要求。二者作为实质层面的正当,分别与人类生存的历史条件和更好地生存的历史条件相联系。

不难看到,实质层面的正当,以善为其内容。前文曾提及,形式层面的政治正当和伦理学上的正当具有相关性,与之相联系,实质层面的政治正当,与伦理学意义上的善也彼此相涉:二者都关乎人的存在价值。事实上,善行(伦理)与善政(政治),本身便无法截然相分。宽泛而言,善本身可以从两个角度去理解,一是形式的方面,一是实质的方面。形式层面的"善",主要以普遍价值原则、价值观念等形态呈现,后者既构成了据以判断善或不善的准则,也为形成生活的目标和理想提供了根据。这一意义上的"善"与形式层面的正当具有某种交错性和重叠性。与之不同,实质层面的"善",主要与实现合乎人性的生活、达到人性化的生存方式、以及在不同历史时期合乎人的合理需要相联系。

在形式的层面上,政治领域中曾一再呈现以普遍价值原则意义上的"善"为名义对个人的自主性加以限定这一类现象,如向个体强加某种权威化的原则、以一定的意识形态作为个体选择的普遍依据，以此限制个体选择的自主性，如此等等。由此出发，甚至往往进一步走向剥夺、扼杀个人的权利，从传统社会"以理杀人"的现象中，便不难注意到普遍价值原则对个体权利的剥夺。然而，如前所述，"善"还有实质性的方面。孟子曾指出："可欲之为善"，其中的"可欲"，可以理解为人在不同历史时期合理需求，所谓"可欲之为善"，意味着凡满足以上需求者即具有"善"的性质。在引申的意义上，这一视域中的"善"以好的生活或合乎人性的生活为其内容，它所体现的是人的现实存在价值，并相应地具有实质的意义；这种实质意义上的"善"与一般原则所确认的形式层面的"善"，显然不能简单等同。从更深沉的方面看，"善"与人走向自由的历史过程相联系，事实上，人的合理需要的满足，即意味着扬弃自然之域或社会之域的必然强制，实现一定历史层面的自由。广而言之，合乎人性的存在，也就是自由的存在。上述视域中的自由，同时在更深刻的层面体现了"善"，正是在此意义上，黑格尔认为，"善就是被实现了的自由"①。在伦理领域，行为在实质意义上的"善"区别于仅仅合乎规范意义上的"对"；在政治领域，实质意义上的善则与实质意义上的政治正当具有一致性。

当然，政治正当性与实质之善（达到好的生活或走向合乎人性的存在形态）之间的关联，应作广义的理解。在当代政治哲学中，有所谓"自由的政治中立"（liberal political neutrality）的主张，其主要之点，即强调国家或政治实体不应以价值或善为追求或趋向的目标②，

---

① ［德］黑格尔：《法哲学原理：或自然法和国家学纲要》，范扬等译，北京：商务印书馆，1982 年，第 132 页。

② Gerald Gaus, The Moral Foundation of Liberal Neutrality, in *Contemporary Debate in Political Philosophy*, Edited by Thomas. Christiano and John Christman, Wiley Blackwell, 2009, pp.79－95.

尽管这一看法没有直接论及政治的正当性问题,但从逻辑说,它同时内在地蕴含着对政治正当与善(走向好的生活或合乎人性的存在形态)之间关联的质疑:主张国家或政治实体无涉价值(善)的追求,意味着将其正当性与价值(善)加以分离。然而,从广义的视域考察,以上主张本身事实上同样涉及政治与善(实质层面之价值)的关联:对"自由的政治中立"之说而言,"中立"的政治形态较之"非中立"的形态具有更高的价值,也更有助于达到真正意义上的善(实现合乎人性的生活)。不难看到,这里需要区分政治中立的不同形态:在相异的价值观念之间保持某种中立性,而非独断地强加特定的价值观念;仅仅关注政治形式和政治程序,以"中立"的形态超越一切价值追求或善的追求。如果说,前者体现了某种政治宽容的要求,那么,后者则意味着分离政治与实质之善,并由此消解政治正当性与实质之善的关联。如以上分析所表明的,从其现实性上说,政治正当性与实质之善(达到好的生活或走向合乎人性的存在形态)的关联,显然非后一意义的抽象"中立"所能简单消解。进而言之,抽象的政治中立近于广义上的价值无涉(value-free),但政治与人的存在之间本源性的价值关联,决定了政治领域无法真正实现价值无涉。这一点,如前文提及的,施特劳斯已注意到了。

历史地看,实质层面政治的正当性,同时关乎民心的向背。孟子曾以舜继尧位为例,对此作了阐释:"昔者尧荐舜于天而天受之,暴之于民而民受之。……使之主事而事治,百姓安之,是民受之也。"①禹继舜位也体现了同样的过程:"昔者舜荐禹于天,十有七年,舜崩。三年之丧毕,禹避舜之子于阳城。天下之民从之,若尧崩之后,不从尧

---

① 《孟子·万章上》。

之子而从舜也。"①民受之、民从之，即合乎民心或民意。这里尽管夹杂着"荐于天"之类的神秘表述，但从君与民的关系看，其中所涉及的更实质的问题，是如何确认君主统治的正当性：民众的认可和接受，在此被视为判断、衡量君主统治正当性的尺度。依照如上理解，民心和民意并非仅仅以选举制度下的票数来确认，而是基于民心之所向。

合乎民心或民心之所向，并非单纯地体现于观念层面，而是有其更为具体的内容："得天下有道：得其民，斯得天下矣；得其民有道：得其心，斯得民矣；得其心有道：所欲与之聚之，所恶勿施尔也。"②"所欲与之聚之，所恶勿施尔也"，亦即顺乎民之意愿，满足他们的需要。在此，作为得天下、得其民的前提，"得民心"最后便落实于实现民众的具体意愿、满足其实际的需要。以上观念与孟子"可欲之为善"的看法前后呼应，与他所说的"制民之恒产"，也具有一致性。在同一意义上，孟子提出了"以善养人"的观念："以善服人者，未有能服人者也；以善养人，然后能服天下。天下不心服而王者，未之有也。"③"以善服人"，主要表现为从抽象的原则出发作外在的说教、强制；"以善养人"，则侧重于顺从人的内在意愿。与前面提及的"所欲与之聚之，所恶勿施尔也"一致，这里的"养"意味着基于物质需要的满足，对民作进一步的引导。与之相近的是"以德养民"："以德养民，犹草木之得时；以仁化仁，犹天生草木以雨润泽之。"④

以合乎民心为政治正当的准则，又以"所欲与之聚之，所恶勿施尔"以及"以善养人"为得民心的前提，体现的是实质意义的政治正当

---

① 《孟子·万章上》。
② 《孟子·离娄上》。
③ 《孟子·离娄下》。
④ 《鬼谷子·佚文》。

性。这一视域中的"以善养人"或"以德养人"不同于"以德治国",在以德治国中,"善"、"德"主要表现为治理的方式、手段,"以善养人"或"以德养人"则以人为目的:"养"所指向的乃是人的需要的满足,后者同时体现了人的存在价值的实现。马克思曾指出:"国家是抽象的,只有人民才是具体的。"[①]就此而言,通过"以善养人"以获得政治的正当性,这一关联在体现政治正当性的实质之维的同时,也展示了这种正当的具体性向度。

可以看到,政治正当既有形式层面的意义,也有实质层面的规定。在形式的层面,政治正当主要体现于合乎一定的政治理念或价值原则,并相应地表现为"对"或"正确";在实质的层面,政治正当则在于实现人的存在价值,后者具体表现为不断超越自然的形态,走向人性化的存在、达到自由之境,这一意义上的正当,以广义的"善"为其内涵。综合起来,政治正当性具体便表现为形式层面的"对"与实质层面的"善"之统一。考察政治的正当性,既应肯定形式层面的意义,也需要关注其实质层面的内涵。从实质的层面看,政治的正当性同时体现了政治本身的目的:在终极的意义上,政治本身即以实质层面的善为指向,其目的在于不断将人引向人性化的存在形态、在不同历史条件下实现人的自由,这些方面同时具体地体现了人的存在价值。进而言之,价值原则及其意义,本身也无法与人的诸种存在价值相分离,而政治系统唯有与上述价值形态相一致,才具有真正的正当性。

四、政治的合法性

在政治领域,与正当性相关的是合法性(legality)问题。合法性

---

① ［德］马克思:《黑格尔法哲学批判》,《马克思恩格斯全集》第一卷,北京:人民出版社,1956 年,第 279 页。

与正当性往往并不被严格地加以区分：政治的正当性，常常被视为合法性问题，反之亦然。然而，就其内在涵义而言，二者无法简单地等同。政治正当性，主要关乎政治的价值目的或价值方向，相对于此，政治的合法性，则更多地涉及政治系统的程序之维。与之相联系，尽管如后文所论，正当性与合法性并非完全彼此悬隔，但不能把政治的正当性还原为合法性。事实上，形式层面的合乎程序，并不意味着在实质–目的层面也具有正当性，纳粹的很多暴行，便表明了这一点：这些行为在形式上诚然合乎纳粹政权的决策程序，但其反人类的性质却使之在价值目的或价值方向上悖离了实质意义上的正当性。①

在狭义上，合法性意味着在法律意义上合乎一定的法律规范，但政治之域的合法性，并不限于以上的法律意义。在中国传统社会中，政治的合法性每每表现为正统性，而正统的含义之一，则与一统相涉。欧阳修在解释正统时，便指出："正者，所以正天下之不正也；统者，所以合天下之不一也。"②在此，合法意义上的正统，与一统天下意义上的"合天下于一"形成了内在的关联。质言之，使天下归于统一，同时从一个方面赋予相关王朝的政治权力以合法性。

从实质的方面看，政治领域的合法性，首先关乎政权的确立方式或政治权力的获得、传承、更迭方式。国家的建立、政权的确立、国家政治权力的传承或更迭，都面临合法性的问题，而这种合法性的确认在历史上则呈现不同的形式。在君主制之下，政治权力的合法性问题首先体现于王位或皇位的继承过程：王位或皇位继承的合法性，同时意味着政治权力传承和更迭的合法性，而这种合法性本身主要基

---

① 哈贝马斯已注意到合法性与正当性之间的张力，不过，对正当性的价值内涵，哈贝马斯似乎未能作出的明晰、具体的说明。（参见［德］哈贝马斯：《在事实性与规范性之间》，北京：生活·读书·新知三联书店，2003 年。）

② 欧阳修：《正统论上》，《欧阳文忠公文集》卷十六。

于王族或皇族内部的亲缘关系。只要新的君主是一定历史条件下唯一有资格或最有资格的王（皇）位继承者，则其所获得的政治权力在当时便被视为具有合法性。在王朝延续的过程中，有时可能出现王（皇）族内部的权力之争甚至宫廷政变，这种斗争和政变的结果，常常是本来没有资格成为君主的王（皇）族成员获得最高权力，在这种情况下，政治权力的合法性呈现较为复杂的形态：就新的登基者并非唯一有资格或最有资格的君位继承者而言，通过政变或其他权力斗争方式所获得之权力的合法性显然存在问题，但就其仍为王（皇）族的成员而言，则又并没有完全远离王（皇）族亲缘关系这一当时的政治合法性基础。在中国历史上，唐代早期与明代早期，便出现过此类情形。

在君主制的时代，如果面临改朝换代，则原来的王（皇）族血统或亲缘关系便会失去政治上的神圣性，政治权力的合法性根据也将发生相应地变化。从中国历史的演变看，每当原来的王朝崩溃之时，总是会出现天下大乱的政治格局，应运而生的各种政治、军事势力往往彼此角逐。经过或长或短的战乱，某种政治势力及政治人物最后将平定四方，使天下重归统一，并建立新的政权。这种新政权的合法性，无法通过旧王朝的王（皇）族血统或亲缘关系来确认，其根据主要来自前面所说的正统与一统的关系："合天下于一"，本身即赋予统一天下的新政权以合法性。尽管新王朝往往以承天之运、天命所在之类的超越观念来论证其政治权力的合法性，但在实质的层面，其合法性首先源自一统：这种基于一统的合法性，在某种意义上构成了新王朝原初形态的合法性。

近代以来，政治合法性的根据产生了多方面的变化。在政治体制转换为民主制之后，不同范围内的选举成为政治权力获得的合法形式。在基于选举的政治权力传承、更替过程中，获得多数选票成为政治权力合法性的主要根据。然而,选举制度本身经历了一个变迁过程,最初拥有选票权的往往仅限于部分社会成员,如美国的黑人,在19世纪70年代之前就连名义上的选举权也没有,而在世界范围内,妇女的选举权的到来更迟:据相关研究,最早承认妇女选举权的国家是新西兰,而承认的时间则是1893年。进而言之,在走向民主制的过程中,政治权力本身一开始并非基于选举,无论是法国大革命,还是北美的独立战争,其具有民主形式的政治权力的形成,最初都是借助于革命的手段。在这一过程中,战争或革命的正义性,在实质上的意义构成了政治权力合法性的根据。

类似的情形也存在于以社会主义为指向的革命过程之中。从20世纪初俄国的十月革命,到20世纪中叶的中国革命,新型国家及新政权的建立,首先也是通过革命而实现的:尽管在国家的形态、政权的性质方面,20世纪俄国的十月革命及中国革命与18世纪法国革命、美国独立战争不同,但在新政权首先通过革命或战争的方式而建立这一点上,二者无疑有相近之处。与政权最初形成的以上途径相联系,这种政治权力的合法性,也与革命本身无法分离。具体而言,在这里,新政权的合法性最初同样源自革命的正义性。不难看到,发生于18世纪世纪的革命与出现于20世纪的革命尽管在主体、目标等方面存在深刻差异,但在政治权力的合法性一开始基于革命的正义性上,又有相通之处。

作为政治合法性的原初根据,革命的正义性本身需要得到确证。在政权建立之前,革命的正义性首先是相对于它所要推翻的旧体制或旧政权而言:从人类历史的演进看,作为革命所指向的对象,旧的制度对人类走向合乎人性的存在、走向自由之境不仅没有积极的推进意义,反而呈现消极的阻碍作用,从而已失去了其存在的历史合理性。在新的政权建立之后,革命的正义性则需要通过促进社会的多方面发展、更好地满足人民的多重需要来体现：唯有革命之后,社会的发展更为合理、人民的生活变得更好,革命本身的正义性才能得到确证。可以看到,在这里,政治的正当性与政治的合法性并非完全彼此隔绝:实质意义上的正当(有助于走向合乎人性的存在、走向自由之境)构成了革命正义性的实际内容,而革命的正义性则为新的政治权力之合法性提供了根据。

然而,在基于革命的正义性获得政治合法性的最初根据之后,新的政治权力的合法性,需要进一步在形式的层面得到确证。近代民主制的建立和发展,在一定意义上折射了以上的历史需要。尽管如上所述,近代民主制本身的衍化,也经过了一个历史过程,作为民主社会基本权利的选举权,最初也有种种的限制,然而,作为一种政治体制,它又从程序的层面,为政治的合法性提供了某种根据。仅仅基于程序,诚然无法担保政治的正当性,但它又确乎构成了政治权力合法性的形式条件。历史地看,政治权力的合法性依据,无法永远停留于获得权力的革命的正义性之上,在革命的阶段过去之后,权力延续、承继的合法性,便需要有程序层面的保证。不仅 18 世纪的革命之后面临这一问题,20 世纪的社会主义革命之后,同样也面临类似问题。社会主义的法制建设之所以重要,也可以从这一角度去理解:除了国家治理本身的内在缘由之外,法制建设在相当程度上植根于上述历史需要,其意义之一,则在于为政治权力提供新的合法性形式。

可以看到,政治领域的合法性问题既关乎政治权力的延续、传承,也关乎政治权力的中断和重建。从传统社会的君主世袭,到近代的民主选举,政治权力的更迭更多地与权力本身的延续、传承相关,在传统社会中的改朝换代以及近代的革命中,政治权力的形成则首先关涉政权的重建。政治权力更替的不同形式,也使相关权力的合法性根据呈现不同形态。一般而言,在政治权力以延续、传承为形态这一前提下,其合法性主要关乎形式层面的程序,从传统君主的世袭,到近代以来国家或政府领导人的更替,其合法性的根据都基于不同意义上的程序。在政治权力由中断而重建的背景下,其最初的合法性则涉及实质的方面,以改朝换代为形式,政治权力的合法性首先源自"一统";以近代的革命为前提,政治权力的合法性则与革命本身的正义性相关,当然,随着这种新的政治权力的延续,合法性的程序、形式之维也将逐渐走向历史的前台。

政治合法性的话题尽管在现代取得比较明确的形式,但对它的关注则可追溯到历史的较早时期。在中国传统思想中,从君权天授论,到五德始终说,等等,都可以视为对政治权力合法性的论证和辩护,这种论证在总体上表现出超验性、思辨性的特点。近代以来,契约论在政治哲学中逐渐流行,在考察政治权利和政治义务根据的同时,契约论也试图为政治权力的合法性提供某种论证。契约论首先与个体间或个体与不同政治实体间的同意相关,契约论的提出,相应地蕴含着个体存在意义的突出。相对于以往时代,近代伊始,个体无疑得到了更多的关注。契约论同时以某些所谓不证自明的观念(包括天赋权利)为前提,这种思路与当时对科学领域认知过程的理解具有一致性:科学上的认识也往往被视为基于某种不证自明的观念。具体而言,契约论以所谓自然状态的预设为前提,尽管对自然状态的具体理解存在差异,但肯定这种自然状态的存在则构成了近代契约论的共同特点。契约论的早期代表卢梭便认为,"人类曾达到这样一种境地,当时自然状态中不利于人类生存的种种障碍,在阻力上已超过了每个人在那种状态中为了自存所能运用的力量。于是,那种原始状态不能继续维持"。① 以此为背景,每一个体都让渡自己的一部

---

① [法]卢梭:《社会契约论》,何兆武译,北京:商务印书馆,1980年,第22页。

分权利,通过订约,形成一定的共同体,这一共同体具体表现为"城邦"、"共和国"或其他"政治体"。① 在这种共同体中,个人虽然失去了"天然的自由",却获得了"约定的自由",并拥有了与后者相关的所有权。按照这一理解,一定政治实体的政治权力,乃是基于共同体成员权利的自愿让渡,因而有其合法性。

契约论的前提,是自然状态的预设。从现实的层面看,这种预设更多地基于政治的想象,而非历史的事实。对自然状态的不同理解(或将其视为人的理想之境,或把它看作是人与人的冲突形态),也从一个侧面反映了这种预设的想象性质。作为自然状态的终结形式,个体之间或个体与共同体之间的订约,同样仅仅是观念层面的逻辑构想,而不是历史演进的现实形态。同时,契约论的核心之一,是个体的同意,无论是自我权利的让渡,还是对由此形成的政治权力的接受,都以个体的同意为前提。然而,这种同意本身缺乏程序意义上的确定性,而更多地带有某种随意性。总起来,契约论既未对历史的实际演进过程作出说明,也未对这一过程中形成的政治权力的合法性作出有说服力的论证。黑格尔在评论卢梭的契约论时,曾指出:"契约乃是以单个人的任性、意见和随心表达的同意为其基础的。"②这一看法无疑已注意到契约论的上述特点。卢梭之后的各种契约理论,在总的思维进路上,并没有超出以上趋向。当然,就其内在精神而言,契约论突出了政治生活中的个体同意以及相互协商、彼此守约,等等,这一类观念并非毫无意义。

在现代政治领域,政治合法性问题常常被置于民主制的视域,而

---

① [法]卢梭:《社会契约论》,何兆武译,北京:商务印书馆,1980 年,第 25—26 页。

② [德]黑格尔:《法哲学原理:或自然法和国家学纲要》,范扬等译,北京:商务印书馆,1982 年,第 255 页。

民主制又往往主要被理解为基于选举的政治体制：政治权力的获得如果合乎选举程序，则常常同时被赋予合法性质。从形式的层面看，近代以来的民主制确乎关乎选举，在民主体制下，从民意代表到政治领导人，其确定往往以选举为条件。然而，选举本身存在内在的问题。首先，选举以选民的投票为基本形式，作为特定的个体，每一选民都有不同的社会背景、利益关系以及价值观念，其投票也往往基于自身的利益和价值观念，而很难从整个社会、一定共同体的角度着眼，由此势必导致其选择的某种限定性。同时，由于信息、知识等方面的局限，个体常常缺乏对整个国家范围内社会经济、政治具体状况的充分了解，对相关政党及其候选人的真实情况，也每每并不完全掌握，由此作出的选择，不免带有某种盲目性。此外，在现代的选举过程中，选择是在既定范围内（如不同党派各自推举的候选人）进行，从而，选择一开始就有其限制性：选民只能在已有范围内作出有限选择，这种选择不一定真正合乎选择者自身的意愿。进而言之，以选举为形式，无法回避多数人与少数人的关系，在多数人胜出的情况下，少数人的意愿如何得到尊重便成为一个需要面对的问题。如果合法仅仅以选民"同意"为前提，那么，权力的获得者对于未选举他们的"少数"选民而言，其合法性便或多或少得打折扣：因为这些处于少数的选民并不同意执政者获得政治权力。尤可一提的是，选民中的"少数"可能占了整个选民的相当比重：在很多情况下，所谓"少数"与"多数"在数量上的差别，往往非常有限。以上情况表明，基于选举的民主制固然在程序的层面构成了政治合法性的依据，但这种合法性依据本身有其内在限度。

克服这种限度的可能进路，也许在于选举民主与协商民主或慎思和讨论的民主（deliberative democracy）的结合。协商民主与选举民主都既涉及政治权力如何获得，也关乎政治权力如何运用，从政治权力的运用方式看,协商民主不仅与人(民意代表或政治领导人)的选择相联系,而且也以政治领域多方面事宜的决策为内容。就具体内容而言,协商民主以确认公共理性为其前提,后者既要求在政治协商中避免情绪化并超越感性的冲动,也意味着以公共、全局的眼光看问题,而非仅仅着眼于个体或局部的利益。罗尔斯曾有所谓无知之幕的预设,这一理想化的预设固然过于抽象,但其中又蕴含超越个体立场的意向,这种意向已有见于公共理性的相关内涵。协商民主同时以政治平等为原则,与之相应的是避免金钱、权力、权威对政治讨论的外在干预。在目标上,协商民主以追求差异中的共识为指向,一方面,允许有不同的意见,另一方面,又非仅仅停留于一己之见,而是努力通过求同存异,达到最大限度的重叠共识。一味执着于个体的意见,将导致黑格尔所说的主观性:在政治领域,"主观性的最外部表现是闹意见和争辩,这种主观性在希求肯定自己的偶然性、从而也就毁灭自己的同时,使巩固存在的国家生活陷于瓦解"。① 以个体性的意气之争为特点的主观性,不仅使个体自身难以容身于世,而且将威胁国家的稳定。与注重共识相关的是宽容与说服的统一,宽容意味着避免讨论过程中的独断化趋向,说服则趋向于以理性的方式使讨论的参与者理解和接受相关意见和主张。相对于选举以个体为本位,并相应地受到个体存在背景、视域的限定而言,协商过程由不同的主体共同参与,这些主体包含多样的背景、视域,通过相互对话、交流、沟通,社会成员基于背景及利益差异而形成的不同看法,可以得到更直接的表达并达到更具体的理解,个体的不同视域,也有可能走向交融并得到某种扩展。意见的如上交流和视域的如上扩展,无疑为个

① [德]黑格尔:《法哲学原理》,范扬等译,北京:商务印书馆,1982 年,第338 页。

体限定的超越提供了前提。协商的过程既基于对议题所涉及的具体知识、信息的一定的把握(唯有具备基本的知识、信息背景,协商才能有意义地展开),又将通过彼此交流深化和拓展对相关知识和信息的了解。对相关事实和信息的这种掌握,不同于单纯的理想化预设或抽象的逻辑性推论,由此,可避免因缺乏此类知识和信息所带来的盲目性。就协商的具体程序而言,不存在类似选举中只能在既定的候选者中加以选择的情形:协商过程具有开放性,解决问题的方案并没有预先规定的界限,而是包含多样的可能。从外在形式看,与选举面向大众(具有选举权的所有公民)不同,协商似乎是由少数人在有限范围内进行,这里同样涉及多数与少数的关系。然而,在协商过程中,参与者同时代表了不同的社会成员,即使是选举中处于少数的社会成员,其意见、主张在协商中也有机会得到表达。换言之,这里并非简单地表现为多数人对少数人的优势或少数人对多数人的服从,毋宁说,它使少数人的声音获得了被平等倾听的可能。与之相联系的是认同与承认交融,认同意味着个体融入一定的共同体,承认则表现为对共同体中不同个体(相关成员)的权利、利益的关注和肯定。

当然,协商民主也会有自身的问题,如可能因缺乏必要的监督而导向不透明、不公开,在某些情况下甚至可能出现暗箱操作、政治交易。在此,选举民主与协商民主的结合,可以展开为两个方面,即民主的协商化(不仅仅限于选举),协商的民主化(避免协商不透明、被操控)。二者的如上结合,赋予政治的合法性以更为具体的形态。

从合理性的层面看,选举民主与协商民主体现了合理性的不同侧面:如果说,选举民主更多地侧重于程序合理性,那么,协商民主则同时关注实质合理性。就政治的合法性而言,程序或形式之维无疑构成了其主要的方面,但实质的规定同样无法完全忽略。如果仅仅限于形式的方面,则合法性本身的意义也将成为问题。如上所述,历史地看,政治合法性并非完全与政治生活的实质进程相悬隔,事实上,政治实体(包括国家这一类体制)的建立,一开始就包含实质之维。广而言之,前面已提到,政治的合法性本身与政治的正当性也难以截然相分,离开了政治的正当性,政治的合法性将缺乏实质的内容而流于抽象化。选举民主与协商民主沟通的意义,也可以从这一层面加以理解。

五、政治的有效性

在目的这一层面,政治以达到好的生活或更好的生活为指向,所谓好的生活或更好的生活既涉及人在不同历史时期合理需要的满足,也关乎终极意义上合乎人性的存在形态或人的自由之境。政治所以必要以及政治本身的正当性,也基于以上方面。如何更有成效地实现如上目的? 这一追问进一步引向政治的有效性问题。从另一方面看,就"治"这一角度而言,政治不仅面临"为何治",而且无法回避"如何治"。"为何治"以政治系统的存在目的为关切之点,"如何治"则关乎政治实践的具体展开过程,后者同样渗入了有效性的问题。

以好的生活或更好的生活为指向,政治实体(包括国家)的功能除了维护社会秩序之外,还包括提供各种形式的公共服务,从历史早期就已存在的兴修水利、救灾赈灾,到现代社会中的义务教育、医疗服务、社会救济、环境保护,以及国内及国际公共安全的保障,等等,政治实体(包括国家)的功能体现于多重方面,而与之相关的政治实践,则涉及有效性问题,即政治系统的功能是否得到有效的实现? 从基本之点看,以国家等为形式的政治实体所具有的社会功能,通常是个体无法独立承担的,无论是重大的工程(如防洪抗旱的水利建设),还是全民范围内教育的普及、社会的保障,等等,都需要举国之力才能完成,在此意义上,这种功能的履行,本身就体现了政治实体的独特效能。

宽泛而言,有效性首先涉及目的与手段的关系,在这一层面,有效即在于以适当的方式达到相关的目的。[①] 有效同时关乎手段或实践方式与存在法则的关系,在这一层面,有效以合乎存在法则为前提。政治领域中的有效性,同样兼涉以上二重关系。在目的之维,政治体制及政治实践的有效性,主要表现为以更有成效的方式使社会成员达到好的生活或更好的生活,后者包括满足人在不同历史时期的合理需要、不断达到合乎人性的存在形态或人的自由之境。从存在法则这一方面看,政治体制及政治实践的有效性则意味着基于不同历史时期的社会现实,顺乎历史的发展趋向,尊重内在于社会共同体中的存在法则。历史上,曾出现过各种形式的盛世,从政治哲学的视域看,这种盛世同时以达到富有成效之"治"为其特点,而这种成效,便既表现为较好地体现了"治"之目的,也表现为合乎一定历史的社会发展法则。

上述论域中的有效性,可以视为实践意义上的有效性。在理论的层面,需要对实践意义上的有效性(practical effectiveness)与逻辑意义上的有效性(logical validity)作一区分。逻辑意义上的有效性一方面表现为概念、命题的可讨论性和可批评性,另一方面又体现于前提与结论、论据与论点等关系,并以论证过程之合乎逻辑的规范和法则为其依据。实践意义上的有效性(effectiveness)则以实践过程所取

---

① 罗尔斯曾从个体的层面,谈到政治领域中目的与手段的关系,这一视域中的手段,关乎个体达到基本权利的条件,这些条件他称之为基本善(primary good)。除了自由和平等机会外,基本善还包括收入、财富等(参见[美]罗尔斯:《政治哲学史讲义》,杨通进等译,北京:中国社会科学出版社,2011年,第12页)。政治有效性意义上的目的与手段不限于个体之域,而更多地与政治体制的运作相联系。

得的实际效果来确证,并主要通过是否有效、成功地达到实践目的加以判断。在目的与手段关系中呈现的政治有效性,首先与实践意义上的有效性相联系,而不同于逻辑意义上的有效性。当然,广义的政治哲学也涉及逻辑的有效性问题,如政治、法律的规范,便需要在逻辑上得到认可,而这种认可的前提之一,即是获得逻辑上的有效性。然而,政治本质上具有实践性,从实践哲学的角度看,其有效性无疑无法停留于逻辑或观念的层面,而需要进一步引向实践之域。①

　　欧克肖特曾认为:"法律不关心不同利益的价值,不关心满足实质需要,不关心促进繁荣,消除浪费,不关心普遍认为的好处或机会的平等或不同分配,不关心仲裁对利益或满足的竞争性要求,或不关心促进公认为是公善的事物的条件。因此,法律的正义不能等同于成功提供这些或任何别的实质好处,不能以提供它们的有效性或迅速,或分配它们的'公平'来衡量。"②尽管政治与法律具有相关性,所谓法治便体现了这一点,但从总体上看,政治系统与上述欧克肖特所理解的法律,显然不能简单等同。以上视域中的法律,更多地体现了形式化的特点,政治系统则包含实质的内容。因此,与法律可以既不问"实质的需要",也不理会"有效性"不同,政治既不能无视"实质的需要",也无法回避"有效性"问题。可以看到,在政治领域,与"形式"相对的"实质"涉及不同的意义:在正当性层面,"实质"关乎价值

---

①　这一意义上的政治有效性,有别于哈贝马斯在《在事实与规范之间》中所说的法律规范的有效性(validity),对于后者,哈贝马斯所关切的首先在于规范本身的认可问题,这种认可所涉及的,主要是规范形成的程序(是否合乎法律程序)问题。就其以形式层面的程序性为指向而言,此种有效性似乎更接近于逻辑意义上的有效性。(参见[德]哈贝马斯:《在事实性与规范性之间》,童世骏译,北京:生活·读书·新知三联书店,2003年,第33—50页)

②　[英]欧克肖特:《政治中的理性主义》,张汝伦译,上海:上海译文出版社,2003年,第174页。

目的;在有效性之维,"实质"则与实践结果相涉。

与实质的指向相联系,政治中的有效性同时涉及实践理性和实践智慧。政治具有实践的趋向:不仅政治活动具有实践性,而且不同形式的政治实体也唯有通过实践而运作,才能获得现实的生命力。同样,政治的有效性,本身也是在政治实践的展开过程中得到确证。从后一方面看,实践智慧便是一个无法忽视的问题。欧克肖特在论及政治中的理性主义时,曾区分了技术的知识与实践的知识,前者表现为关于一般规则的知识,后者则体现于实践过程中,并往往具体化为实践的能力。技术性知识固然也为实践过程所需,但仅仅具有这种知识往往无法完成实践过程。① 引申而言,政治实践的展开过程难以离开实践智慧,后者既包含欧克肖特所说的技术知识,也包括他所说的实践知识。具体地说,"实践智慧以观念的形式内在于人并作用于实践过程,其中既凝结了相应于价值取向的德性,又包含着关于世界与人自身的知识经验,二者融合于人的现实能力。价值取向涉及当然之则,知识经验则不仅源于事(实然),而且关乎理(必然);当然之则和必然之理的渗入,使实践智慧同时呈现规范之维"②。在政治领域,实践智慧常常具体化为某种政治艺术,《老子》所谓"治大国若烹小鲜"③,也可以视为这种政治艺术的形象化表述。无独有偶,欧克肖特在谈到政治领域的实践知识时,也曾以厨艺作类比。④ 政治实践

① [英]欧克肖特:《政治中的理性主义》,张汝伦译,上海:上海译文出版社,2003 年,第 7—12 页。

② 杨国荣:《人类行动与实践智慧》,北京:生活·读书·新知三联书店,2013 年,第 271 页。

③ 《老子》第六十章。

④ [英]欧克肖特:《政治中的理性主义》,张汝伦译,上海:上海译文出版社,2003 年,第 8—9 页。

中的实践智慧,使政治实践本身达到艺术般的境界,这种艺术之境既蕴含着实践主体的价值意向,又体现了与存在法则的一致,由此引导政治实践以最为有效的方式实现政治的价值目的。

作为政治领域的一个方面,政治的目的性不仅规定着政治实践的方向,而且决定着政治有效性的性质。抽象地看,有效性本身可以被赋予不同的性质,当有效性体现于实现正面的价值目的时,其性质具有积极的意义,反之,则其意义便具有消极性,这种不同的性质,主要取决于相关的政治目的。在纳粹攫取政治权力之后,其政治机器曾高效运作,然而,它的政治目的——将人类置于法西斯主义的统治之下,一开始便决定了其政治运作的高效性具有反人道的负面价值意义。如前所述,政治的目的宽泛而言指向好的生活,这种好的生活既与人在不同历史时期之合理需要的满足相联系,也涉及人性化的存在形态或人的自由之境。所谓合理需要,首先关乎人的存在所以可能的条件,人性化的形态,则意味着真正超越动物性、体现人的本质和尊严。政治的有效性唯有对实现以上目的具有推进作用,才呈现正面或积极的意义。

政治有效性的性质固然取决于政治的目的,但从另一方面看,有效性本身又对目的层面的正当性具有不可忽视的作用。在政治实践这一层面,有效性首先体现于治国或更广意义上的治理(governing)过程,在治理的目标与政治目的一致的前提下,治理的成效将从一个方面确证政治的正当性。按其实质,治国或治理的过程也就是一定政治实体或政治体制运行的过程,如果治理过程能够实现社会的有序化,最大限度地满足社会成员多方面的合理需要,维护社会的公平正义,促进社会经济、文化的发展,保障社会的自由平等,让社会成员安居乐业、有尊严地生活,那么,这种治理的成效本身就为相关政治实体的正当性提供了确证。相反,如果某种政治实体或政治体制自认为具有正当性,但其治理过程导致的却是社会的无序化以及公正和正义的阙如、自由平等的缺失、普遍的民不聊生,等等,那么,这种政治实体的正当性将受到质疑,甚而出现正当性危机或合法性危机:正当性危机意味着相关政治实体在目的—价值层面是否具有正义性成为问题,合法性危机则表明这种政治实体在程序层面是否有资格治理社会面临挑战。如果说,政治的有效性对政治的正当性作了正面的肯定,那么,与之相反的状况,则使政治的正当性和合法性都难以得到社会的认可。

政治有效性与政治正当性的如上互动,从一个方面展现了二者的内在相关性。在具体的政治系统中,有效性与正当性确乎难以分离。以民主制而言,作为一种政治体制,民主按其本义包含两个层面。首先是价值目的,在这一层面,民主以"为了民"为指向,其具体内容落实于实现人的存在价值,所谓民享(for the people)、民有(of the people),便涉及民主的这一方面。民主同时包含手段之维,在这一层面,民主以"本于民"为指向,其具体内容关乎政治实践的程序、方式、途径,亦即依靠民,以展开国家或社会的治理,所谓民治(by the people),便体现了民主的这一内涵。不难看到,民主的目的之维("为了民")更多地关乎政治的正当性,民主制本身唯有真正体现了这一价值目的,才能被赋予政治的正当性。与之相对,民主的手段之维("本于民"),则既与政治的合法性相关(关乎政治运行的形式和程序),也与政治的有效性相涉:正是在以一定的方式、程序实现人的存在价值过程中,民主制才呈现出有效性问题。"为了民"这一目的性规定固然构成民主政治正当性的前提,但如果仅仅停留于此而未能通过"本于民"的政治实践而切实有效地实现民主的目的,则民主的正当性也将流于抽象的意向而难以得到真正的落实。在此意义上,民主的有效性无疑同时制约着民主的正当性。

综合而论,政治系统的运作过程,涉及正当性、合法性、有效性等问题。正当性体现了政治的目的之维,规定着政治实体和政治实践的性质,离开了目的—正当之维,政治的合法性、有效性便失去了价值意义,政治上的形式主义和功利主义仅仅强调政治的合法性和有效性,无疑忽视了政治发展的价值方向。另一方面,政治正当性与政治上的合法性、有效性并非彼此隔绝,正当性既需要通过合法性在形式的层面得到确认,也需要通过有效性在实质的层面得到确证,就以上方面而言,合法性与有效性同时为正当性的实现提供了不同意义上的担保。

历史地看,中国传统的政治哲学诚然在理解政治领域的不同关系上存在各自的侧重:如果说,儒家较为注重正当性与合法性的统一,那么,法家则更关注合法性与有效性的统一;然而,其中又内含着在更广意义上肯定以上诸方面之相关性的观念,后者在礼法互动①与礼乐互融②的命题中得到比较具体的展现。这里的"礼"可以广义地理解为体制及其运作,所谓"礼所以守其国,行其政令,无失其民者也"③,"法"则涉及程序层面的规则,"乐"同样与"政"相关:"礼乐刑政,其极一也,所以同民心而出治道也",具体而言,"乐者,乐也"④,从而,它既表现为通过音乐的感染而教化人(政治共同体中的成员),也表现为由好的生活或合理需要的满足而引发的情感体验(愉悦之乐)。如果说,礼法的互动更多地侧重于程序方面的合法(合乎礼法),那么,礼乐互融则同时确认了以顺乎民心的形式体现出来的实

---

① "非礼,是无法也。"(《荀子·修身》)

② "礼乐之统,管乎人心矣。"(《荀子·乐论》)"乐至则无怨,礼至则不争。揖让而治天下者,礼乐之谓也。"(《礼记·乐记》)

③ 《左传》昭公五年。

④ 《礼记·乐记》。"乐者,乐也"中,前一"乐"读为"yuè",后一"乐"读为"lè"。

质正当性。一方面,合法与有效本身不是目的,二者依归于价值意义上的正当性,后者最终表现为保证人类的生存和自由的发展,另一方面,合法、有效又从形式(程序)与实质的方面,担保了正当目的的实现。质言之,上述关系可以视为在程序合法的前提下,以有效的方式实现实质的正当。进一步看,政治正当性首先关乎"为何治",相对于此,合法性与有效性更多地涉及"如何治",在"如何治"这一层面,政治的合法性与政治的有效性本身并非互不相关:国家的治理和社会的治理都既面临是否合乎一定的规范、程序(关乎合法)的问题,也面对是否合乎社会领域的存在法则的问题(关乎有效)。不难注意到,正当性、合法性、有效性的相互关联和互动,赋予政治系统以现实的品格。

六、道 德 与 政 治

如前所述,从目的之维看,政治以好的生活为指向,后者在广义上同时体现了善的追求。政治的这一价值趋向,使之与伦理或道德具有相通性。事实上,作为人的存在的相关方面,政治与伦理难以截然相分。与存在形态上政治生活与伦理生活的以上联系相应,政治哲学与伦理学也具有内在关联。康德曾认为,道德法则包括法律的法则(juridical laws)与伦理的法则(ethical laws)。"合乎法律法则,体现的是行为的合法性(legality);合乎道德法则,体现的则是行为的道德性(morality)。"[①]这里的法律法则以及与之相关的行为,并非仅仅限于狭义的法律之域,而是同时关乎政治领域,从广义的道德法则这一角度理解伦理和法以及合乎伦理的行为和合乎法的行为,无疑从一个方面注意到道德与政治的关联。黑格尔将法、道德与伦理都

---

① Kant, *The Metaphysics of Morality*, Cambridge University Press, 1996, p.14.

置于法哲学的论域之中,而法哲学则包含政治哲学的内容,这样,尽管他对伦理和道德的看法与康德有所不同,但在肯定道德、伦理与政治哲学具有关联这一点上,则与康德具有相通之处。基于相异立场而展现的以上视域,无疑从不同方面注意到了政治与道德、政治哲学与伦理学之间的现实关系。

从本源上看,政治和伦理都发端于人的社会性生活,社会性生活本身则基于人与人的关系,并涉及对这种关系的协调、处理。中国传统文化中的五伦,便既与伦理意义上的父子、兄弟、夫妇相联系,又关乎政治意义的君臣关系,对社会关系的这种理解,也从一个方面折射了政治与伦理的相关性。由此,儒家特别突出了人伦关系的处理对治国的意义:"知所以治人,则知所以治天下国家矣。"①从形而上的层面看,人的存在本身包含多重维度,在政治与伦理出现之后的历史发展过程中,人既融入政治生活,也参加伦理实践,作为人的存在的相关方面,政治与伦理无法截然相分。前文提及,中国传统政治哲学将政治的功能既理解为"治民",也规定为"正民",如果说,"治民"更多地体现了政治实践本身,那么,"正民"则同时包含着对民的伦理教化,在此意义上,"政以治民"与"政以正民"的统一,也展现了政治与伦理的相关性。同样,亚里士多德认为,在"最好的政体"中,每一个人都能"适当地行动"和"快乐地生活",其中"适当的行动"也涉及伦理的引导,而"适当地行动"和"快乐地生活"的交融,也意味着政治与伦理无法相分。

在中国传统的礼制中,政治与道德的关联得到了具体的体现。礼无疑具有道德的意义,所谓"礼所以观忠、信、仁、义也"②,便表明了

---

① 《中庸》。

② 徐元诰:《国语集解》,王树民、沈长云点校,北京:中华书局,2002年,第36页。

这一点。但同时,礼又被赋予政治的功能:"礼所以守其国,行其政令,无失其民者也。""国无礼则不正。"① 所谓"所以守其国,行其政令",表明礼构成了治国实践所以可能的条件;"国无礼则不正",则意味着礼是形成社会秩序的前提。在"义以出礼,礼以体政"② 中,礼进一步沟通了伦理(义)与政治(政),并由此更清楚地展现了政治与伦理的以上关联。按照中国传统哲学的理解,礼之所以具有以上品格,在于它既引导人的内在德性,又制约着外在之法:"非修礼义,廉耻不立。民无廉耻,不可以治。不知礼义,法不能正。非崇善废丑,不向礼义。无法不可以为治,不知礼义不可以行法。"③ 礼以一定的规范系统和相应的体制为其具体内容,礼的以上双重作用,同时在规范与体制的层面为政治与伦理的沟通提供了前提。

　　类似的情形也存在于西方的思想传统。在西方思想的演进中,从柏拉图到罗尔斯,正义原则都一再被强调和突出。就其实质的内涵而言,正义本身既涉及伦理生活,也关乎政治之域。在伦理生活中,正义表现为行为选择的基本规范之一;在政治领域,正义则成为处理、调节政治共同体中不同成员之关系的基本原则。尽管对正义的社会意义可以有不同侧重:当亚里士多德强调正义的行为就在于像具有正义品格的人那样行动时,其侧重之点较多地在于正义的伦理之维④,在罗尔斯所注重的分配正义中,正义的政治意蕴则得到了更多的突显,然而,从正义本身的内涵看,它则兼涉伦理之域和政治之域。正义的以上品格,也从一个侧面展现了伦理与政治之间的相

---

① 《荀子·王霸》。

② 《左传》桓公二年。

③ 《文子·上礼》。

④ Aristotle, *Nicomachean Ethics*, 1105b, *The Basic Works of Aristotle*, Randon House, Inc.1941, p.956.

关性。

礼和正义作为普遍的规范,更多地从静态的形式方面展现了政治与伦理的关联。进一步看,以不同层面秩序的形成为指向,政治与伦理都具有实践性的品格。伦理关系的确立,离不开道德实践,正是通过父慈子孝的实践活动,家庭之中亲子之间的伦理关系才获得现实的形态。同样,在政治领域,政治秩序的建立,也基于具体的政治实践。以传统社会而言,君臣之间的等级关系,便是通过"君仁臣忠"①的政治实践而得到确立。宽泛地看,伦理学与政治哲学之所以都被归属于广义的实践哲学,也与以上事实相关。诚然,作为实践哲学的不同方面,二者又存在某种差异。关于这一点,西季威克曾指出:"伦理学旨在确定个人应当做什么;而政治学则旨在确定一个国家或政治社会的政府应当做什么,以及它应当如何构成。"②不过,正如私人领域与公共领域无法截然相分一样,政治实践与伦理实践也非完全彼此隔绝。

政治实践与道德实践都关乎实践的主体。从主体的层面看,人性是一个无法忽视的方面。历史上的人性理论,首先涉及人格的培养及其途径,如果说性善说更多地肯定了人格培养的内在根据,那么,性恶说则更多地关注于人格培养的外在条件。同样,治国的过程,也常常基于对人性的理解。商鞅在谈到如何治国时曾指出:"饥而求食,劳而求佚,苦则索乐,辱则求荣,此民之情也。民之求利,失礼之法;求名,失性之常。奚以论其然也?今夫盗贼上犯君上之所禁,而下失臣民之礼,故名辱而身危,犹不止者,利也。其上世之士,

---

① 《礼记·礼运》。
② [英]西季威克:《伦理学方法》,廖申白译,北京:中国社会科学出版社,1993 年,第 39 页。

衣不暖肤,食不满肠,苦其志意,劳其四肢,伤其五脏,而益裕广耳,非生之常也,而为之者,名也。故曰:名利之所凑,则民道之。"①按商鞅的看法,追求利和名,是人之常性,治国过程,应顺乎人性之常,利用人的好名求利之性,使之为君主所用。对人性与治国过程的这种理解无疑有其理论的限度,但这一看法同时注意到,政治实践作为人与人之间互动的具体过程,与实践参与者的内在精神规定、内在意向无法相分。

进而言之,政治实践的展开,与实践主体的内在品格具有内在关联,后者同时体现了伦理对政治的制约作用。儒家对此给予了特别的关注,《中庸》曾借孔子之口,提出了如下看法:"文、武之政,布在方策。其人存,则其政举;其人亡,则其政息。人道敏政,地道敏树。夫政也者,蒲卢也。故为政在人,取人以身,修身以道,修道以仁。仁者,人也,亲亲为大;义者,宜也,尊贤为大。亲亲之杀,尊贤之等,礼所生也。在下位不获乎上,民不可得而治矣!故君子不可以不修身。"这里的主题是为政之道,其侧重点,则是政治实践中人的作用,所谓"其人存,则其政举"。此处之"人"首先是指统治者或政治领袖,而后者的个人品格又被放到突出的位置。在儒家看来,政治的运作与个人的修养无法分离。治国应先治人,治人则须先修身,亦即使统治者自身达到人格的完善。修身以治国,这是儒家反复强调的政治原则,从孔子的"修己以安人"到《大学》的修身、齐家、治国、平天下,都体现了这一点。突出统治者在政治生活中作用,体现的无疑是一种人治的观念,后者的理论限度和历史限度都毋庸讳言,不过,其中又蕴含着对政治实践主体内在人格的注重,后一看法则并非毫无所见。进一步看,政治生活不仅涉及执政者,而且关乎一般的社会成

① 《商君书·算地》。

员,对后者来说,刑、政等强制性的政治手段固然能够让人的行为合乎规范、避免为恶,但却难以使人形成向善之心:"道之以政,齐之以刑,民免而无耻;道之以德,齐之以礼,有耻且格。"①"法能杀不孝者,不能使人孝;能刑盗者,不能使人廉。"②唯有通过道德的引导,才能培养人的伦理意识(包括耻感、孝和廉的意识,等等)。质言之,在对人的正面引导方面,道德的作用不可或缺。

类似的看法亦可见于西方的传统政治哲学。亚里士多德已指出,在政体中担任最高职务,需具备三个条件:首先应忠于现存政体,其次需具备最出色的行政能力,再次则须具有适合于不同政体形式的德性和正义的品格。③ 这里涉及政治实践主体或政治领导人物的应具备的基本素质,包括具有共同的政治立场、内在的德性与能力。进而言之,政治领域不仅有处于领导地位的政治主体,而且存在着更广大的被领导者,在亚里士多德看来,作为政治实践的不同主体,统治者与被统治者都需要德性,尽管这种德性的具体内涵有所不同。④与此相联系,道德领域中善良之人的德性与政治领域中政治家或君主的德性具有一致性⑤。德性的这种相关性,同时体现了伦理与政治的难以相分性。黑格尔从另一角度肯定了道德教育的必要性:"为了使大公无私、奉公守法及温和敦厚成为一种习惯,就需要进行直接的伦理教育和思想教育,以便从思想上抵销因研究本部门业务的所谓

① 《论语·为政》。

② 《文子·上礼》。

③ Aristotle, *Politics*, 1309a35, *The Basic Work of Aristotle*, Random House, 1941, p.1249.

④ Aristotle, *Politics*, 1260a5 – 15, *The Basic Work of Aristotle*, Random House, 1941, p.1145.

⑤ Aristotle, *Politics*, 1288a40, *The Basic Work of Aristotle*, Random House, 1941, p.1205.

科学、掌握必要的业务技能和进行实际的工作等等而造成的机械性部分。"①这里已涉及如何克服科层制可能引发的问题。在近代以来的科层制中,政治实践的展开常常需要具备某些技术性的技能,而实践本身则容易由此呈现技术化、程序化、机械性的趋向。为了在政治领域中避免以上偏向,便需要进行伦理的教育。黑格尔对伦理教育的理解,无疑已注意到道德教育不仅对于提升奉公守法等道德品格具有不可忽视的意义,而且构成了克服技术主义倾向的前提。从更广的层面看,伦理教育的以上二重作用同时从不同的向度体现了道德对政治领域的制约作用。

在近代以来的各种政治设计中,形式化、技术化、程序化的规定往往成为主要指向,而人的德性、品格等方面在政治体制中常常难以获得适当的定位。直到当代的罗尔斯、哈贝马斯等,仍将人格修养等问题置于公共领域之外,很少从社会政治生活的合理组织等角度讨论这一类问题。就本体论的层面而言,上述思维趋向显然未能注意到人的存在的多方面性。按其现实形态,人既是政治法制关系中的存在,也有其道德的面向,作为人的存在的相关方面,这些规定并非彼此悬隔,而是相互交错、融合,并展开于人的同一存在过程。本体论上的这种存在方式,决定了人的政治生活和道德生活不能截然分离。从制度本身的运作来看,它固然涉及非人格的形式化结构,但同时在其运作过程中也包含着人的参与,作为参与的主体,人自身的品格、德性等总是处处影响着参与的过程。进而言之,技术化、程序化、机械性更多地关涉政治的形式之维,专注于此,不仅人格、德性在政治中的作用将被消解,而且实质层面的政治目的、政治的价值导向会

---

① [德]黑格尔:《法哲学原理》,范扬等译,北京:商务印书馆,1982年,第314页。

被忽视或虚化。按其现实的形态,体制组织的合理运作既有其形式化的、程序性的前提,也需要道德的担保和制衡;离开了道德等因素的制约,社会生活的理性化只能在技术或工具层面得到实现,从而难以避免片面性。从以上背景看,儒家以及亚里士多德、黑格尔肯定道德对政治的作用,无疑具有不可忽视的意义。

政治与道德的关联不仅仅在于政治实践的主体受到其人格和德性的影响,而且体现在道德对政治正当性的制约。政治的正当性和道德的正当性本身无法相分,无论在形式的层面,抑或实质之维,政治的正当性与道德的正当性都具有相关性。从形式的层面看,政治的正当性以合乎一定时期被普遍接受和认可的价值原则为前提,而这种价值原则与道德领域的价值原则,往往具有一致性。在实质的层面,政治的正当性则体现于对人的内在存在价值的肯定,包括不断在不同的历史时期达到好的生活、满足人的合理需要、推动社会走向自由之境,等等。这种实质意义上的正当,与道德上的善也具有相通性。在政治生活为形式层面的价值原则所引导并由此追求实质之善的过程中,道德的影响也渗入其内。不难注意到,道德不仅从政治主体的内在品格上制约着政治实践,而且从政治生活发展的方向上,展现了内在的导向作用。

可以看到,政治生活展开为一个包含多重方面的社会系统。以价值原则和价值理想等为形式的政治观念,在政治系统中具有引导的意义,不同形式的政治体制,为政治生活的运行提供了制度的依托,政治实践则既使价值原则和政治理念得到落实,也通过政治主体的作用,赋予政治体制以现实的生命。在目的层面,政治系统的运行以正当性为其指向;在程序之维,政治系统受到合法性的制约;在手段运用上,政治系统则涉及有效性。如果说,政治观念、政治体制、政治主体的相互作用,是政治生活的展开所以可能的前提,那么,正当性、合法性、有效性的互动以及道德对政治的制约,则从不同的方面将人类引向更好的生活。

贤能政治：意义与限度

以贤能治国，可以视为儒家的政治理念。儒家对贤与能既作了不同定位，又关注其统一。较之政治领域中的体制、程序，贤能更多地与人的内在品格、能力相联系。与此相联系，肯定贤能在政治实践中的作用，对于避免仅仅将政治的运作限定于体制、程序等形式的层面，无疑具有积极的意义。当然，贤能作为个体性的品格和能力，其作用本身无法完全与体制、规范、程序等等相分离，贤能者本身之进入政治实践的领域以及对其可能产生的消极趋向的限定，也需要体制、程序等层面的担保。在此意义上，实践主体层面的贤能与政治体制层面的程序系统并非彼此相斥。

一

　　将贤能与政治实践联系起来,是儒学的特点之一。在儒家的视域中谈政治形态意义上的贤能,首先涉及"贤"与"能"的关系。孟子已对"贤"与"能"作了区分:"贤者在位,能者在职。"①在这一分野中,"贤"主要与内在的道德品格或德性相涉,"能"则指治国经世的实际才干。与"贤"相联系的"位"关乎荣誉性的社会地位;相应于"能"的"职",则主要指治理性或操作性的职位。对待贤者的基本方式是尊重,能者所面临的问题则是如何被使用:"尊贤使能,俊杰在位,则天下之士皆悦而愿立于其朝矣。"②在以上区分中,德性与能力本身各有定位,但从社会的层面看,侧重于德性的贤者与侧重于能力的能者又都不可或缺:唯有尊贤使能,才能使天下之士都愿意为君主效力。

　　儒家的经典之一《礼记》在谈到天下之序时,也涉及贤与能:"大道之行也,天下为公,选贤与能,讲信修睦。"③根据这一理解,则在天下为公的背景下,既应关注"贤",亦应注重"能"。相对于孟子在区分贤与能的前提下肯定二者,《礼记》更直接地从正面确认了贤与能的相关性。当然,肯定贤与能的联系,并不意味着无视二者的不同定位,事实上,《礼记》对贤与能的社会功能同样作了不同的规定:"先王尚有德,尊有道,任有能。"④"有德"与"有道"属广义的"贤","尚有德,尊有道"相应地近于孟子所说的"尊贤","任有能"则与"使能"具有相通之处。

---

① 《孟子·公孙丑上》。
② 《孟子·公孙丑上》。
③ 《礼记·礼运》。
④ 《礼记·礼器》。

从历史的演进看，"大道之行也，天下为公"表现为一种理想的社会预设，以此为前提，"选贤与能"首先也具有社会政治理想的性质；"尊贤使能"则更多地展开为一种现实的政治要求。与之相联系，贤与能既有理想之维，也包含现实内容。从现实的层面看，贤与能都包含二重性。"贤"作为德性，具体表现为个体的内在品格，在内容上，这种品格与个体的价值取向、价值立场相一致：德性与品格本身可以视为价值理想的体现。在形成的方式上，德性与品格又基于个体的修养。儒家所肯定的贤人，往往也体现于个体的价值追求或人生追求。在赞美颜渊之贤德时，孔子便感叹："贤哉，回也！一箪食，一瓢饮，在陋巷。人不堪其忧，回也不改其乐。贤哉，回也！"[①]在贫寒的物质境遇中依然保持乐观的人生态度，这种贤德所展现的便是与个体的价值取向相联系的内在品格。

德性意义上是"贤"不仅与个体性的人生追求相涉，而且也表现为与社会相关的品格，并有其普遍的社会涵义，孟子在谈到"进贤"时，便指出了这一点："国君进贤，如不得已，将使卑逾尊，疏逾亲，可不慎与？左右皆曰贤，未可也；诸大夫皆曰贤，未可也；国人皆曰贤，然后察之，见贤焉，然后用之。"[②]"国人皆曰贤"，意味着相关个体所具有的贤德已展现于个体之外的社会生活领域，并得到了群体的认可。作为社会化的德性，"贤"同时表现为政治品格，并为主政者所应具备。就君主而言，有此品格则为贤君，其特点在于尊重臣下、关注民众："是故贤君必恭俭礼下，取于民有制。"[③]如果说，人生取向层面的贤德表现为私德，那么，社会政治生活中的贤德，则具有公德的

---

① 《论语·雍也》。
② 《孟子·梁惠王下》。
③ 《孟子·滕文公上》。

意义。

与"贤"相近,"能"作为能力、才干,也体现于不同方面。不过,如前所述,"贤"首先侧重于个体性的品格,相对于此,"能"更直接地体现于社会领域的治国过程。作为与"职"相联系的才干,"能"与多样的治理活动相联系,表现为处理各种政治事务的能力,所谓政绩或治国成效,常常便相应于这种不同能力。从更广的视域看,"能"也涉及君主的治国活动。就君主而言,其治国能力主要表现在对人的使用、支配之上:"人主者,以官人为能者也。"①从否定或消极的方面看,缺乏这方面的能力,则将导致国之动乱:"君不能者其国乱。"②从贤与能的区分看,这一意义上的能力,构成了政治秩序与社会治理所以可能的条件。

在儒家那里,贤能之辨中的"能"不仅体现于外在的社会领域,而且关乎个体的德性修养与提升。孟子曾提出"四端"之说,以仁义等为内容,四端同时被理解为德性涵养的出发点:"恻隐之心,仁之端也;羞恶之心,义之端也;辞让之心,礼之端也;是非之心,智之端也。人之有是四端也,犹其有四体也。有是四端而自谓不能者,自贼者也;谓其君不能者,贼其君者也。"③作为道德意识的萌芽,四端既构成了德性的涵养的内在根据,又为德性涵养中内在能力的形成提供了可能:所谓"有是四端而自谓不能者,自贼者也",便表明了这一点。道德领域中的这种"能",不仅体现于个体自身的涵养过程,而且展现为道德实践(为善)的能力。在后一意义上,孟子区分了"能"与"为":"挟太山以超北海,语人曰'我不能',是诚不能也。为长者折

---

① 《荀子·王霸》。
② 《荀子·议兵》。
③ 《孟子·公孙丑上》。

枝,语人曰'我不能',是不为也,非不能也。"①对孟子而言,人皆有从事道德实践的能力,所谓"不为"是指虽有能力为善但却不实际地为善。与这种"为"相对的"能",主要便指个体道德实践领域的能力。

可以看到,"贤"与"能"在不同的意义上包含二重性:"贤"作为德性既关乎个体的内在品格,又涉及社会领域的实践过程;同样,"能"作为能力也既涉及治国的才干,又关乎个体的道德涵养。在以上方面,贤与能呈现了内在的联系。贤与能的这种相关性,同时决定了二者在政治实践中难以截然相分。

二

按儒家的理解,治国过程既涉及贤与能,又需要循乎一般规范或普遍之道,二者彼此关联而又相互作用。在谈到为政过程时,孟子指出:"离娄之明,公输子之巧,不以规矩,不能成方圆;师旷之聪,不以六律,不能正五音;尧舜之道,不以仁政,不能平治天下。……为政不因先王之道,可谓智乎?"②规矩、六律作为准则,规定了应当如何做,同样,仁政作为先王之道的体现,也蕴含着治国的程序。这里值得注意的是孟子将"道"与规矩联系起来,从而赋予它以普遍规范的意义。"仁"首先表现为道德理想,规范则关乎政治实践的操作活动和规程。在这里,与仁政的道德理想相涉的贤德与如何行道(如何按道而行动)的能力,呈现出了一致性。

在儒家看来,规范的制约,并非仅仅表现为形式化的理性操作。以治国过程而言,其中所运用的规范,往往与道德人格相联系:"规

---

① 《孟子·梁惠王上》。
② 《孟子·离娄上》。

矩,方圆之至也;圣人,人伦之至也。欲为君尽君道,欲为臣尽臣道,二者皆法尧舜而已矣。"①规矩本来是工匠测定方圆的准则,引申为一般的行为规范,圣人则指完美的理想人格,作为完美的人格形态,圣人不仅包含内在的贤德,而且具有安平天下的能力。《论语》中已可看到孔子对圣人的以上理解:"子贡曰:'如有博施于民而能济众,何如,可谓仁乎?'子曰:'何事于仁,必也圣乎!'""博施于民而能济众"显然已不限于内在德性,而是同时关乎治国平天下的经世能力,以此为圣人的特点,表明圣人以相关的品格为题中之义。孟子将圣人与规矩加以对应,其中蕴含如下含义:在"为君"、"为臣"这一类政治实践中,行为规范可以取得完美人格的形式;或者说,完美人格能够被赋予某种规范的意义。当圣人成为效法对象时,他同时也对如何"为君"、如何"为臣"的政治实践具有了范导、制约的功能。以完美的人格(圣人)为政治领域的存在形态,内在的贤德与体现于"为君"、"为臣"这一类治国活动中的能力进一步呈现了内在的关联。

把完美的人格引入治国的政治实践,既意味着确认贤德在政治实践中的作用,也在一个更为实质的层面肯定了"贤"与"能"的内在关联。如前所述,"贤者在位,能者在职"包含着"贤"与"能"的区分,这种区分如果过于强化,则在逻辑上蕴含着二者导向分离的可能。以既"贤"且"能"为政治实践主体的品格,其内在意义之一在于为避免导致以上分离提供某种担保。

由以上观念出发,儒家对自我的修养予以了相当的关注。就个体与天下、国、家的关系而言,儒家首先强调了个体的本位意义:"人有恒言,皆曰'天下国家'。天下之本在国,国之本在家,家之本在

① 《孟子·离娄上》。

身。"①身或个体的这种本位性,决定了修身对于平天下的重要性:"君子之守,修其身而天下平。"②平天下属于广义的政治实践,修身则是个体的道德完善;以修身为平天下的前提,意味着政治实践无法离开以贤德等形式表现出来的道德规定之制约。

基于贤德在政治实践中的作用,儒家对善政与善教的不同特点作了考察③,"善政"侧重于法制,"善教"则主要指教化。在儒家看来,仅仅关注"善",与仅仅关注"法",都难以担保社会的有序运行,所谓"徒善不足以为政,徒法不能以自行"④便表明了这一点。

三

相对于儒学,现代政治哲学似乎趋向于将私人领域与国家权力机构以及更广意义上的公共领域区分开来。在狭义上,公共领域介于国家权力机构与私人领域之间;在广义上,则公共领域和国家权力机构都与私人领域相对。在这种分野中,道德(包括德性)常常被视为私人领域的问题,政治领域的能力则往往被理解为与国家权力机构及公共领域相关的规定。对现代的政治哲学而言,社会政治领域中的实践活动,主要表现为一个按一定规则、程序运作的过程,其间固然需要运用能力,但并不涉及品格和德性的问题:后者仅关乎个体性或私人性的领域。

然而,如前所述,从贤与能的关系看,贤德与能力都内涵二重

---

① 《孟子·离娄上》。
② 《孟子·尽心下》。
③ 《孟子·尽心上》。
④ 《孟子·离娄上》。

性：贤德既呈现为个体性的德性，也具有社会及公共的指向；同样，能力既服务于社会政治及公共领域，又是个体所具有的内在力量，并与个体自身德性的提高相关。贤与能的以上关联，一方面表明私人领域与社会政治以及公共领域无法截然分离，另一方面也决定了社会政治以及公共领域的活动难以离开个体的品格，包括其内在贤德。社会政治的运作无疑需要体制、规则、程序，但体制以及政治活动的背后是人，体制的合理运作、政治活动的有效展开，离不开其背后的相关主体：正是政治实践的主体，赋予体制以内在的生命，并使实践活动的展开成为可能。作为具体的主体，人既需要具备相关的能力，也应当有道德的素养，从宽泛意义上的仁道、正义，到与权力运用相关的清廉、自律，等等，这些内在的品格或贤德在不同的层面制约着政治领域的活动，并从一个方面为体制的合理运作提供担保。

如果将贤能政治作为社会政治领域中的一种治理模式，那么，这种治理模式的根本特点就在于将注重之点放在政治领域中的人以及人的内在贤能之上：通过"选贤与能"，让有能力和德性的人处于政治管理的不同岗位，由此为政治实践的展开提供担保。如上所述，传统儒学区分"贤"与"能"，强调"贤者在位，能者在职"、"尊贤使能"，试图由此形成"贤"与"能"之间相互制衡的格局。然而，从逻辑上看，"贤"与"能"的这种分野，似乎将导致德（伦理）与政（政治）的分离：政治领域的治理仅仅与能力相关，社会荣誉则归于贤德，治世之能臣与道德之贤人分属于不同的领域。尽管前面已提到，儒家对政治实践的理解以肯定道德作用为内在特点，其强调人格（圣人）的规范性，也包含扬弃贤能分离的意义，然而，"贤者在位，能者在职"、"尊贤使能"的观念却在逻辑上蕴含以上的分离，二者存在某种内在的张力。就现实的形态而言，政治中的人作为具体的实践主体,总是既有能力的规定,又有德性之维,二者都制约和影响着政治实践:"在职"需要贤德,"在位"也离不开能力。政治实践的主体在体制运作与治理过程中的作用,乃是通过"贤"与"能"的统一而实现的。

以既"贤"又"能"者作为政治实践的主体,无疑有助于体制的合理运作和政治领域治理活动的有效展开。然而,这一视域中的贤能政治,本身并不能与政治体制相分离。首先,如何能够使既"贤"又"能"者走向政治实践中心或成为政治领域的领导者?贤能者固然是比较理想的政治实践主体,但仅仅凭借其自身的"贤"与"能",并不能保证他们一定成为政治领导者:这里显然需要体制层面的担保。唯有通过比较完善的体制设计以及相关的程序运作,才能为贤能者登上政治舞台提供前提和条件。在这里,形式层面的体制、程序与实质层面的主体品格(贤能)并非互不相关。

就政治运作的过程而言,贤能者在成为实际的政治领导者以后,往往面临着如何避免自身脱变的问题。"贤"与"能"作为人的内在品格,并非永恒不变,权力既可以改变社会,也可能改变权力的掌握者。如历史过程一再表明的,权力如果失去监督或制衡,常常便会导致腐败。贤能者在成为政治权力的拥有者之后,也可能发生类似的变化。正如贤能本身无法担保贤能者走向政治中心一样,贤能本身也难以保证贤能者永远保持"贤"与"能"。这里,同样需要体制的制衡:为了避免贤能者在拥有政治权力之后发生蜕变,体制层面的监督、制衡是不可或缺的。事实上,体制的运作本身对政治实践的主体具有制约的作用,从消极的方面看,体制的建构,可以使人避免为恶。就社会体制与个体行动的关系而言,社会可以通过建构一定的体制,形成特定实践背景或场域,由此对个体行为造成某种约束。儒家之外的《商君书》已注意到这一点,并强调在社会政治领域应形成"势不能为奸"的格局①,所谓"势不能为奸",也就是通过建构一定的政治体制,使个体无法为非作歹:不论相关个体愿意与否,客观之"势"规定了他难以作恶。体制对个体的制约,从另一个方面表现了贤能政治与体制运作的相关性。

从更本原的层面看,"贤"与"能"本身并不是先天的品格,其形成一方面需要个体自身的学习、陶冶以及参与广义的实践过程,另一方面又离不开社会层面的教育、培养、引导,后者在另一重意义上涉及社会体制对个体的影响:在这里,个体与社会、人与体制之间,同样展开为一种互动的过程。不难注意到,从贤能的形成,到品格的提升,从积极意义上成就正面的贤与能,到消极意义上避免品格的蜕变,都无法仅仅依赖于贤能本身,其间总是渗入了广义的社会体制的作用。

作为儒家所追求的特定政治形态,贤能政治显然不同于现代意义上的民主政治体制。从侧重之点看,贤能政治以政治实践的主体(人)为关注重心,民主政治则展开为基于一定政治体制的程序运作;从政治权力的确立方式看,贤能政治形成于非选举的方式,民主政治则依赖于不同形式的选举。然而,就实质的层面而言,无论是贤能政治,抑或民主政治,都既涉及"贤",也关乎"能"。贤能政治以"君"与"臣"为主体,尽管儒家每每将"贤"与"能"分别归属于"位"与"职",但在理想的贤能政治形态中,作为实践主体的"君"与"臣"("明君"或"良臣")都应同时具备"贤"与"能"的品格。同样,从理想的层面看,民主政治中选举出来的领导人物,也不仅需要"能",而且应当"贤"。

贤能政治与民主政治之辩,同时涉及人治与法治的关系。从形式的层面看,贤能政治以人的品格担保治国平天下,体现的是人治的

---

① 《商君书·画策》。

进路;民主政治注重规则、程序,更具有法治的特点。然而,如前文所论,在实质或现实的意义上,贤能政治所体现的人治,也无法完全离开普遍的规则以及相关的程序:即使君主的世袭、官吏的选拔,也需遵循一定的规则并有其特定的程序,如皇位的继承方面便有嫡长继承制。与之相类似,民主政治尽管首先基于一定的规则和程序,但其有效的展开,也并非与民主政治参与者的个人品格完全无涉。

概而论之,一方面,贤能政治同时涉及规则、程序,另一方面,民主政治无法与个人品格分离,在现实的政治实践中,二者的区分具有相对性。与之相类似,人治与法治的区分也呈现相对的意义。就现代政治体制的建构与政治实践的展开而言,我们既需要关注贤能政治注重实践主体德性与人格的政治取向,也不能忽视民主政治突出政治实践的规则与程序的基本立场。从正面的或建设性的角度看,如何在形式层面的程序、规则与实质层面的个体品格、德性之间形成积极的互动关系,是现代政治实践需要正视的问题。

(原载《天津社会科学》2013 年第 2 期)

自然与浑沌之境
——《庄子·应帝王》的政治哲学寓意[①]

  如篇名所示,《庄子·应帝王》涉及政治哲学方面的观念。从肯定"顺物自然"则天下治,到通过道术与巫术之辩,以确立治理过程中道的主导性;从浑沌之境,到浑沌之死,庄子从不同的方面考察了如何"应帝王"的问题,其中既涉及天下治理的前提和条件,也关乎政治实践的方式,与之相互关联的是天下治理的原则、理想的政治形态,等等。对以上问题的考察,具体地展现了庄子在政治领域的思考。

---

  ① 本文作者近年曾为研究生作《庄子》讲疏,本篇为其中之一,由研究生根据录音记录而成,并经作者修订。

一

庄子首先通过假托的人物啮缺与王倪的对话,引出了相关思想。啮缺向王倪接连提出了几个问题,结果"四问而四不知"。[①] 四问而四不知包含多重内涵,就此篇的主题而言,《应帝王》主要关乎政治活动,这里的问答也相应地与政治治理相关,在此,庄子似乎试图以"不答"说明:政治治理如同这里的答问,不是一个言语明示或有意而为之的过程。

按庄子的理解,从历史上看,舜在治国方面的特点是以仁为原则:心怀仁爱的原则与人交往。这种治理方式的结果是得人心:"有虞氏,其犹藏仁以要人,亦得人矣。"但是,在庄子看来,这种治理方式"未始出于非人"。这里的"非人"即自然,"未始出于非人"也就是并非出于自然。以仁的方式来治理国家,固然可以得到人民的拥戴和支持,但是这种治国原则并非出于自然。比较而言,伏羲氏的存在方式更近于"非人"(自然),其"知"真实可靠,其德真诚无伪:"其知情信,其德甚真,而未始入于非人。"这里的"未始入于非人"与前面的"未始出于非人"侧重有所不同。如上所言,"非人"即与人为不同的自然方式或自然境界。"未始出于非人"表明仍以仁作为治理的原则而尚未从自然的原则出发,"未始入于非人"则是有意地进入自然之境。前者还没有达到自然境界,后者则是以有意为之的方式进入自然境界,在庄子看来这两者都并非真正与自然为一。唯有一方面自己的所言所行与自然一致,另一方面又非刻意地将自己的行为视为自然,才意味着进入自然之境:伏羲氏的行为已近于此。

---

① 《庄子·应帝王》。本文以下凡引该篇,不再另注篇名。

具体而言,应当以何种方式治国? 庄子提到了当时的一种观点:"君人者,以己出经式义度,人孰敢不听而化诸!"这里的基本主张是君主自己颁布各种法律规范,当法度规范颁布之后,人们就不敢不服从,教化也可以逐渐实现。这种治国方式既接近法家,也与儒家有类似之处。然而,庄子却借狂接舆之口,对此提出了质疑。在他看来,以这种方式治国,属于"欺德",后者是一种带有欺骗性的规定,它如同让蚊子背负大山("使蚑负山"),完全是不自量力、缺乏可行性。合理的治国方式是"正而后行,确乎能其事者而已矣",亦即顺从人的本性,让每个人都自然而然地去做适合于他自己的事。"正而后行"之"正",在此并不是指个体的修身,而是表示从治理对象的本性出发去加以治理。从一般意义上说,庄子所谈到的"治"总是以充分地把握治理对象的本性为前提,它既有别于以外在约束的方式横加干预,也不同于儒家所谓"正心诚意然后天下治"的说法。

　　从正面看,治天下以何者为前提? 庄子提出了如下看法:"汝游心于淡,合气于漠,顺物自然,而无容私焉,而天下治矣。"换言之,人的精神处于淡泊之境,人的存在与广袤之域合而为一,顺应自然,避免用人的私欲和意图去干扰自然的运行,做到以上方面,则天下将会得到治理。这里所隐含的,是无为而治的治国理念。从人的精神来看,淡泊之境意味着远离孜孜的功利追求;从人与万物的关系来看,此种境界所引向的则是顺应自然。在此,无为而治既涉及内在精神层面与汲汲于功利相对的淡然形态,也关乎与外物打交道时应该遵循的自然原则。从政治哲学的角度看,这里的顺应自然不仅仅体现于人与物的互动,而且表现在治理过程中让人各适其性,各尽所能。

　　庄子的以上看法近于老子。事实上,在《应帝王》中,庄子也以对话的方式,引出了老子的相关见解:"阳子居见老聃曰:'有人于此,向疾强梁,物彻疏明,学道不倦。如是者,可比明王乎?'老聃曰:'是于圣人也,胥易技系,劳形怵心者也。且也虎豹之文来田,猿狙之便、执斄之狗来藉。如是者,可比明王乎?'阳子居蹴然曰:'敢问明王之治。'老聃曰:'明王之治,功盖天下而似不自己,化贷万物而民弗恃,有莫举名,使物自喜,立乎不测,而游于无有者也。'"这里的"向疾强梁,物彻疏明,学道不倦",也就是处事果断,对相关情景有透彻的把握,同时又注重治理方式的探索。做到以上几个方面,是否可视为"明王"?庄子笔下的老子对这一问题的回答是否定的:这种人劳心费神,仅仅注重某种技巧的掌握,最终为其所累。引申而言,掌握各种技艺、具有某种品格不仅不能给人带来好处,反而会导致各种负面结果,就如同虎豹有美丽的花纹,但常因此遭遇田猎;猿猴身手敏捷,却被人捉来拴住。这里蕴含的内在观念是:治国并不依赖于某种专长,也不需要某种特别的能力;理想的治国方式即无为而治。从正面看,明王之治的特点在于功盖天下却并不以为这些功绩缘于自己;虽作用于治国过程,却并不让人对自己形成依赖感。这些看法,与老子的政治思想确乎具有一致之处。在谈到理想之治时,老子曾指出:"太上,下知有之;其次,亲而誉之;其次,畏之;其下,侮之。信不足焉,安有不信。悠兮其贵言,功成事遂,而百姓皆谓我自然。"[1]其中表达的也是顺民之自然,让民众感受不到君主外在的约束和管理,仅仅知道有君王而已。庄子所阐发的治国观念与老子的以上看法,无疑具有理论上的相通性。上承老子的思想,庄子强调政治上的成效并不是人刻意为之的结果,也非人为努力的产物,总体而言,治理过程主要在于顺应民意,发挥民众自身的作用,让老百姓各行其是。在此,顺应民意构成了无为而治的重要内容。

这里所说的"顺应民意"与儒家的"民本"思想具有不同的涵义。

---

① 《老子·第十七章》。

儒家所主张的"民本"主要强调治国应奠基于民众之上,其特点在于以民众为治国的基础和出发点。庄子所理解的"顺应民意",则首先以不干预民众为指向。当然,从更广意义上来看,"民本"也包含对民意的肯定,但从民本思想的本来涵义而言,其侧重之点在于治理的基础。对儒家而言,治国需要重视民意,以获得民众支持;对道家而言,治国则在于顺乎民意,以自然而然的方式展开。

二

从形而上的层面看,政治哲学关乎对道的理解。庄子通过假托的人物季咸与壶子之间的互动和交锋,对此作了具体而形象的考察。

在两位人物的互动中,季咸以郑国神巫的身份出现,壶子则被视为得道之士。按庄子的描述,季咸能够预知人的死生存亡,并能对人的祸福寿夭等等准确地加以预测,其精确性甚至可达到年、月、旬、日,故被称之为"神巫"。郑国人见到他都有恐惧之感,避之唯恐不及,这是因为普通人一般不愿意被预先显现未来的整个生死、祸福:一旦未来都被别人预测得清清楚楚,心里总会感到不安。庄子以其预测的精准性,突出季咸预测之术的高明。相对于季咸的巫术,壶子的观念更多地体现于道术,其所重亦在"道"。按庄子的描述,壶子曾对其学生列子说:"吾与汝既其文,未既其实。而固得道与?"列子虽似乎闻道("夫子之道"),但对壶子之说仅仅尽其表面,而未能深入内涵,所谓"既其文,未既其实",从而也没有真正把握其道,"而(尔)固得道与"之问,既提示了以上这一点,也突出了道术的重要性。

从巫术跟道术之间的分野看,巫术侧重于预测、占卜,其中既具有神秘的方面,又关乎经验之维的"技"或"术":巫师总是需要掌握一定的技艺。"巫"最原初表现为天人沟通的中介,沟通过程所涉的仪式,其操作过程便关乎"术"。这一意义上的巫术,与政治领域中的治理之术,具有某种相通性。道术则属于形而上层面的原理。作为形而上的原理,道本身具有整体性、全面性、贯通性,仅仅抓住其中一个方面,"多得一察焉以自好",便会引向道的片面化,所谓"道术将为天下裂"①。对庄子而言,只有基于对道术的把握,才能进一步与巫术打交道,并进一步在政治领域超越经验层面的治术。

季咸前去壶子处,由此两人第一次见面。出来后,季咸便说壶子将死,甚至把死的大致日期都推算出来:过不了十来天壶子就会一命呜呼。这一推测的根据主要是,在壶子身上可以看到人将死的一种迹象,而且,其神情就像碰到水的灰一样,呈现病恹恹的形态。壶子得悉季咸的这一判断后,作了如下解释:自己刚才是把如同地表一样的心境(地文)显示出来,大地的表面以平稳为特点,既不震动也不止息,站在其上,往往给人一种安全、平衡的感觉,以这种平稳的状态示人,会给人生机似乎闭塞的感觉,其外在显现则是一种死气沉沉的样子。这就是季咸何以认为壶子将死的缘由。

可以看到,在两人的第一次交锋中,掌握巫术的季咸,完全为得道的壶子所支配:壶子给他显示什么,他就推测什么,其行为缺乏主导性,其所谓预测则完全被人牵着鼻子走。道术与巫术的高下,在此初步显示出来:巫术只能跟着道术转。季咸看似神奇无比,能够精确预测人的死期,但事实上整个互动的大局,乃是掌握在代表道术的壶子之手。

这里同时提到了"机":壶子认为,季咸"殆见吾杜德机也"。"机"是中国哲学的一个独特概念,含有内在根据、初现端倪等含义。如"生机勃勃",这里的"机"便含有内在根据的一面,如果没有这一内

① 《庄子·天下》。

在根据,就不会有勃勃生机。同时,"机"也有外在显现的一面,就此而言,内在的根据和外在的显现在"机"之中相互交融。简言之,"机"表现为具有内在根据的外在显现。"德机"即生机,"杜"有闭塞之意,"殆见吾杜德机也",即仅仅看到壶子故意以闭塞的形式显现的一面,而未能把握内在的生机。这种观察方式,也从一个侧面表现了巫术之为"术"的限定。

季咸第二次与壶子见面之后,便改变了原来的说法,认为壶子幸好遇到了他,各种病症明显减轻了,从而有救了。其根据主要是:壶子本来闭塞的生机开始萌动了。得知季咸的以上说法后,壶子指出:自己刚才乃是将"天壤"显示给季咸。形象地说,天壤就是天地之间的生气,这与地文仅仅表现为纹丝不动的景象有所不同。此时,他所显示的是近乎天地生气的那一面,所谓"是殆见吾善者机也"。正因如此,季咸作出了不同的预测。

在此,季咸同样完全为壶子所左右,壶子的显示,规定了其预测。其中虽有推知,从道术和巫术的关系来看,巫术在此再次为道术所主导,其中的推知基本上处于被支配的境况中。第一次交锋时,所涉及的只是一个方面,但在第二次的时候就已有了比较:生与死、积极的迹象和消极的迹象之间,开始发生某种转换。季咸之所以作出不同的预测,源于壶子所显示形态不一样,它从另一方面表明,巫术受制于道术。从总体上看,这里的地文、天壤,都隐喻得道之人的不同显现的方式,后者具有自主的性质,但其具体的表现方式和内涵又有所不同。

第三次会面,情况发生了变化。此次会面后,季咸的结论是:壶子的精神形态好像不太稳定,所以无法预测。唯有等其精神形态比较稳定的时候,才能作推测。对此,壶子作了如下解释:自己刚才显示的是"太冲莫胜"这样一种心境,"太冲"即太虚,主要表现为心灵宁静这一面。此时,季咸只看到平衡虚灵的生机,故难以预测。

庄子进一步以"深渊"喻精神世界。一般来说,"渊"显得深沉莫测,后者与精神世界有相通之处。同时,"渊"往往变化多端,不易认识,同样,精神世界也很难把握。与"深渊"往往表现为不同的形式一样,人的精神世界也可以有多重形态,显示的时候,常常只是展现其中的一个方面,而内在精神世界呈现某种形态,巫术之士就会给出相应的推测。就此而言,巫术只是停留在外在的显现,仅仅根据经验的呈现来进行预测。从壶子与季咸的互动看,在精神世界的多样形态中,壶子显现给季咸的,仅仅是其中的几种,而每显示一种,他就作出某种推测,这表明他并不真正了解精神的内在方面。要而言之,作为巫术之士的季咸,受经验的限制,既未能把握整个精神世界的丰富性,也无法进入到精神世界的内在层面,从而完全为外在形迹所支配。

以上,道术通过"地文、天壤、太冲"等来表述,似乎显得玄之又玄,但这些形态可以理解为"道"的不同之境。道本身有不同的显现方式,对庄子而言,这种表现形态与巫术的表现形态不同。当然,形而上的表述方式与神秘的表述方式往往有相似之处。玄之又玄的东西具有神秘性,"自然"如果不适当地加以强化,便可能转换为"超自然"。形而上的表述方式与神秘的表述方式的界限,常常并非清晰而确定,巫术与道术在表述方式上,也每每存在某些相似之处。但尽管如此,在庄子那里,道术总是具有主导性,而巫术则处于被支配和左右的地位,简言之,道术高于巫术。

第四次,也是最后一次见面,季咸还没有站定,便不能自持,赶紧跑了。壶子解释道:季咸之所以如此失态,主要是壶子自己显示了从未脱离过自身的根本性规定,即所谓"未始出吾宗",同时,他又虚与委蛇,时而表现为颓废消沉,时而又显得随波逐流,让季咸完全无法把握其真实面目。前面只讲心之不齐,但这一次完全无法理解对方究竟是谁、究竟处于一种什么样的形态。在此,道通过人的"精神世界"显现出来。这里同时涉及精神世界的两个方面:一是自身的根本性规定,即"未始出吾宗";二是灵活的变动性:精神世界的根本性规定非凝固不变,而是处于灵活变动的状态。正是壶子的精神世界的以上两个方面,使季咸陷于迷惘。

在巫术之士季咸与得道之士壶子的四次互动和交锋中,道显现了不同的形态:地文、天壤、太冲莫胜、未始出吾宗,这种多样的显现形式,完全在季咸的理解能力之外。从道术与巫术之辩看,其重要之点在于自然无为和有意而为之的差异:巫术的特点是基于经验性的显现而作出推测,属于执着经验现象有意而为之;道术则趋向于自然无为,尽管得道之士也不断调整自己的精神状态,但这种调整从未离开自然之道。本于天性、合于自然,构成了为道的特点。

从表达方式上看,庄子关于巫术与道术的讨论,乃是以形象性的叙事为其特点,这种表述方式不同于思辨的或逻辑化的言说方式。哲学总是既涉及"说什么",也关乎"如何说",在言说方式上,叙事地说有别于思辨地说或逻辑地说,庄子以"叙事地说"为言说方式,这使他的表达方式超越了干枯性、教条性、思辨性。但从"说什么"这一角度看,庄子关于季咸与壶子的互动和交锋,无疑又包含独特的哲学内涵。《应帝王》以政治哲学为主题,以上的描述同样没有离开这一主题。从政治哲学的层面看,这里所涉及的巫术与道术的区别,主要就在于前面提到的有为与无为。巫术着眼于外在经验的显现,并力图通过这些显现作出推测,在这样的活动中,人为的痕迹甚重。作为道术代表的壶子,则是出于自然、本于道而显现自身,其显现方式的调整,始终不离开地文、天壤、太冲莫胜、未始出吾宗等自然的规定。

可以注意到,庄子在这里乃是以隐喻的方式讨论天下如何治、政治活动如何展开等问题。通过巫术与道术的比较,庄子试图表明:刻意的执着于经验的迹象而以有意为之的方式展开活动,其结果往往是消极的。只有本于道、顺乎自然,才是治国的合理方式。壶子的"未始出吾宗",即隐喻了应当基于本然和自然,后者同时构成了治国的原则。在引申的意义上,巫术事实上仍停留于经验的、技术性层面,道则超越了"技"而蕴含智慧的内涵。在著名的《庖丁解牛》这一寓言中,庄子曾提出了"技"进于"道"的要求,巫术与道术之别,同样体现了"技"与"道"的分野,其中在逻辑上包含着以道的智慧引导治国过程的内在意向。

三

巫术与道术之争表明,道术高于巫术。道术的整体进路是回归自然之境,即所谓"雕琢复朴"。相对于人为的目的,道术体现的是无为的取向,后者同时构成了庄子政治哲学的原则。以此为前提,庄子进一步考察了理想的政治主体和理想的存在形态。

治国的政治实践离不开政治实践的主体,具体而言,政治实践的主体应该具有何种品格?庄子的以下看法便涉及这一问题:"无为名尸,无为谋府,无为事任,无为知主。"要而言之,即不要追求声誉而成为声名的承担者,不要做刻意谋划的主体,不要参与人为的活动("事"),不要成为世俗知识系统的主体。应帝王作为政治实践,本身固然也表现为人的活动,但这种活动不同于基于目的追求的"事"。在哲学上,庄子一再反对"以物为事":"圣人不从事于务,不就利,不违害","彼且何肯以物为事乎!"[1]这里的基本要求即顺物自然而不参与人为之事。以上所提及的名、事、知都属于有限之境,需要加以

_____

① 《庄子·齐物论》、《庄子·德充符》。

超越,这种超越同时表现为通过把握无限(无穷),进而游于与浮华相对的自然之境:"体尽无穷,而游无朕,尽其所受于天,而无见得,亦虚而已。"此处之"虚"与"有"相对,而与"无"相近,名、知识、功利的谋划,则都是广义上的"有"。"亦虚而已"既表现为对自然之境的向往,也指向超越于"有"而消解一切的人为。

在庄子看来,本于自然,顺乎自然,则内在精神便如同明镜:"至人之用心若镜,不将不迎,应而不藏,故能胜物而不伤。"镜子之喻,一方面肯定了实践过程应如实表现对象的自身规定,另一方面也体现了剔除人为追求而以自然为本的意向。具体而言,需要避免以自身特定的目的为出发点,并消解人的有意作为(不将不迎),如此,才能防止为物所损害或受制于物。与前面提到的消解事、知相联系,这里侧重的是反对通过人为的过程来获得或显现外在的成就,达到虚静之境也以此为前提。

不难注意到,相对于儒家基于礼乐制度谈治理国家,庄子更侧重于从自然的原则来讨论"应帝王",前面提及的消除人为的谋划,避免追求世俗的知识,消解人的利益与欲望,等等,都体现了这一进路。对庄子而言,思维、知识、谋划,都具有人为的性质;超越人为则构成了自然无为的前提。在这里,政治理念与天人之辨彼此相关,从人的自然之性出发,剔除人的欲望和功利意图,回到自然的状态,表现为"应帝王"所以可能的条件。

"不将不迎"的自然之境,与未分化的浑沌,具有内在的相通性。庄子以叙事的方式,对此作了考察:"南海之帝为儵,北海之帝为忽,中央之帝为浑沌。儵与忽时相与遇于浑沌之地,浑沌待之甚善。儵与忽谋报浑沌之德,曰:'人皆有七窍,以视听食息,此独无有,尝试凿之。'日凿一窍,七日而浑沌死。""儵"有匆忙之意,"忽"则表现为快捷,二者均隐喻积极有为,或快捷匆忙地从事某种活动。与之相对的是"浑沌"。从本体论意义上来说，"浑沌"指存在的未分化状态：相对于千差万别的事物而言，"浑沌"表现为未分化的整体。从认识论意义上来说，"浑沌"指知识、智慧未开的状态，此时尚未涉及是非之争。从人性论的角度来说，"浑沌"则隐喻着人的天性或自然之性，指人尚未受文明发展的影响与作用，处于本然的存在状态。

"儵"、"忽"试图为"浑沌"凿七窍，旨在改变如上的存在状态，从逻辑上说，这种尝试将导致"浑沌"的下述变化：本体论上，从存在的未分化状态走向分化的世界；认识论上，从知识未开、是非未起的状态走向多样知识的产生、是与非的形成；人性论上，从本然的自然之性走向文明化的人性。庄子以"七日而浑沌死"的描述作结尾，是对以上人为改变的否定，其中蕴含了庄子的如下理论取向：本体论上，在分化尚未发生时，应维护未分化的状态，在已分化之后，则需回归未分化的状态；认识论上，坚持"无为谋府，无为知主"，避免知识的发展、是非的展开；人性论上，当人性还未改变时，需维护自然天性，在受到文明影响之后，则应回归未受文明影响的人性。就政治哲学而言，"浑沌之死"意味着理想存在状态的结束，它隐喻了偏离本然的有为而治，将导致理想存在状态的终结。

从治国或政治哲学的角度来说，"浑沌"隐喻着庄子所认同的原始秩序，此种秩序以智慧未开、是非之争尚未展开为前提。从人性的角度看，原初秩序与人的自然天性具有一致性。前面提到，庄子以天人之辩为政治哲学的内在主线，天人之分本身则进一步体现于不同方面，包括人性规定、行为方式，等等。可以说，"浑沌"之喻以综合的形式，展示了天人之辩与政治哲学的内在关联。

从总的方面看，在《应帝王》中，庄子基于天人之辩提出的政治哲学，既体现了道家普遍取向，也有庄子自身的内在特点。庄子的政治哲学观念首先有别于儒家。儒家哲学的核心范畴是仁与礼：礼主要体现了儒学的体制性和规范性之维,其中既涉及政治制度,也关乎引导人们如何做的规范系统;仁则包含人道的关切,儒家讲的王道、德治都与之相关。综合起来,仁与礼统一,构成了儒家政治哲学的整体性特点。相对于儒家,法家更注重法与刑,法固然也体现了体制性、规范性的方面,但同时具有强制性;刑则突出了法家政治哲学中的暴力趋向。在儒家的仁与礼之中,仁义、礼义彼此联系,"义"之中包含责任与义务的观念。相对而言,法家的刑和法往往展现为赏与罚,后者同时关乎利害关切。道家在政治哲学方面与儒法两家的以上立场都有所不同:从道家的视域看,无论是儒家强调的王道,还是法家主张的霸道,都与自然无为的原则相对。

就道家自身的哲学衍化而言,庄子与老子在政治哲学上既有前后相承之处,也存在某些不同侧重。就其同者而言,老庄都强调顺乎自然、无为而治。从两者的相异方面看,庄子强调政治秩序的建立应基于人的原初天性或自然之性,由此,合乎自然与合乎天性在庄子那里具有一致性。老子固然也讲政治要合乎人的天性,但更侧重于治国过程合乎自然之道这一面,所谓"治大国若烹小鲜",便表明了这一点。可以看到,老子强调合乎自然之道,庄子则更强调合乎自然之性。自然之道表现为存在自身的法则,自然之性则是人之天性或本性。老子所主张的合乎自然之道的政治实践过程,接近于黑格尔所说的"理性的机巧"。黑格尔在《小逻辑》中曾指出:"理性是有机巧的,同时也是有威力的。理性的机巧,一般讲来,表现在一种利用工具的活动里。这种理性的活动一方面让事物按照它们自己的本性,彼此互相影响,互相削弱,而它自己并不直接干预其过程,但同时却正好实现了它自己的目的。"[①]一方面,人不直接干预对象;另一方面,

---

① ［德］黑格尔:《小逻辑》,贺麟译,北京:商务印书馆,1980 年,第 394 页。

又使对象的各个方面各自发生作用,由此实现人自身的目的。就政治实践而言,这一过程则导向天下治理的目标。比较而言,庄子始终把合乎自然的过程主要理解为合乎人的天性,"应帝王"的过程也不同于以理性的机巧治理国家,事实上,"浑沌"之喻已表明了这一点:未分化、无作为的"浑沌"与"治大国若烹小鲜",存在重要差异。

当然,就庄子哲学而言,这里似乎同时存在"为"与"无为"的张力:既然理想的形态是无作为的"浑沌",为何还要"应帝王"?这需要从庄子的哲学观念与历史本身的发展形态加以考察。庄子所处的时代,已经进入"道术为天下裂"的形态,道术已裂之后的政治实践,类似本体论上的"齐物":"齐物"涵义之一,是在万物已不齐的情况,分而齐之。治国或治天下也与之相近,在天下崩坏、"浑沌"已分化的背景下,更需要考虑如何以合适的方式治理的问题。庄子很多讨论都是在本然或理想形态已经不复存在的前提之下展开的。从政治哲学的角度看,理想状态是合乎本然、合乎天性的"浑沌"之境,在理想状态已逝的形态下,问题便表现为如何以合理的方式回归原初状态。

由放弃、拒绝文明形态下直接的功利性目的追求,庄子同时进一步表现出对广义上人类意图的消解。在庄子看来,自然(天)的涵义即表现为"无为为之":"无为为之之谓天。"①所谓"无为为之",首先相对于目的性的追求而言,其特点在于非有意而为;以"无为为之"为"天"的内涵,相应地包含扬弃目的性之意。与之相联系,庄子同时强调"动不知所为,行不知所之。"②这里的"不知所为","不知所之",也就是行为无任何目的与意向,在庄子看来,理想的行为方式在于超越有意的谋划,无目的、无意向,完全顺乎自然。相对于庄子对目的性

① 《庄子·天地》。
② 《庄子·庚桑楚》。

的消解,老子并不绝对否定一切目的,而是注重合目的性与合法则性的一致,前面提到的"理性的机巧",也从一个方面体现了这一点。

庄子强调治理的过程应重视人之天性,其意义首先在于肯定合理的政治生活应该合乎人性,防止政治生活和政治实践对人性的扭曲,避免人性的异化。虽然庄子并没有具体谈到如何做到这一点,但是他提醒人们应警惕政治的异化、关注人的本然之性,从政治哲学的角度看,以上取向无疑有其深意。不过,庄子将人性仅仅理解为前文明形态下的自然之性,显然有其局限性。人性说到底与自由的追求相关联,应从走向自由这个角度来加以理解。由此考察,就不能将人类文明的衍化置于视野之外。自由可以视为人区别于动物以及物理对象的重要之点。按照康德的分析,物理对象完全是受因果必然性的支配,马克思进一步指出:"动物只是按照它所属的那个种的尺度和需要来建造,而人却懂得按照任何一个种的尺度来进行生产。"①也就是说,动物只能按照它的物种所规定来发展,人则可以超出生物学意义上的限定,进行自由的创造,由此变革自然、变革自身,儒家所谓"成己与成物",也包含走向自由的内涵。判断社会演进是否合乎人性,其标准在于能否为人的自由发展提供了更大的可能、是否使人更接近自由之境。庄子的政治哲学一方面提醒人们避免政治治理导向人性的异化,另一方面又由拒绝功利性追求而消解目的性,并将至德之世理解为"同与禽兽居,族与万物并"这一前文明意义上的"浑沌"之境,其中显然包含内在的历史限度。

(原载《中国哲学史》2020 年第 1 期)

---

① [德]马克思:《1844 年经济学哲学手稿》,北京:人民出版社,1985 年,第 53—54 页。

合群之道
——《荀子·王制》中的政治哲学取向

在荀子的政治哲学中,"群"构成了某种社会本体,并呈现形而上层面的优先性。合群以社会的组织和建构为现实内容,其内在指向是社会的有序存在和运行。如何担保以上视域中的合群,是荀子在政治哲学层面所关注的问题之一。通过贤能与礼法、法与议、天与人等关系的辨析,荀子对广义的"群道"作了多方面的考察,由此展示了对社会有序建构和运行如何可能这一问题的独特思考。

一

荀子首先将群提到了重要地位:"故人生不能无群。"①

————————

① 《荀子·王制》。

对荀子而言,群既体现了人之为人、人区别于其他动物的根本之点,也是人类能够运用自然力量得以生存的必要条件:人"力不若牛,走不若马,而牛马为用,何也? 曰:人能群,彼不能群也。"①作为人不同于动物的基本存在方式,合群同时构成治国为政过程展开的前提。

群是人类生存的必要条件,但它本身又涉及如何可能的问题。在荀子看来,群所以可能的基本前提是"分":"群而无分则争,争则乱,乱则离,离则弱,弱则不能胜物,故宫室不可得而居也,不可少顷舍礼义之谓也。能以事亲谓之孝,能以事兄谓之弟,能以事上谓之顺,能以使下谓之君。"②在此,"分"首先意味着确立社会人伦、社会等级方面的差异。根据荀子的以上推论,唯有将社会成员区分为不同的社会等级,并使之在社会人伦中处于不同的地位,才能形成有序的共存形态,礼义的作用,也在于建构并担保这样一种秩序。

荀子从不同方面对"分"及"礼义"与有序合群之间的关系作了考察:"分均则不偏,势齐则不壹,众齐则不使。有天有地而上下有差,明王始立而处国有制。夫两贵之不能相事,两贱之不能相使,是天数也。势位齐而欲恶同,物不能澹则必争,争则必乱,乱则穷矣。先王恶其乱也,故制礼义以分之,使有贫富贵贱之等,足以相兼临者,是养天下之本也。"③所谓"分均",亦即消解"分",其结果则是"不偏"。从社会领域来看,"不偏"意味着缺乏上下、贵贱等等区分,如此,则主次、从属等社会关系亦不复存在,一切趋于均衡。"势齐"与"分均"的含义相通,主要是指泯灭社会成员之间的差别,其结果是社会成员之间无法确立起等级关系。社会一旦缺乏这种上下、贵贱的等级差序,

---

① 《荀子·王制》。
② 《荀子·王制》。
③ 《荀子·王制》。

则将导向无序化,此即所谓"不壹":"壹"本来有统一、一致之意,它所表征的是和谐有序的状态,"不壹"则意味着这种有序的状态付诸阙如。这里包含着政治领域中的辩证法:"分"本来意谓差异,但这种差异恰恰又构成了达到更高层面统一的前提。进一步,荀子从更普遍的、形而上的层面对以上论点加以论证:"有天有地而上下有差",这是从形而上的角度说的,相对于社会领域的种种分别,天地之分具有更为本源的意义。天在上、地在下,天地之分以十分形象、直观的形式展示了存在的原初差异,而万物则在这种区分中各安其位,它从形而上的层面表明,唯有确立"分",上下之序才能随之形成。这一形上原理引申到社会领域,便具体表现为"明王始立而处国有制",亦即由"分"而建立政治秩序。"夫两贵之不能相事,两贱之不能相使",本是社会领域中的现象,但在荀子看来,这同时也是"天数",亦即具有形而上的性质,从而,社会领域的秩序原理与形上的存在原理彼此交错。

值得注意的是,荀子在此特别提到"势位齐而欲恶同,物不能澹则必争",其中涉及如下事实:如果人们的社会地位、等级完全一样,那么他们的要求、欲望也会趋同,因为存在的处境决定着人的观念追求。然而,在一定的历史条件下,社会能够提供的生活资源总是有限的,在资源有限的情况下,社会成员同样的要求,不可能都得到满足,由此导致的结果必然是彼此相争,后者将进一步引发社会的争乱,"争则必乱,乱则穷矣","乱"意味着社会的无序化,而缺乏秩序则最终将使社会走向消亡(所谓"穷")。

以上所述表明,作为人存在方式的"群"不同于单纯的"共在",而是以有序化的生存为其形式,这种有序化的存在形式以"分"为条件,后者同时构成了社会稳定的前提。唯有在有序之群中,社会的伦理与政治关系才能够建立。前面提到的"能以事亲谓之孝,能以事兄谓之弟,能以事上谓之顺,能以使下谓之君",便涉及这种关系。无论是伦理领域,还是政治领域,都涉及人与人之间的关联。事亲和事兄便基于人最基本的家庭伦理关系,它同时又体现了与礼义之分相关的伦理之序;事上和使下涉及的是政治领域:"事上"基于在下者对在上者、臣对君的从属关系,"使下"则以在上者对在下者、君对臣的主导关系为前提,处理以上关系的基本原则,均为礼和义。在这里,合群具体表现为依礼义而建立合宜的伦理、政治关系。

"群"对于人的存在之本源性,同时也规定了"君"的意义:"君者,善群也。"①依此,则君主这一政治角色的功能,体现于有效地组织、管理、制约群体,与之相应,君主的作用离不开他与群体的关系。以"群"来定位"君",这是荀子政治哲学中值得关注的看法。按照荀子的这一理解,君主存在的根据或君权的正当性,并不来自于君权神授等超验形式,而是来自于对现实社会关系的调节:君主之所以必要,就在于他可以通过协调群体,建立起比较和谐的社会秩序。

二

"群"的存在意义以及群与君的关系,从不同方面突显了人自身在为政过程中的主导地位:"群"与"君"首先都表现为人的存在形态。与之相联系,荀子将为政的主体置于重要地位。

在谈到如何为政时,荀子自设问答,写道:"请问为政?曰:贤能不待次而举,罢不能不待须而废,元恶不待教而诛,中庸民不待政而化。"②这里首先提到"举贤能",亦即肯定贤能在为政过程中的作用。这一看法与《礼记·礼运》、孟子的相关论点有相通之处,在一定意义

---

① 《荀子·王制》。
② 《荀子·王制》。

上可以说，"举贤能"是儒家共同的政治哲学理念，后者构成了贤能政治的内在特点。贤、能主要表现为政治主体的内在规定，注重贤能，同时意味着突出主体在政治实践中的作用。具体而言，这里涉及人的二重品格，其一侧重于道德层面的德性（贤），另一偏重于实践能力（能）。"贤能不待次而举"，意味着不以论资排辈的方式来任用人，而是不拘一格、只要具备贤与能的品格便加以选拔。"罢不能"和"贤能"相对，其特点在于既无德又无才。当然，两者虽处于两个极端，但也有相通之处，即都和人相关，并分别从正面（贤能）与反面（罢不能）体现了人的品格。"不待次而举"和"不待须而废"相呼应，其要义在于以最有效的方式让贤能得到任用、将无德无才之人排斥于外。在荀子看来，为政治国是否有成效、政治是否清明，首先取决于政治实践主体的品格。

为政过程同时关乎治理对象，从消极的方面看，这里首先涉及社会领域中的负面力量，荀子在以上引文中所说的"元恶"，便属此类对象。所谓"不待教而诛"，也就是对严重危害社会而又无可救药者不再徒然地运用教化的方式，而是以非常手段加以处置。与"元恶"不同的是"中庸民"，亦即普通大众。对这些社会成员，则以"不待政而化"的方式对待。"政"与"教"不同："政"涉及刑罚、暴力等手段，"教"则更多地侧重礼义的教化。从社会治理来说，惩处和教化是相互关联的两个方面，对社会中的某些人主要运用前者，对一般民众则以后者为主要手段。

以不同方式治理不同之民，体现的是政治领域中"分"而治之的原则。如前所述，在更广的意义上，"分"体现于社会成员之间的名位之分。按荀子之见，有"分"才有"序"，不同的个体唯有依照礼的规定被安排在不同的等级之中，形成上下的"度量界限"，才能走向群体之"序"，避免由越界、越位所引发的无序和争乱。然而，"分"若走向极端,也会导致社会的凝固化,荀子由此考察了问题的另一面:"虽王公士大夫之子孙,不能属于礼义,则归之庶人。虽庶人之子孙也,积文学,正身行,能属于礼义,则归之卿相士大夫。"① 个体在社会中的作用,并非一成不变,而个体行为及其作用的变化,则使社会流动成为必要。从历史角度看,王公贵族、士大夫的子弟如果不合乎礼义,就可以让他们成为庶人,反过来,庶人的后代通过文化教育、知识积累能够在行为中合乎礼义规范,也可以提升到卿相、士大夫的阶层。社会成员的这种上下流动,并非取决于君主个人的好恶,而是基于其行为是否合乎礼义。社会上下层之间的互动,是社会等级制度形成之后所面临的问题,唯有具有流动性,社会才会有活力。荀子的以上思想,体现了对此的关注和思考。值得注意的是,在这里,社会成员的区分与社会成员的流动,并非相互排斥,而两者统一的根据,即在于礼的普遍制约:"分"与"变",皆本于礼。

礼的普遍制约,同时规定了贤能政治的具体内涵。在荀子之前,孟子已提出贤能的观念:"尊贤使能,俊杰在位,则天下之士皆悦而愿立于其朝矣。"② 不过,孟子同时将贤能政治与仁政结合起来,并由此强调"仁人无敌于天下"。③ 与之有所不同,荀子更趋向于将贤能的政治理念与礼法的运用加以沟通。一方面,为政的主体以贤能为内在品格,贤能在为政过程中的作用,则通过具体的为政者(政治实践主体)体现出来,由此,荀子突出了贤能的作用:"故君人者欲安则莫若平政爱民矣,欲荣则莫若隆礼敬士矣,欲立功名则莫若尚贤使能矣,是君人者之大节也。"④ 在此,尚贤使能既被视为君主取得实际政治功

① 《荀子·王制》。
② 《孟子·公孙丑上》。
③ 《孟子·尽心下》。
④ 《荀子·王制》。

效(立功名)的保证,又相应地被理解为君主治理施政的基本原则之一。另一方面,荀子又肯定,在治理过程中,礼义的教化和法政的惩处需要交替并重,所谓"不待教而诛"、"不待政而化",便展示了这一点,后者同时体现了礼法在为政过程中的作用。在这里,对贤能的肯定与对礼法的注重联系在一起。从政治哲学的角度看,以上思路有其不可忽视的意义。前文已提及,贤能主要表现为人的品格,"尚贤使能"意味着政治实践的主体是人而不是形式化的程序。然而,贤能政治的实现,也无法与体制和规范完全分离开来。相对于贤能等品格,礼法更多地表现为外在的体制和规范系统,注重礼法,同时意味着注重外在的体制和规范系统在为政过程中的作用。政治生活中仅仅注重贤能等内在品格而缺乏礼法等体制和规范的约束,合宜的社会之序便难以建立。荀子在突出贤和能的同时,又把礼法提到相当重要的位置,无疑是注意到了以上方面。

从先秦政治哲学的演进看,贤能的政治理念与礼法的运用相互沟通,使荀子的思想既不同于法家,也有别于儒家中的另一些人物,如孟子。法家主要突出外在法制的作用,所谓"以吏为师,以法为教",便表明了这一点。孟子在肯定尊贤使能的同时,又主张仁政,强调以德化人。相形之下,荀子对政治主体的内在品格和政治体制的外在制约予以了双重关注,从而在扬弃以上偏向的同时,又展现了独特的政治哲学进路。

三

礼法具有普遍的规范意义,那么这种规范意义如何具体展现于为政过程呢?这是关注礼法作用时无法回避的问题。由兼重礼法,荀子进一步考察了法的规范作用的实现方式。

法在为政过程中固然不可或缺,但依法而行同时又涉及"议":"故法法而不议,则法之所不至者必废;职而不通,则职之所不及者必队。故法而议,职而通,无隐谋,无遗善,而百事无过,非君子莫能。"[①]这里的"议",主要不是指向如何形成法的问题,而是与"法"既成之后如何有效贯彻的问题相关。这一意义上"议"本来有"讲论"之意[②],引申为对相关情境的具体分析。"法"作为规范,包含普遍性,可以运用于相关范围中的不同情境和对象。但是,社会领域的人、事、物却不仅非常多样,并且千变万化,社会生活永远比任何的"法"都要复杂、多样。普遍的法如何去应对多样的、变动的、具体的现实对象?这就需要"议"(具体的情境分析)。不难看到,这一意义上的"议",主要关乎普遍的规范(法)如何运用于具体的、多样的情境,以有效地解决相关情境中面临的实际问题。与之相对,所谓"法法而不议",则是机械地照搬某种法,无视具体的情境。从现实的情形看,"法"无法将方方面面所有的细节都加以穷尽,如果仅仅"法法",则"法"所没有具体涉及的人、事、物便难以应对,所谓"法之所不至者必废",便是就此而言。

在政治领域之中,不同的部门都各有具体的职能,在荀子看来,每种职守、部门、权力之间需要彼此沟通,而不能彼此界限分明、相互隔绝,"职而通"强调的就是这一点。"无隐谋"即政治思虑没有遗漏,"百事无过"则是妥善地处理各种大小事宜。荀子将"法而议"与"职而通"、"无隐谋"、"百事无过"联系起来,既注意到了政治实践的复杂性、具体性,也使政治领域的"议"进一步具体化。值得注意的是,

<hr>

① 《荀子·王制》。
② 杨倞:"议,谓讲论也。"见王先谦:《荀子集解》,北京:中华书局,1988 年,第 151 页。

荀子在这里特别提到，要做到以上方面，"非君子不能"，从而又一次把政治实践主体的作用提到了突出的地位。"议"的内在意义在于通过具体的情境分析，使普遍之法与特定的情境沟通起来，这种分析和沟通，无法仅仅依照形式化的推绎而实现，在此，政治实践的主体呈现关键性的作用。通常所说的"实践智慧"，其内在特点就体现于把普遍的规范、原则与多样的、具体的情境加以沟通，这一意义上的"实践智慧"与实践主体密切相关，《易传》所谓"神而明之，存乎其人"，也涉及"实践智慧"与实践主体之间的关系："神而明之"即运用实践智慧分析具体情境，由此沟通普遍规范和特定情境，"存乎其人"，则表明以上过程需要通过具体的主体来落实。荀子在此所指出的"非君子莫能"，同样强调了这一点。

由肯定"法而议"与为政主体之间的关系，荀子对主体在政治生活中的作用作了进一步的考察："故公平者，职之衡也；中和者，听之绳也。其有法者以法行，无法者以类举，听之尽也；偏党而无经，听之辟也。故有良法而乱者，有之矣；有君子而乱者，自古及今，未尝闻也。"①政治实践中面临的各种事宜，如果一般规范（法）已包含相关规定，则按这种规定的要求去办，此即"有法者以法行"，亦即依法办事。如果一般规范没有直接涵盖某一情境，那就需要以"类推"的方式来处理，"无法者以类举"即涉及这一点。兼及以上两个方面，便是"听之尽"，未能体现这一点，则将导向"听之辟"。前者体现了为政过程的全面性，后者则表现为治理过程的偏向。这里特别谈到了"类推"的作用，先秦哲学家对"类"都非常注重，从墨子到荀子，都反复提到"类"的问题。在中国哲学中，"类"不仅仅是逻辑之域或名学之域的问题，而且也是政治哲学的问题，正如名实之辩（包括正名）一开始

---

① 《荀子·王制》。

便同时关联政治领域一样,逻辑的类推也无法与政治实践完全相分离。前面提到的"法而议"中的"议",实际上便已包括了类推:如上所述,作为一般规范的"法"难以兼顾具体情境中所有的方面,如果拘守于某种"法"而不知类推,那便会导致"法之所不至者必废"。广而言之,如果某种现象未能为一般的"法"所及,却包含与法所及者类似的方面,那么,就可以参照相关的方面加以类推。

从更广的视域看,"以类举"的哲学前提是"以类行杂,以一行万。始则终,终则始,若环之无端也,舍是而天下以衰矣。"①抽象地看,"类"和"杂"、"一"和"万"都涉及类和个体、统一和多样的关系。所谓"以类行杂",既在逻辑上意味着以类的概念、类的范畴去统摄多样的,也蕴含着通过类推的方式应对多样的事物之意。"类"和"杂"、"一"和"万"更多地展现为逻辑关系,后面"始"和"终"则进一步引入了时间的概念。与之相联系,荀子不仅仅从逻辑的视域来理解类和个体、统一和多样的关系,而且引入了时间的视域。从时间上来说,不管怎么变化,万变不离其宗,变迁中的类总是具有相关性。社会现象除了在空间意义上展现出多样的形态之外,同时也经历了时间上的变化过程。从政治治理的角度来说,统一的原则或相关之类不仅仅适用于空间意义上的不同现象,而且对时间演化过程中不同阶段的社会变迁同样具有规范、制约的意义。以上看法不仅在逻辑的层面阐释了类的观念,而且进一步将"以类举"的治理原则具体化了。

如何保证"以法行"与"以类举"的合理性?这一问题涉及以上引文一开始所提及的"公平"观念。按荀子的理解,"公平"为"职之衡","衡"有标准、准则之意,"职"则可以理解为权力的运用。与"公平"相联系的"中和",近于孟子所说的"中道",二者构成了权力运用

---

① 《荀子·王制》。

的基本准则。"公平"、"中和",不同于外在之法,而更多地表现为内在的政治观念或政治理念,在荀子看来,这种政治观念或政治理念又是政治实践所不可或缺的,它们提供了考察问题的视野、角度。具有引导意义的政治观念与外在之法形成了相互补充、彼此互动的关系,二者在为政过程中相得益彰。无论是"以法行",抑或"以类举",都同时受到内在政治观念的制约,"公平"、"中和"作为范导性的观念,要求为政者在任何时候都以此为视域去处理问题。

从现实的形态看,依法而行与以类相推,最终都通过具体的实践主体而完成;"公平"、"中和"观念的引导,也离不开为政者的思与行。在这里,人作为政治实践的主体呈现了更为主导的意义。对荀子而言,法的作用总是有限的,"有良法而乱者,有之矣",便表明了这一点:即使政治法律的规范(法)十分完备,社会、国家还是可能失序(乱)。因此,仅仅依靠法,无法担保社会、国家的有序治理。与之相对,"有君子而乱者,自古及今,未尝闻也"。类似的提法亦见于如下论述:"有乱君,无乱国;有治人,无治法。羿之法非亡也,而羿不世中;禹之法犹存,而夏不世王。故法不能独立,类不能自行,得其人则存,失其人则亡。法者,治之端也;君子者,法之原也。"①这里的"君子",均可视为理想的为政者(政治实践的主体),他既具备贤和能的双重品格,又包含实践智慧,能够沟通普遍规范和特定情境,有效地应对和处理治国过程中呈现的不同现象,从而保证社会治而不乱。在人与法二者之中,荀子似乎赋予作为为政主体的人以更优先的地位,对实践主体主导意义的以上肯定,无疑表现出某种"人治"的趋向。然而,在荀子那里,"人治"并不排斥"法治",二者的相关性,体现于法与人的结合。对荀子而言,正是这样的结合,从更本源的层面保

---

① 《荀子·君道》。

证了治国过程的有效运作。

普遍规范(法)与情境把握(议)、人与法的统一,体现了前文提及的尚贤使能与本于礼法相统一的观念。按荀子的理解,一方面,"法"表现为政治实践中程序化、形式化的方面,政治实践的主体则是赋予这些"法"以生命力的人,忽略了人,"法"便难以自行作用。另一方面,仅靠"人"及其内在观念,没有形之于外的普遍规范("法"),治理过程同样无法有效展开。可以看到,肯定政治实践主体的作用与注重普遍政治规范的制约,构成了荀子政治哲学相互关联的两个方面。

四

作为总的政治理念,贤能与礼法的统一表现为人道之域的观念。不过,在荀子那里,人道与天道并非彼此分离,人道既以天道为形上根据,又进一步展开并体现于天道之域。

在谈到天地、礼义、君子等关系时,荀子指出:"天地者,生之始也;礼义者,治之始也;君子者,礼义之始也;为之,贯之,积重之,致好之者,君子之始也。"①这里首先将"天地"、"礼义"等与"始"联系起来,"始"的本来涵义关乎开端,开端在整个事物的存在过程中具有奠基性作用,因此,在引申的意义上,作为开端的"始"又表现为事物发生和发展的本源或根本。"天地者,生之始",着眼于万物的形成、化生:天地泛指自然,万物的化生,最终源于自然。"礼义"涉及社会生活,它规定着社会领域中的治理过程。"君子"的概念包含多重含义,从一个方面看,它具有伦理的意义,指具有道德品格的人;在另一些语境中,它则指政治领域中的统治者(君主),这里的"君子",主要指

① 《荀子·王制》。

后者。不过,在荀子那里,伦理与政治并非截然分离,侧重于为政的君子也相应地表现为有德性的统治者,这一意义上的君子,同时构成了礼义所以可能的社会力量。就君子本身而言,荀子着重肯定了其如下特点:首先是"为之",亦即表现为具体的实践者;其次是"贯之",亦即一以贯之、始终如一地坚持礼义,而非偶尔为之;再次是"积重之",强调其所"为"所"贯"的承继性、连续性,正是这种承继性、连续性,使注重礼义逐渐成为政治传统,就此而言,"积"与传统的形成相关联;最后,"致好之",也就是使这种传统或政治趋向朝更好的方面发展,使之趋于完美之境。正是君子的以上品格,使其成为"礼义之始"。

天地、礼义、君子的如上关系,同时体现了天道与人道的相关性。由此,荀子进一步指出:"故天地生君子,君子理天地;君子者,天地之参也,万物之总也,民之父母也。无君子,则天地不理,礼义无统,上无君师,下无父子,夫是之谓至乱。君臣、父子、兄弟、夫妇,始则终,终则始,与天地同理,与万世同久,夫是之谓大本。"[1]这里既涉及天人,也关乎人伦,为政过程也相应地被置于更广的视域。君子在此既是政治实践的主体,又可以视为人的象征或符号,作为人,君子的存在离不开自然(天地),此即所谓"天地生君子";但君子又可以作用于自然(天地),此即所谓"君子理天地";作为政治实践的主体,君子的职责相应地不仅在于担保礼义的实际贯彻,而且指向自然的变革。由此,君子同时成为天地之参,而在君子与天地相参的背后,则是天、地、人的并列和互动。与具有德性相联系,作为政治主体的君子承担了某种教化的使命,从而,"君"(君主)和"师"(具有教化功能的君子)无法相分。在社会领域中,君子一方面作为政治上的"君"(君

---

① 《荀子·王制》。

主)统摄着民众，另一方面又作为文化意义上的"师"教化着民众，二者同时从不同方面制约着父子等人伦关系，如果没有君子，将导致"天地不理，礼义无统"，天人关系与人伦关系都会处于无序、失范状态。荀子的以上看法，可以视为对政治实践主体作用的进一步阐发，它与注重贤能政治的理念前后呼应。同时，这里也蕴含如下观念，即社会秩序的建立既与政治层面的治理相关，又离不开文明和伦理的教化。在此，政治、文化(文明)、伦理在社会领域呈现彼此相关的形态。

在人道的层面，为政过程具体涉及治者与被治者的关系。荀子从不同方面对此作了考察："马骇舆则君子不安舆，庶人骇政则君子不安位。马骇舆则莫若静之，庶人骇政则莫若惠之。选贤良，举笃敬，兴孝悌，收孤寡，补贫穷，如是，则庶人安政矣。庶人安政，然后君子安位。《传》曰：'君者，舟也；庶人者，水也。水则载舟，水则覆舟。'此之谓也。"①这里使用了若干比喻，如马与车、水与舟，来具体说明君民关系。马受惊则车不稳，乘车者也难以安稳坐车，同样，如果一般的民众受到惊扰，则驭民之君也难安于位。这里的"安"主要侧重于现实的存在状态，即君主统治地位稳固。民众是否安于政，直接决定着君主的统治地位能不能稳固，于是，问题便归结为：如何使民安于政？荀子在此提出了"莫若惠之"的主张。具体而言，惠民体现在两个层面，其一，"选贤良、举笃敬、兴孝悌"，这更多地侧重价值取向、道德观念上的引导，通过倡导良好的道德风尚，确立道德的典范，引导民众认同正面的道德观念。其二，"收孤寡，补贫穷"，这主要侧重物质生活的层面：孤寡、贫穷者属于社会的弱势群体，为政者应当使他们在社会生活方面得到改善并有所保障，如此才能为社会稳定提供

---

① 《荀子·王制》。

担保。如果相反,仅仅充实己之府库而让百姓处于贫困之境,则将导致亡国:"筐箧已富,府库已实,而百姓贫,夫是之谓上溢而下漏。入不可以守,出不可以战,则倾覆灭亡可立而待也。"①可以看到,观念层面的引导和物质层面的保障,构成惠民不可或缺的两个方面,而惠民又是社会安定的前提。

荀子的以上思想与孔子的相关理念,有前后相通之处。在谈到圣人之时,孔子特别提到其特点在于"博施于民而能济众"②,即不仅以仁和礼引导民众,而且给予民众以实际的帮助或实际的惠利,荀子以上所说的惠民也包括相关的两个层面,在他看来,唯有在两者并重的前提之下,社会才能够安定。以舟喻君、以水喻民,进一步强调了民是治国的基础。社会的治理和有序合群,都离不开治者与被治者的关系的处理,而把价值观念上的引导和现实生活层面的保障结合起来,则体现了荀子为政的具体理念。

可以看到,就天道而言,自然(天地)构成了人生存的前提:离开自然,人便无法存在。但自然又不会自发地满足人的需要,因此,人对自然的作用也不可或缺。从人道看,治理以及教化是人类有序合群所以可能的条件:缺乏基于礼义的治理,社会便会走向无序化。在天人的互动和人伦的建构中,主体的作用都具有主导性,"君子"可视为这种主体的一种象征或符号,他既代表了天人互动中的人,也是政治实践的主体;既是礼义的制定者,也具有实践的品格;既是社会的治理者,也是自然的作用者;既是"君",也是"师"。对君子作用如上确认的背后,是对主体在担保社会的有序建构和运行过程中作用的肯定。

---

① 《荀子·王制》
② 《论语·雍也》。

从以上观点出发,荀子对圣王的作用作了考察:"圣王之用也,上察于天,下错于地,塞备天地之间,加施万物之上;微而明,短而长,狭而广,神明博大以至约。"①以天人关系为视域,天地、万物都在圣王的作用范围之内。天地之间是从空间上说,万物之上则是就具体的对象而言。这里说的圣王,首先是政治之域的为政者,但在荀子看来,其作用不仅仅在于社会治理,而且体现于天人之际。圣王的这种作用以"微而明"为其特点:在"加施万物之上"(作用于自然)之时,圣王的治理效应一开始可能不明显,但最后却能够给自然打上自己的印迹,并使自然发生显著变化。"短而长,狭而广",可以理解为似乎有限,但实质上却十分广大,这与前面提到的天地之间的广阔领域彼此呼应。质言之,圣王作用于自然的特点总体上就表现为微和明、有限和广大之间的统一,在荀子看来,这种作用同时表现为圣王治理过程的延伸。

社会的有序建构和运行,体现的是广义的"群道",从天人互动的层面看,"群道"不仅具有人道的内涵,而且具有天道的意义:"群道当则万物皆得其宜,六畜皆得其长,群生皆得其命。故养长时则六畜育,杀生时则草木殖,政令时则百姓一,贤良服。"②这里的"万物皆得其宜"既涉及人道视域中的存在,也关乎天道之域。如果治理合宜,则从植物(草木)到动物(六畜),都将获得繁衍、生长的良好条件,万物也将各得其所。当"群"仅仅被理解为人所以能够生存的条件时,其着眼之点主要是人自身的需要和目的,单纯地从这样的观念出发,往往可能导致对自然的过度支配、占有,后者反过来又会使人的生存条件受到影响。因此,真正意义上的群道不仅旨在将社会有序地组

---

① 《荀子·王制》。
② 《荀子·王制》。

织起来,而且意味着从更广、更长远的角度去理解和处理人和自然的关系,后一方面也可以视为群道原则的引申。植物的生长、动物的繁衍都有自身的内在法则,处理社会领域中的事宜,需要合乎礼法,对待自然(天地万物),则需要充分尊重自然本身的这种法则。由此,一方面,从天道的角度来看,循道而治,可以使自然本身按其内在法则而发展;就人道领域而言,依乎礼法,则不仅可以使社会之中一般民众人心归一("百姓一"),而且将得到有德之士的拥护("贤良服")。百姓和贤良分别代表了不同的社会阶层,"百姓一、贤良服",也相应地体现了本于群道的多样治理效应。如果说,贤能与礼法的统一在总体上表现为合群之道,那么,天人合宜、人际和谐则从不同方面展现了群道所指向的内在目标。

以有序合群为指向,荀子由肯定贤能而突出政治主体的作用,又由确认礼法而彰显了外在体制和普遍规范的意义。从政治哲学的内在逻辑看,仅仅关注贤能,可能引向人治;单纯注重礼法,则容易导致形式化或程式化的政治模式,贤能与礼法的沟通,蕴含着对以上二重偏向的扬弃。通过强调法与议的交融,荀子注意到了普遍规范的引导与具体情境分析之间的互动在为政过程中的作用,由此既避免了礼法的抽象化,也使为政过程不同于主观随意的活动。基于对群道的广义理解,荀子不仅把为政过程与治人联系起来,而且将其进一步引向治物("理天地"),治国为政的过程本身也由此被置于天人统一的视域中;后者同时意味着从政治哲学的层面考察天人关系。荀子的以上看法,赋予儒家政治哲学以多方面的内涵。

(原载《孔子研究》2018 年第 2 期)

你的权利,我的义务
——权利与义务问题上的视域转换与视域交融[①]

权利与义务既涉及政治、法律,也关乎伦理。在康德与黑格尔那里,权利的学说(doctrine of right)或权利的哲学(philosophy of right)便都兼涉以上领域。这里不拟具体辨析政治、法律意义上的权利和义务与道德视域中的权利和义务之间的异同,而是在比较宽泛的论域中考察两者的理论内涵和社会意义,以及两者的不同定位。要而言之,权利与义务都内含个体性与社会性二重规定,历史地看,彰显权利的个体性之维,往往引向突出"我的权利";注重义务的社会性维度,则每每导向强化"你的义务",二者在理论上存在各自的限度。扬弃以上局限,以视域的转换为前提,后者意

_____

① 本文原载《哲学研究》2015 年第 4 期。

味着由单向地关注"我的权利"转向肯定"你的权利"、由他律意义上的"你的义务"转向自律意义上的"我的义务",视域的这种转换同时在更深层意义上指向视域的内在交融。

一

与义务相对的权利,首先呈现个体性的形态。在较广的意义上,权利也就是个体应得或有资格享有的(entitled)权益。以现代社会而言,从日常生存(包括支配属于自己的生活资料),到经济生活(包括拥有和维护私人财产),从政治参与(包括从事各类合法的政治活动),到接受不同形式的教育,其中涉及的权利,都与个体相关。多少是在这一意义上,康德认为,"个人是有权利的理性动物"[①]。

相应于权利的个体之维,近代以来逐渐出现了所谓"天赋权利"或"自然权利"(natural right)之说。"天赋权利"论的要义,在于强调每一个人生而具有不可侵犯的诸种权利。不难看到,在实质的层面,这一权利理论意味着将人的个体存在,视为个体权利的根据:任何个体只要来到这个世界,就可以享有多方面的权利。然而,对权利的如上理解,仅仅是一种抽象的理论预设。就其现实的形态而言,权利并非来自天赋或自然意义上的存在,而是由社会所赋予,个体唯有在一定的社会共同体之中才可能享有相关的权利,各种形式的社会共同体本身则构成了权利的不同依托。可以说,无论从本体论意义上看,抑或就法理关系而言,社会共同体都构成了个体权利的前提。

不同历史时期的社会共同体,同时规定了权利的范围、限度。广而言之,权利本身呈现于多重方面,从经济权利(拥有私有财产等权

---

① Kant, *Opus Postumum*, Cambridge University Press, 1993, p.214.

利),到政治权利(参与选举以及其他政治活动等)、社会权利(包括享受教育、医疗、养老等各类社会保障的权利),其内容呈现多样形态,而它们的获得,则与一定的社会共同体相涉。以晚近(20世纪之后)出现的社会权利而言,享有这种权利,便以成为一定社会共同体的成员(如取得公民等社会成员的资格)为前提。权利的这种社会赋予性质,同时也从一个方面决定了权利的真正落实、维护、保障,离不开社会的作用。质言之,权利形成的社会性,决定了权利保障的社会性。

从权利的生成看,在不同的历史时期,人的权利又具有不同的社会内容。以人最基本的生存权利而言,在初民时代,某些地区的老人在失去劳动能力之后,往往被遗弃,后者意味着其生存权利被剥夺,但在特定的历史时期和历史区域,这种现象却被社会所认可,它表明,生存这种现代社会所承认的人之基本权利,并没有被当时相关社会共同体视为人生而具有、不可侵犯的权利。这种状况的出现,与一定历史条件下社会生活资源的有限性难以分离:这种有限性使上述社会共同体无法赋予失去劳动能力的成员以同等的生存权利。从更广的视域考察,如所周知,在实行奴隶制的社会中,奴隶并不被视为真正意义上的人:他仅仅处于工具的地位,可以如物一般被处置。在此,奴隶作为人的权利尚未能得到承认,更遑论其他。就政治权利而言,不同历史时期中的社会形态,也有不同的限定,在古希腊,唯有城邦中的自由公民,才享有城邦中的各项政治权利;在中世纪,政治权利(political right)与政治权力(political power)往往合一,并为贵族等阶层所垄断。这些现象表明,在历史上,权利并非真正为个体所生而具有,而是在不同时期由一定的社会所规定和赋予。

进而言之,权利既可由社会赋予,也可以由社会剥夺。个体能否享有一定历史时期的权利,往往与他的行为是否合乎一定历史时期的社会准则相联系。同一个体,当其所作所为合乎相关的社会准则时,往往被赋予某种权利,但如果他的行为悖离社会的法律等规范,便常常会被剥夺某种权利。在现代社会中,当某一个体触犯了一定的法律规范时,社会便会视其违法的不同性质,将他拘捕、监押,直至处以极刑,并进而按相应的法规剥夺其在一定时期的政治权利。此时,不管相关个体如何声称自己拥有包括自由、生存、政治等方面的所谓"天赋权利",社会依然将依照一定的准则,剥夺其这方面的权利。以上事实从否定的方面展示了个体权利与社会赋予的难以分离性,相形之下,仅仅将权利与个体的声称(to claim)联系起来,则显得抽象而苍白。

　　除了社会生成和社会承认外,权利还关乎实际保障和落实的问题。从实质的方面看,权利的真正意义在于落实,而这种落实,又离不开个体之外的社会。在此意义上,权利具有外在的指向性:个人在被赋予权利之后,这种权利的具体落实,无法仅仅依赖个体本身的内在意愿。从近代以来一再被强调的财产权,到政治领域的诸种权利,从教育、医疗到消费,个体的权利如果不能在社会规范、体制等方面得到保障,那么这种权利就只能是空洞的承诺或一厢情愿的要求。以财产权而言,不仅财产的获得需要社会体制层面的保证,而且其维护也离不开社会的保障,如果社会没有具体的法律规范和制度来防范、制止对个体财产的暴力占有,那么,个体拥有不可侵犯的财产所有权,就仅仅是空话。同样,在缺乏公平、正义的政治制度的条件下,个体在政治上的选举权就可能或者徒具形式,或者沦为政客的政治道具。与之类似,如果不存在得到充分保障的义务教育制,那么,接受教育的权利对于一贫如洗、无法承担教育费用的人来说便毫无意义。进而言之,权利涉及选择的自由:在自身所拥有的权利范围内,个体可以自由选择,然而,这种权利本身也唯有基于社会的保障,才具有现实性。从消极的方面看,在没有制度、程序等社会保障的前提下,个体即使不断地以投诉、上访等形式来维权,其权利也难以得到真正的落实;这种投诉、上访所涉及的个人权利问题,最终总是需要通过社会体制的力量来具体解决。

权利的社会制约,也体现于权利的社会成本或社会代价。在近代以来的社会格局中,这种代价首先表现为个体的纳税过程:个体的权利需要社会的保障,而保障个体权利的各种社会机构的运作,则需要社会资源,从维持社会秩序、防范和制止各种可能危及个体财产安全的公共安全机构,到担保个体政治权利行使的行政组织,其功能的实现都基于通过个体纳税而获得的社会资源。同时,从更广的角度看,个体权利还包括个体生存权利的保障。在个体的能力、背景等存在种种差异的条件下,处于弱势的个体需要通过社会的再分配等形式,满足其不同需要,由此获得生存的保障。提供这种保障的社会资源,也主要来自个体的纳税。从社会的层面看,这种付出是个体为了获得社会保障而承担的代价,二者的这种关系从另一个方面体现了权利的社会制约。霍尔姆斯与桑斯坦在谈到权利的成本时,已注意到以上方面。[①]

可以看到,权利既有个体之维,并最后体现于个体,又包含社会的内涵,其生成和实现,都离不开社会的规定和社会的制约。质言之,权利指向个体,却源于社会;以个体形式呈现,却唯有通过社会的承认和担保才能获得现实性。从实质的方面看,在权利的问题上,重要的不仅仅是个人声称其有何种权利,而更在于这种权利是否为社会所承认和落实。

相对于权利,义务以个体对他人或社会所具有的责任为题中之

---

① 参见[美]霍尔姆斯,[美]桑斯坦,《权利的成本:为什么自由依赖于税》,毕竟悦译,北京:北京大学出版社,2011年。

义,从而首先呈现社会的品格。义务既非先天的价值预设,也不是形式意义上的逻辑蕴含,而是植根于实际的社会关系之中,表现为基于现实社会关系的内在规定。义务以人为具体的承担者。作为义务的实际承担者,人的存在有其多方面的维度,人与人之间的社会关系也包含多重性。就日常的存在而言,人的社会关系首先涉及家庭。黑格尔曾把家庭视为伦理的最原初的形式。① 以儒学为主干的中国传统文化也把家庭视为人存在的本源形态。中国传统五伦中,有三伦展开于家庭关系。在谈到亲子等伦理关系时,黄宗羲曾指出:"人生堕地,只有父母兄弟,此一段不可解之情,与生俱来,此之谓实,于是而始有仁义之名。"②亲子、兄弟之间固然具有以血缘为纽带的自然之维,但作为家庭等社会关系的产物,它更是一种社会的人伦;仁义则涉及广义的义务,其具体表现形式为孝、悌、慈,等等。按黄宗羲的看法,一旦个体成为家庭人伦中的一员,便应当承担这种伦理关系所规定的责任与义务,亦即履行以孝、慈等为形式的责任。在此,人之履行仁义孝悌等义务,即以其所处的社会人伦关系为根据。

广而言之,义务体现于社会生活的各个方面。从现代社会看,在具有劳动能力的条件下,人们一般会从事某种职业或身处某种社会岗位,由此,又总是与他人形成不同的职业关系,而这种关系则进一步规定了相应的责任和义务。通常所说的职业道德,实质上也就是由某种职业关系所规定的特定义务。以医生而言,人们往往强调医生应当具有医德,作为一种职业义务,这种医德显然难以离开医生与患者的特定关系。同样,对教师来说,履行师德是其基本的义

---

① 参见[德]黑格尔:《法哲学原理》,范扬等译,北京:商务印书馆,1982。

② 黄宗羲:《孟子师说》卷四,《黄宗羲全集》第一册,杭州:浙江古籍出版社,1985 年,第 101 页。

务,而师德本身则以教师与学生之间的社会关系为本源。要而言之,一定的职业所涉及的社会关系,规定了相应的职业义务或职业道德,所谓"尽职",则意味着把握这种义务关系并自觉履行其中的责任。

以上方面所突显的,主要是义务的社会之维。事实上,义务往往更多地被视为来自社会的要求,从作为义务体现形式的规范中,便可以更具体地看到这一点。规范即当然之则,它们规定了个体可以做什么,不能做什么;基于现实社会关系的义务,在形式的层面主要便通过不同的规范而体现。相对于个体,蕴含义务的规范,首先以外在并超越于个体的形式呈现:规范具有普遍性,并非限定于某一或某些个体,而是对不同的个体都具有制约作用。规范的这种性质,从另一个维度展现了义务的社会性:从某种意义上说,蕴含义务的规范,同时即表现为个体之外的社会对个体的要求。

然而,这只是问题的一个方面。从其实际的作用看,义务之中同时又包含个体性之维。如前所述,义务在形式的层面呈现为普遍的规范,作为社会的要求,这种规范往往具有外在性。在与个体相对的外在形态下,义务以及体现义务的普遍规范固然向个体提出了应当如何的要求,但这种要求并不一定化为个体自身的行动。义务唯有为个体所自觉的认同或承诺、规范唯有为个体所自愿接受,才可能实际而有效地制约个体的选择和行动。义务在宽泛意义上既涉及法律之域,也关乎伦理实践,无论从法律的角度看,抑或从伦理的视域考察,义务的落实都与作为义务承担者的个体相联系。通常所说的法理意识与良知意识,便从不同方面体现了义务与个体之间的以上关联。一般而言,法理意识包含着个体对法理义务以及法理规范的理解和接受,良知意识则体现了个体对道德义务和道德规范的把握和认同。对缺乏法理意识的人而言,法律的义务和规范仅仅是外在的要求,并不构成对其行为的实际约束;同样,在良知意识付诸阙如的情况下,道德义务和道德规范对相关个体来说也将完全呈现为形之于外的他律,难以内化为其自觉的行动意向并由此切实地影响其具体行为。法理意识和良知意识在法律义务及道德义务落实过程中的如上作用,同时也从一个侧面展现了义务本身的个体之维。

康德在伦理学上以注重义务为特点,对义务的理解,也体现了某种深沉性。按康德的理解,从属于某种义务,构成了人之为人的存在规定:"人一方面是世界中的存在,另一方面又从属于义务的法则。"①对于义务以及体现义务的道德法则,康德首先强调其普遍性:"仅仅根据这样的准则行动,这种准则同时可以成为普遍的法则(universal law)。"②在康德那里,法则的普遍性主要源于先天的形式,义务则相应地由这种先天法则所规定,从这方面看,康德对义务的社会历史根据,似乎未能给予充分的关注。但是,普遍性同时意味着超越个体、走向更广的社会领域,就此而言,在将道德法则与普遍性联系起来的同时,康德无疑也注意到法则所确认的义务包含社会性。

不过,对康德而言,法则以及与之相关的义务并非仅仅呈现普遍的品格,而是同时与理性的自我立法相联系。在康德看来,"每一个理性存在者的意志都是一个普遍立法的意志的理念"③。也就是说,法则乃是由主体自身的理性所颁布的,在此意义上,康德认为,"每一个人的心中都存在绝对命令"④。尽管康德同时肯定主体的理性具有

---

① Kant, *Opus Postumum*, Cambridge University Press, 1993, p.245.

② Kant, *Grounding for the Metaphysics of Morals*, Hackett Publishing Company, 1993, p.30

③ 《康德著作全集》,第4卷,北京:中国人民大学出版社,2007年,第439页。

④ Kant, *Opus Postumum*, Cambridge University Press, 1993, p.221.

普遍性,在此意义上,理性的立法不同于纯粹的个体性意念活动,然而,以主体形式展开的理性自我立法,无疑又包含着对义务的自我承诺,对康德而言,主体的自由品格,即植根于此:"自由如何可能? 唯有通过义务的命令,这种命令是绝对颁布的。"质言之,"自由的概念来自义务的绝对命令。"①在此,对义务的自觉承诺以及与之相关的理性命令(绝对命令),被视为自由的前提。这里所说的自由,意味着对感性规定或感性意欲的超越:康德视域中的人既表现为现象世界中的感性存在,又具有理性的品格,当人仅仅受制于感性冲动时,他便无法成为自由的存在,义务的自觉承诺,则体现了对单纯感性欲求的扬弃。通过理性自我立法而承诺义务,同时也使人摆脱了感性冲动的支配,并由此步入理性的自由王国。黑格尔在伦理学上的立场与康德有所不同,但对义务的看法,却与之呈现相通性。在谈到义务时,黑格尔指出:"在义务中,个人毋宁说获得了解放。一方面,他既摆脱了对赤裸裸的自然冲动的依附状态,在关于应该做什么、可做什么这种道德反思中,又摆脱了他作为主观特殊性所陷入的困境;另一方面,他摆脱了没有规定性的主观性,这种主观性没有达到定在,也没有达到行为的客观规定性,而仍停留在自己内部,并缺乏现实性。在义务中,个人得到解放而达到了实体性的自由。"②摆脱对于"自然冲动的依附状态",体现的是个体在义务承诺方面的自主性,摆脱"没有规定性的主观性",则突出了认同义务的自觉性。康德与黑格尔对自由的理解,无疑有其思辨性和抽象性,但从如何理解义务这一角度看,将义务的承诺与个体的自我立法以及个体的自由形态联系起来,

---

① Kant, *Opus Postumum*, Cambridge University Press, 1993, p.232, p227.

② [德]黑格尔:《法哲学原理》,范扬译,北京:商务印书馆,1982 年,第167—168 页。

无疑已有见于义务的个体之维。如果说,康德对当然之则(规范、法则)普遍性的肯定,主要突出了义务的社会性,那么,康德强调理性的自我立法及黑格尔确认理性自主和理性自觉,则包含着对义务之个体性规定的确认。

以上所论表明,权利与义务都蕴含自身的两重性。概括地说,权利在外在形态上呈现个体性,但在实质的层面则包含社会性。与之相异,义务在形式上主要展现外在的社会性,但其具体实现则基于内在的个体性。权利的外在个体性和内在社会性与义务的外在社会性和内在个体性相互关联,既体现了义务与权利对应性,也突显了二者各自的内在特征。

二

权利与义务内含的两重性,在逻辑上蕴含着分别侧重或强化其中不同方面的可能。从历史上看,这种不同的发展趋向既呈现理论的偏向,也往往伴随着消极的社会后果。

近代以来,权利的自觉与个体性原则的突出相互关联,使权利的个体之维得到了更多的关注。这一视域中的权利,往往同时被理解为"我的权利":拥有财产权,意味着"我有权利"支配属于"我"的财产;具有政治权利,意味着"我有权利"参与相关的政治活动或作出相关的政治选择;享有社会权利,意味着"我有权利"接受不同层次的教育、获得医疗、养老等等社会福利,如此等等。

在当代西方,依然可以看到对个体权利的强调,德沃金对权利的看法,便多少表现了这一趋向。在德沃金看来,单纯地追求集体福祉最终将导向非正义;权利不是用以追求其他目的的手段,其意义并不取决于能否增进集体福祉。相对于政府权力、集体利益,权利具有优先性:"如果某个人有权利做某件事,那么,政府否定这种权利就是错的,即使这种否定是基于普遍的利益。"①按德沃金的理解,个人权利的这种优先性,本身以平等为依据,后者意味着所有个体应得到平等的关心和尊重。由此,德沃金进而指出:"个体权利是个体所拥有的政治王牌(political trumps)。"②无独有偶,在德沃金之前,罗尔斯在某种意义上已表达了与之类似的观点,在他看来,"每一个人都拥有一种基于正义的不可侵犯性(inviolability),这种不可侵犯性即使以社会整体利益之名也不能加以漠视。"③这里所说的不可侵犯性,其核心乃是个体权利的优先性。

然而,逻辑地看,仅仅确认个人权利的优先性,往往无法避免某种内在的悖论。某一个体可以声称其有某种权利,并以维护"我的权利"为由,拒绝某一可能影响其利益、但能给其他个体带来福祉的社会公共项目;或者在维护"我的权利"的过程中,不顾其"维权"行为对其他个体的利益可能带来的损害,在这种情况下,某一个人权利的优先性将意味着对其他个人——常常是更多的个人——权利的限制和侵犯。这一现象的悖论性就在于:个体有"权利"通过损害其他个体的权利,以维护自身的权利。换言之,在个体权利优先的原则下,维护个人权利(自我本身的权利)与损害个人权利(其他个体的权利)可以并存。

不难看到,这里的关键首先在于区分抽象的整体与具体的个体。抽象的整体往往表现为超验形态的国家、空泛的多数或群体,反对以这种抽象整体的名义侵犯个体权利,无疑十分重要,然而,权利不仅

---

① Ronald Dworkin, *Taking Rights Seriously*, Harvard University Press, 1977, p.269.

② Ronald Dworkin, *Taking Rights Seriously*, Harvard University Press, 1977, p.xi.

③ John Rawls, *A Theory of Justice*, The Belknap Press of Harvard University Press, 1971, p.3.

涉及个体与抽象整体的关系,而且也指向个体之间(一定个体与其他个体之间)。德沃金将个体权利视为"王牌",首先似乎相对于个体之外的整体(如政府)而言,然而,一旦个体权利被如此突出,则其社会意义便蕴含膨胀的可能。事实上,在个体权利被置于绝对优先地位的背景下,这种优先性便无法仅仅限于个体与整体的关系,而是将同时指向个体之间。当每一个体都强调、执着于自身权利时,个体之间的权利便会相互限定甚至彼此损害,顺此衍化,将进而导致个体间的冲突。在日常生活中,便可常见此类现象。以现代的公交车或地铁而言,除特辟的老弱等座位外,车上的其他座位,每一个乘客在原则上都拥有落座的权利。然而,在空座有限、车上乘客远远超过车内空座的情况下,如果每一个乘客都坚持作为"王牌"的个体权利,则势必导致彼此争抢,这种争抢一旦失控,便很容易进一步激化为个体之间的相斥甚至对抗。这类日常可遇的境况表明,仅仅强调"我的权利"不仅在理论上内含逻辑的紧张,而且在实践中可能带来种种问题。

与近代以来的自由主义强调个体权利(我的权利)相对,在传统社会中,义务得到了更多的关注,儒家传统中的群己之辩,便以个体承担的社会义务为注重之点。孔子首先将合乎普遍之礼作为个体应该具备的社会品格:"克己复礼为仁。一日克己复礼,天下归仁焉。"[1]"礼"在宽泛意义上可以理解为普遍的社会规范,与之相联系,复礼意味着合乎普遍的社会规范。对规范的这种遵循,同时关联着群体的关切,其中包括广义的天下、群体意识:"乐以天下,忧以天下,然而不王者,未之有也。"[2]"君子之志所虑者,岂止其一身?直虑及天下千万世。"[3]

---

① 《论语·颜渊》。
② 《孟子·梁惠王下》。
③ 程颢、程颐:《二程集》,王孝鱼点校,北京:中华书局,1981年,第114页。

以天下为念,不仅仅是对君主、君子的要求,而且被视为每一个体应该具有的责任感和义务感,所谓"保天下者,匹夫之贱与有责焉耳矣"①,便体现了这一点。在此,个体所应承担的这种责任和义务,首先展现为一种社会对个体的要求,这种要求的具体形式,可以概述为"你的义务"。②

将义务与社会要求联系起来,无疑有见于义务的社会之维。然而,以"你的义务"为单向形式,义务往往容易被赋予某种外在附加甚至强制的性质,而不再表现为个体自身自觉自愿接受和承担的责任,这种趋向每每见诸历史过程。在谈到天理与主体的关系时,理学家便认为:"他(天理)为主,我为客。"③天理在此指被形而上化的普遍规范,"我"则是具体的个体,天理为主"我"为客,意味着外在规范对个体的主宰和支配。在这种"主客"关系中,个体显然处于从属地位。个体对于规范的从属性,同时也制约着对个体权利的定位。

事实上,对义务外在性的强调,同时便蕴含着个体权利的弱化,在人与我的对峙中,可以进一步看到这一点:"仁之法,在爱人,不在爱我。"④这里的仁,同样具有规范意义,爱我,包含对个体自身权利的

---

① 顾炎武:《日知录集释》,黄汝成集释,栾保群、吕宗力校点,上海:上海古籍出版社,2014年,第298页。

② 当然,这并不是说,传统的儒学完全无视个体权利,事实上,早期儒学便对个体权利给予独特的关注。孟子曾指出:"行一不义,杀一不辜而得天下,皆不为也。"(《孟子·公孙丑下》)荀子也表达了类似的观念:"行一不义、杀一无罪而得天下,仁者不为也。"(《荀子·王霸》)杀一不辜、杀一无罪,意味着对个体生存权利的蔑视,在孟荀看来,这种行为即便可以由此得天下,也应加以拒斥,无疑从一个方面体现了对个体基本生存权利的肯定。不过,如后文所论,就总的价值取向而言,儒学的关注重心更多地指向人的义务。

③ 黎靖德编:《朱子语类》,王星贤点校,北京:中华书局,1986年,第3页。

④ 苏舆:《春秋繁露义证》,钟哲点校,北京:中华书局,1992年,第250页。

肯定,以爱人排除爱我("在爱人,不在爱我"),则不仅意味着社会的责任对个体自身权利的优先性,而且蕴含以前者(社会责任)压倒后者(个体权利)的趋向。以"你的义务"为异己的外在要求,个体的权利往往进而为君主、国家等象征抽象整体的存在形态所抑制。从如下表述中,便不难注意到二者的这种关系:"夫人臣之事君也,杀其身而苟利于国,灭其族而有裨于上,皆甘心焉,岂以侥幸之私,毁誉之末,而足以扰乱其志者?"①以此为前提,常常导向以国家、整体的名义剥夺或侵犯个体的权利。在传统社会中,确实可以看到此种趋向,广而言之,后者同时也曾存在于法西斯主义主导下的现代社会形态之中。

可以看到,仅仅以"我的权利"为视域,不仅在理论上蕴含内在的悖论,而且在实践中将引向个体间的紧张和冲突。单向地以"你的义务"为要求,则既意味着义务的外在化和强制化,又可能导致对个体权利的漠视。如果说,赋予"我的权利"以至上性较多地体现了自由主义的观念,那么,对"你的义务"的单向理解则更多地与整体主义相联系,在二重取向之后,是两种不同的价值理念。

三

如何扬弃以上价值取向的片面性? 在重新考察权利与义务关系时,这一问题似乎无法回避。大略而言,这里所需要的,首先是视域的转换以及视域的融合。所谓视域的转换,意味着从单向形态的"我的权利"转向"你的权利"、从外在赋予意义上的"你的义务"转向自

---

① 王守仁:《奏报田州思恩平复疏》,《王阳明全集》,吴光等编校,上海:上海古籍出版社,1992 年,第 474 页。

律意义上的"我的义务";所谓视域的融合,则表现为对权利二重规定与义务二重规定的双重确认。

就权利而言,如前所述,其特点具体表现为外在个体性与内在社会性的统一,所谓"我的权利",突出的主要是权利的个体之维,但同时,这一视域却忽视了权利的内在社会性。权利无疑应最后落实于个体,维护个体正当权利,也是社会正义的基本要求。然而,仅仅以"我的权利"为进路,权利的落实往往诉诸个体("我")的争取或个体("我")之"争"。从社会的角度看,如果权利尚需由个体去"争",那就表明社会的公平、正义还存在问题。另一方面,个体若单向地去追求自身的权利,则不仅个体之间的关系容易趋于紧张,而且公共的空间往往将导向无序,以前面提到的公交车或地铁来说,每一个乘客都对车上普通的空位拥有"权利",若这些乘客都力"争"自己所拥有的这种"权利",则势必将一哄而上,抢夺座位,从而,公交车或地铁这一具体的社会空间便会或长或短地陷于失序状态。

与"我的权利"侧重于个体对自身权利的争取相对,"你的权利"更多地着重于社会对个人权利的维护和保障。这里所说的"你",不限于其他个体所见之"你"(特定个体),而是广义社会视域中的所有个体(从社会的角度所见之一切个体)。相应于权利所具有的内在社会性,权利的维护和保障也无法离开社会之维,"你的权利"所强调的,即是社会对个体权利的维护和保障。上文曾提及,个体如果悖离社会法律规范,则他的某些权利将因触犯法律而被剥夺。然而,即使在这种情况下,其保持人格尊严等权利仍应得到社会的维护,后者意味着社会(包括司法机构)应尊重其人格、不允许以酷刑等方式对其进行精神和肉体上的侮辱、折磨和摧残,等等。如前所述,倘若个体的权利还需要个体自身去力争,那便表明社会在维护和保障个体权利方面尚不完备;从社会的层面看,注重"你的权利",意味着创造公正、合理的社会环境,在体制、程序、规范、法律和道德氛围等方面,切实、充分地保障个体的权利,从而使个体无需再努力"争取"其权利。从根本上说,所谓"认真对待权利",并非仅仅从个体出发,单向地突出个体权利的优先性或将个体权利视为某种"王牌",也并非由此鼓励个体以自我为视域,将追求、获取自身的权利作为人生的全部指向或终极目标,而是从社会的层面上,真正使个体的权利得到平等、公正、充分的维护。① 质言之,对于权利,"你的权利"意义上的社会保障,较之"我的权利"意义上的个体"力争"更具有本原性和切实性。

这里同时关乎权利(right)与权力(power)的关系。自洛克以来,具有自由主义倾向的哲学家往往强调个体权利对国家权力(或政府权力)的限制,后者意味着国家权力不能侵犯个体权利。对国家权力的这种限制无疑是重要的,然而,这只是问题的一个方面,权利(right)与权力(power)的关系同时涉及从国家权力看个体权利或国家权力对个体权利的保障。这一关系不同于个体之间的权利关系,其核心之点在于国家权力对个体权利的维护。事实上,个体权利的不可侵犯性(包括不可由国家权力加以侵犯),本身既需要通过立法等形式获得根据,也需要由国家权力来具体落实。具体而言,作为从社会的视域看个体权利("你的权利")的重要之维,国家权力与个体权利的关系体现于:从积极的方面看,前者(国家权力)应通过体制、规范、程序,切实地保障后者(个体权利),从消极的方面着眼,则国家权力应充分承认个体的权利,以有效的手段,确保不以抽象的价值观念、空泛的整体等名义,损害或剥夺个体正当享有的权利。从本原的

---

① 当德沃金指出"如果政府不能认真对待权利,则它也不能认真对待法律"(Ronald Dworkin, *Taking Rights Seriously*, Harvard University Press, 1977, p.205)时,似乎也注意到从社会(包括政府)的维度保障权利的意义。这一事实表明,即使将个体权利提到至上或优先地位,也无法完全漠视权利与社会的关联。

层面上说,法制的意义之一,就在于从制度的层面保障和维护个体的这种正当权利——广义上的"你的权利"。

从"我的权利"转向"你的权利",对应于从"你的义务"到"我的义务"之转换。与权利相近,义务具有外在社会性和内在个体性的二重规定。在"你的义务"这一视域中,体现义务的律令主要由社会向个体颁布,义务的外在社会性相应地容易被片面强化,与之相关的内在个体性则往往被推向边缘。对义务的如上理解,每每将导致义务的强制化以及他律化,而在他律的形态下,义务仅仅呈现为社会对个体的外在命令。相对于"你的义务","我的义务"以个体("我")自身为主体,对义务的承诺,也主要表现为个体自身的自觉认同和自愿接受,由此,承担和实现义务的行为,也超越他律而获得了自律的性质。从实质的方面看,从"你的义务"转向"我的义务",其内在的意义首先也在于化他律为自律。

自觉自愿地承担义务,同时涉及对他人权利的肯定。义务本身源于社会人伦关系,在现实的人伦关系中,个体之间往往彼此形成多样的责任和义务,借用斯坎伦(T. Scanlon)的表述,也就是我们彼此互欠(own to each other),当我们对他人负有责任或义务时,便意味着他人对我们拥有相应的权利:我们对他人所欠的,也就是他人有权利拥有的。① 这样,个体对义务的自觉承担和自愿接受,同时也包含着对他人(其他个体)权利的承诺和尊重。在"你的义务"这种外在命令中,不仅义务基于他律或外在的强制,而且对他人权利的承诺也在被迫或不得已的意义上成了"分外事";以"我的义务"为形式,则不仅履行义务呈现为自律的行为,而且对他人权利的承诺也相应地成为"分

---

① 需要说明的是,上述论域中的"我们彼此互欠",虽借用了斯坎伦的术语,但乃是在引申意义上使用的。

内事"：我有义务尊重他人的权利。

上述视域中的"你的权利"、"我的义务"，并不仅仅是个体间权利与义务的对应关系（所谓甲对乙有权利，乙对甲即有义务），在更实质的意义上，它同时表现为个体与社会之间的协调关系。前文已提及，"你的权利"中的"你"，是社会视域中的所有个体，"我的义务"中的"我"，则是相对于社会要求或社会规范而言的、自律意义上的行为主体或义务主体。从社会的角度看，首先应该将个体权利提到突出地位：个体应享（entitled）的权利只能保障，不容侵犯。引申而言，随意侵犯个体权利的行为，在整个社会范围内都不能被允许。这里，"你的权利"既关乎国家权力（政府）对个体权利的维护和保障，也涉及个体之间相互尊重彼此的权利。从个体的角度看，则在维护自身权利的同时，需要自觉承担应尽的社会义务，但对"我的义务"的这种认同，应该是自愿而非强制的。即使其中包含命令的性质，也是康德意义上的"命令"：即它主要表现为个体以理性的力量抑制感性意欲的冲动，而不是社会对个体的外在强加。

当然，在现实的情境之中，个体权利与社会义务之间常常会发生紧张甚至冲突，在某种具有公益性（如为低收入群体解决住房问题）的社会工程中，便每每可以看到此种情形。这种张力的解决，需要不同视域的交融。以旨在为低收入群体解决住房的公益性工程而言，在其实施过程中，有时会涉及本地居民的迁徙等问题，此时，从"你的权利"这一视域看，社会（国家、政府）应充分维护、保障个体权利，不允许违背个体意愿强行动迁；从"我的义务"这一视域着眼，则相关的个体不仅应充分理解弱势群体对解决住房问题的意愿，而且应将实现这种意愿视为他们的权利，并由此进而把尊重他们的相关权利理解为自己的义务，在自身权利得到充分保障的前提下，避免借机要挟、漫天要价，以谋取不义之利。在"你的权利"、"我的义务"二重视域的互动中,个体权利与社会义务之间的紧张,至少可以不再以走向冲突和对抗为其最终的归宿。不难看到,以上二重视域的背后,是解决社会(国家)和个体的权利关系的二重维度:一方面,从社会的层面看,在这一关系中,个体权利应给予特别的关注:不能以抽象的原则、抽象的整体等名义侵犯个体应享的权利。另一方面,从个体的角度思考,也需要理性地把握自身的社会义务:一方面拒绝外部权力以任何名义对个体权利的不正当损害,另一方面则对应当承担的义务须有自觉的意识:在前面提到的公益性项目中,个体便需要对自身与社会的权利关系有合理的把握,避免单向地以维护个人权利的名义,阻碍国家或政府对其他个体权利(如低收入群体的安居权利)的保障。

从价值的层面看,"你的权利"、"我的义务"之间本身存在内在的相关性。个体的权利越是被社会作为"你的权利"而加以认可和保障,则个体对"我的义务"之意识以及履行这种义务的意愿也就将越得到增强。换言之,社会对作为个体的权利越充分维护,作为主体的"我"对义务的承担和落实也就越自觉。反之,个体的权利越得不到保障、社会对个体权利越不能维护,则个体的义务感以及履行义务的意识也就会越弱化。所谓"其上申韩者,其下必佛老"[1],也体现了这一点。"申韩"所体现的是法家形态的整体主义,其特点之一在于强化个体的社会义务,与之相应的是对个体权利("你的权利")的漠视;"佛老"在传统语境中则意味着由遁世而疏离社会责任和义务("我的义务")。在此,专制权力("其上")对个体权利("你的权利")的虚无化,直接导致了一般个体("其下")义务意识("我的义务")的消解。

---

[1] 王夫之:《读通鉴论》卷十七,《船山全书》第 10 册,长沙:岳麓书社,1996 年,第 653 页。

在日常的生活世界,同样可以看到"你的权利"、"我的义务"二重视域交融的意义。以前面提及的公交车占据座位的情境而言,每一乘客在原则上都拥有占据老弱等专座之外其他空余座位的权利,在空位有限而乘客众多的情况下,如果每一乘客均坚持"我的权利",则势必导致互不相让、彼此争抢。反之,如果从"你的权利"、"我的义务"出发,那么,问题便可能得到比较妥善的解决。以此为取向,相关个体首先将不再仅仅单向地坚持自己的权利,而是以同一情境中其他个体的同等权利作为"你的权利"加以尊重,同时,又把社会成员应当承担的基本责任,包括文明乘车、底线意义上避免个体间冲突、维护社会秩序(在以上例子中是保持公共交通工具中的有序化)等理解为"我的义务",由此,因一味强调自身权利(所谓"我的权利")而可能导致的争抢座位、相互冲突、秩序缺失,便可以得到避免。以上情形从另一方面突显了"你的权利"、"我的义务"所具有的引导意义。与之相对,仅仅将个体权利视为"王牌",则看似正义凛然,却蕴含着由单向强调"我的权利"而导向自我中心、个体至上的可能,后者对人与人之间的社会交往、理想秩序的形成,不免包含某种负面性。

"你的权利"、"我的义务"的如上相关性,内在地植根于个人与社会(包括他人)的关系之中。"你的权利"体现了社会(包括他人)对个体权利的肯定;"我的义务"则意味着个体对社会(包括他人)责任的承诺。在此意义上,"你的权利"与"我的义务"的相互关联,乃是基于个人与社会的不可分离性。从现实的形态看,个体不仅唯有在社会中,才能超越自然的形态(生物学之域的存在)而成为真正意义上的人,而且其存在、发展也无法隔绝于社会;社会则以个体为本体论的基础:离开了一个一个的具体个人,社会就是一种抽象、虚幻的整体。个体与社会的如上统一,从社会本体的层面,为"你的权利"与"我的义务"二重视域的交融提供了根据。

以上述社会存在形态为背景,"你的权利"与"我的义务"二重视域的交融本身可以获得更深层面的理解。具体而言,从权利之维看,体现社会视域的"你的权利"在扬弃仅仅执着自我权利的同时,又蕴含着对个体视域中"我的权利"的确认:社会对"你的权利"的承认,以肯定个体具有应得或应享意义上之"我的权利"为前提。由这一角度考察,则社会视域中的"你的权利"与个体视域中的"我的权利"并非截然相斥。同样,从义务之维看,体现个体视域的"我的义务"在要求避免将义务等同于外在强加的同时,又以另一重形式渗入对社会视域中"你的义务"的认同:个体对"我的义务"的承诺,以理解和接受自身应当承担的社会义务("你的义务")为前提。在此意义上,个体视域中的"我的义务"与社会视域中的"你的义务",也并非相互对峙。不难看到,在这里,视域的转换与视域的交融呈现内在的统一形态:从"我的权利"到"你的权利"、从"你的义务"到"我的义务"的视域转换,构成了权利与义务问题上前述视域交融的前提,后者(视域的交融)则进一步赋予视域的转换以更具体和深沉的内涵。

　　要而言之,社会人伦关系的合理建构、健全社会之序的形成,关乎权利与义务的协调,后者具体指向权利与义务问题上的视域转换和视域交融。一方面,社会应基于对个体权利("你的权利")的尊重,从体制、规范、程序等方面充分地维护、保障个体应享的权利("我的权利"),与之相联系,肯定"你的权利",并不意味着消解个体自身的权利意识;另一方面,个体则需在自觉自愿的前提下,使自身应当承担的社会义务由外在的要求("你的义务")化为自我的选择("我的义务"),相应于此,承诺"我的义务",并未走向疏离社会的义务。基于以上的视域交融,权利无须仅仅由个体("我")去"争",而是首先基于社会的维护和保障;义务则不再由社会强加于个体("你"),而是由个体自觉自愿地加以承担。在权利与义务之间的以上关系中,权利的实现以社会的保障为前提,义务的承担则离不开个体的认同。权利与义务的以上互动,同时从一个方面为社会正义及健全的社会秩序的建构提供了现实的前提。尽管真正实现这种互动并非一蹴而就,而是将经历一个漫长的历史过程,然而,从价值观念的层面看,权利与义务问题上的视域转换和视域交融无疑具有实际的规范意义,这种规范作用将体现于对社会生活的具体引导过程,并进一步使社会生活本身不断走向健全的形态。

伦理生活与道德实践[①]

 无论是从群体看,还是就个体言,人类生活都包含多重方面,伦理生活则是其中的重要之维。传统儒学已把人所特有的伦理生活看作是人区别于其他存在的根本性特征。作为人类生活中的一个重要方面,伦理生活本质上具有实践的品格:按其实质,伦理生活总是与道德实践联系在一起。伦理生活与道德实践的主体都是人:伦理生活以人为主体,道德实践的也表现为人的活动。从生活、实践的主体(人)这一角度去理

---

 ① 本文基于作者 2013 年 9 月在南京举行的"公民道德与现代文明"论坛上的演讲,相关研究同时纳入国家社科基金重大项目"中国文化的认知基础与结构研究"(项目号 10&ZD064)以及教育部基地重大研究项目"实践智慧:历史与理论"(项目号:11JJD720004)。

解伦理生活和道德实践,涉及多重环节,这些环节同时在某种意义上构成了伦理生活和道德实践本身所以可能的前提。

一

宽泛而言,作为人存在的重要方面,伦理生活可以视为人在伦理意义上的"在"世形态和过程。这一形态和过程既展开于多样的社会活动,也体现于生活世界中的日用常行,既包括理解、接受一定的伦理观念,也涉及按相关的伦理观念为人和处事。从本源的层面看,"伦理"关乎人伦关系以及内含于其中的一般原则,具有伦理意义的生活(伦理生活)一方面使人成为伦理之域的存在,另一方面又从一个层面担保了人伦秩序的建构。

人不同于动物的重要之点,在于具有理性的品格,后者赋予伦理生活以自觉的形态。与之相联系的,是伦理生活的认知之维。作为伦理生活的构成,认知主要涉及知识层面上对相关对象(包括人自身)的把握。认知包括不同方面,举凡科学研究、政治实践、经济运行,等等,都关乎认知。伦理生活中的认知问题首先指向作为伦理生活主体的人自身。在伦理生活中,认知所要解决的问题包括:"什么样的存在构成了伦理生活的主体"或"谁是伦理生活的主体?""这一主体具有什么样的品格?"伦理生活的主体是人,伦理生活是人类多重生活中的一个方面,这样,从本原的角度来考察,"谁是伦理生活的主体"这一问题又关联着一个更广的问题,即"人是什么?"或"何为人?"历史地看,哲学家们已从不同的角度提出"人是什么"、"何为人"这一类问题。儒家在先秦的时候,便开始辨析人禽的区分,所谓"人禽之辨",即体现了这一点。"人禽之辨"所追问的是人与动物(禽兽)之间的根本区别,这可以视为"人是什么"这一普遍性问题的特定表述形式。儒家的以上追问,与伦理生活紧密地联系在一起。追问"人是什么"(人区别于动物的根本之点),主要旨在把握伦理生活的主体。同样,在西方哲学史上,也可以看到类似的关切。如所周知,康德便曾经提出四个问题,即"我可以知道什么"、"我应当做什么"、"我可以期望什么",以及"人是什么"。① 从提问之序看,"人是什么"这一问题似乎被置于最后,但是,就伦理生活的角度而言,"人是什么"这一问题则有着"逻辑上在先"的意义:只有首先解决"人是什么"这一问题,才能进一步地去考察和理解具体的伦理生活。可以看到,不管是中国哲学,还是西方哲学,对"何为人"、"人是什么"这一问题,很早就已加以探究。

人作为现实的存在,有其感性之维,后者既体现于人所内含的感知能力,也以感性的需要(如"饥而欲食"、"渴而欲饮"、"寒而欲衣"等等)为表现形式。同时,上文已提及,人又有理性的品格,能够自觉地展开逻辑的思维,辨别真、假、善、恶,等等。人的理性之维,更内在地体现于精神层面的追求。中国哲学家所说的伦理境界,便以精神层面的提升为指向,其中也展现了理性的要求。作为感性存在与理性规定的统一,人总是一个一个的个体:没有抽象的、一般的人。但是,另一方面,人又生活在群体之中,具有群体的品格,荀子肯定人的特点在于能"群",已有见于此②。相应于感性与理性、个体性与群体性的以上关联,人既有自然属性或天性,又具有超越自然的社会的品格,包括德性。儒家要求化天性为德性,即意味着从自然的欲求、倾向,进一步提升到具有社会意义的德性,这一看法,也注意到了天性和作为社会品格的德性之间的相互联系。

---

① Kant. *Logic*, Dover Publications, Inc., 1988, p29.
② 参见《荀子·王制》。

对"何为人"的理解，并不仅仅呈现抽象、思辨的意义，而是与前面所提到的伦理生活息息相关。对人的不同的看法，往往影响、制约、规定着人们对伦理生活的认识。如前所述，人既有感性的品格，又有理性的规定；既是个体，又具有群体的属性；既内含天性，又是社会性的存在，等等。从哲学史上看，对"人是什么"这一问题的不同理解，常常具体表现为对以上规定的不同侧重。在感性与理性的关系上，有的哲学家主要突出了人的感性规定，另一些哲学家则更多地强调人的理性品格。在个体与群体的关系上，有的比较注重人所具有的个性特点，另一些则更关注人所具有的群体性品格，如此等等。对人的这种不同认识，同时影响着对伦理生活的理解。事实上，哲学家们对伦理生活的不同看法，便以他们对"何为人"的多样理解为前提。对于突出理性品格的哲学家来说，人的伦理生活往往更多地被规定为理性之域的追求，宋明时期，理学中的一些人物将人视为天理或天地之性的化身，由此主张依乎道心、以醇儒为伦理生活的样式。与以上趋向有所不同，对注重感性品格的哲学家来说，人所应该关切的，首先是和人的感性需要满足相联系的活动，经验主义对伦理生活的理解，每每呈现此种特点。

伦理生活所包含的认知之维当然不限于对伦理生活主体（"何为人"）的看法，但就实质的层面而言，这种理解在逻辑上构成了理解伦理生活的前提，并直接制约着对伦理生活的具体规定。

伦理生活的第二个方面，关乎评价。前面所讨论的认知，主要涉及广义的"是什么"，评价则更多地指向价值的判断，包括对好或坏、善或恶、利或害等等的评判。"何为伦理生活的主体"以及更广意义上的"人是什么"这一问题，如果换一种方式表述，也就是："谁在生活"或"谁活着"。从逻辑上说，在把握了以上问题之后，进一步的问题便是："为何而生活"或"为什么活着"。"为什么活着"具有目的指向,与之相关的是评价性的问题。

"为什么活着"所涉及的,是人生价值、人生意义层面的问题,对这一问题的回答,与人生领域的价值判断无法相分。引申而言,这一问题又关乎"什么样的生活是值得过的?"或者说,"什么样的生活是好的生活?"历史地看,不管是中国哲学,抑或西方哲学,都在反复地探寻这一类问题:"什么样的生活是有意义的?"归根到底,以上问题都指向"为什么而活着"这一更基本的问题。孔子提出"志于道"的要求,这里的"志",有指向、追求之意,"志于道"也就是以"道"作为追求的目标。对孔子而言,生活的意义和目标,就体现于追求"道"的过程。中国哲学所说的"道",有多方面的涵义:它既指天道,包括通常说的宇宙、世界的普遍法则,也指人的社会理想、文化理想、道德理想,"志于道"意义上的道,更多地关联后者,而"志于道"则相应地意味着人应该为追求、实现以上理想而存在。与之有所不同,道家将未经后天作用的自然状态或人的天性视为理想的存在形态,道家对生活目的或生活意义的看法,也与以上理解相联系:按道家之见,有意义或值得追求的生活,具体表现为维护、保持人的天性,或者说,在人的天性受到外在的作用和影响之后,重新回归其本然形态。

生活目标的规定、理想社会形态的确认,与前面提到的"人是什么"这一问题紧密相关。道家把维护和回归人的天性、避免以人为的规范和外在体制去约束或扭曲人的天性视为人生的目标,这种理解的前提,是把人的天性看作是最真实、最完美的形态:对道家而言,真正意义上的人,乃是以天性为其内在规定。与此相联系,生活的意义也在于维护、回归人的天性。同样,儒家强调人应当以"志于道"为生活的取向,这一理解也与儒家对人的理解相关联:在儒家看来,人首先是具有理性品格、特别是伦理品格的存在,前面提到的"人禽之辨",主要也在于突出人所具有以上品格。正是由此出发,儒家赋予伦理的生活以追求道("志于道")的内容。从西方哲学看,亚里士多德主要将有意义或值得过的生活与幸福联系起来,当然,他所理解的幸福是比较广义的,其特点在于关乎理性(包括沉思),而非仅仅基于功利或感性需要的满足。

可以看到,不同的生活目标、生活理想,体现了不同的价值追求。伦理生活的评价之维,便与这种价值的判断、价值的追求相联系。对生活目标、生活理想不同理解的背后,是对伦理生活价值意义的不同判断,与"为什么而活着"这一问题相联系,这种理解和判断同时体现了伦理生活中的价值维度。

由"为什么活着"进一步思考,便面临"如何活着"的问题。所谓"如何活着",涉及的是如何使前面提到的有意义、值得追求的生活得以实现,或者说,以什么样的方式,将这种有价值的生活形态化为现实。具体而言,这一问题与伦理生活中的规范性相联系。以中国哲学的概念来表述,规范也就是"当然之则",它具有对行为的约束、引导、制约意义。从伦理生活的角度看,规范首先规定着人们可以做什么,不可以做什么。同时,规范又涉及"如何做"的问题。可以做、不可以做,关乎行为正当与否的问题;"如何做"、通过什么样的途径达到目标,则涉及行为的方式。在行动没有发生之前,规范制约着人的选择,在行动的展开过程中,规范则规定着行为的具体方式并由此对行动加以引导。在伦理生活中,同样涉及多方面的规范、规则,如"不说谎"、"不偷盗",便属于伦理生活中的基本规范。这种规范规定着人们在不同的场合中的行为选择。以"不说谎"而言,其规范意义便体现于引导人们讲真话、保持诚实的品格。在行动完成之后,究竟应该如何评价这一行动? 或者说,根据什么去评判其善恶或正当与否? 这里,规范便提供了评价、判断的准则:如果某种行为合乎评价者所接受的伦理原则(规范),则这种行为便得到肯定;反之,则将被否定。

要而言之,前面所论涉及三个问题:与认知相联系的是"谁活着"、与评价相联系的是"为什么活着"、与规范相联系的是"如何活着"。"谁活着"、"为什么活着"与"如何活着"具有逻辑上的相关性。然而,对一个具体的伦理生活主体来说,在追问和反思以上问题之后,总是进而面临如下问题,即"活得怎么样?"每一个现实的个体对自己的生活都会有不同的体验和感受,"活得怎么样"这一问题所关涉的,便是个体自己所具有的生活感受,这种感受以哲学化的概念来表述,也就是"生存感"(existent sense)①,通常所说的"幸福感",即可视为生存感的表现形式之一。相对于生活过程中的特定体验,生存感可以看作是对生活的总体感受。这里的"感"非常重要,需要给予特别的重视。简略而言,"感"可理解为一种综合性的精神形态,其中既包含普遍层面的理性认知、价值取向,也渗入了个体的人生信念、情感意愿,这种综合性的精神形态同时构成了伦理生活的重要方面。如前面所提到的,伦理生活的主体是一个一个的具体个体,对具体的个体来说,生活过程中总是会形成各种真切的感受,这种感受并非抽象而不可捉摸,而是以综合的形态存在于每一个活生生的人之中。总之,多重精神向度凝聚为一、并以真切的形态内在于现实的个体,这是"感"的重要特点。

作为上述之"感"的具体形态,"生存感"包含多方面的涵义。首先是理性之维。在"生存感"中,总是包含着对生活(包括生活主体、生活意义、生活方式,等等)的多样理解,这种理解同时具有理性

---

① 从逻辑的层面看,对"活的怎么样"的问题,既可从他人(第三人称)的角度加以分析,也可从个体自身(第一人称)的角度加以反省。前者表现为一种外在的考察,涉及对个体生活境遇及其形成根源等方面的分析和评判,后者则关乎个体自身内在的体验和感受。就伦理生活的具体展开而言,后一方面与个体具有更内在的相关性,这里所说的生存感主要与后者相涉。

的内涵。在这一意义上,生存感以理性为题中之义。当然,这种理性的品格并非时时刻刻都以明觉的形式存在:在很多情况下,它常常隐而不显。在理性规定之外,生存感还包含个体内在的意向、欲求,这种意向、欲求凝结了人的生活理想,体现了个体对生活的不同追求,并使生存感区别于空泛的形式。进而言之,生存感中又关乎人的情感体验。情感是人最真切的感受和体验,在生存感中,包含着对生活意义个性化的感受和自我体验,这种感受和体验以人的真情实感为内容,既具有个体性,也呈现切近性。此外,生存感还渗入了人的价值信念,后者体现的是人对生活意义的一般看法。

要而言之,生存感中既有理性层面的知识、评价,又包含了经验层面的感受、体验:生存感的特点在于不是以抽象化、概念性的方式存在,而是切切实实、与每一个体自身的经验性感受和体验相关。同时,生存感既包含制约生活目标、人生意义的普遍价值取向,又渗入了个体自身独特的价值关切。以上方面并不是以分离的形式存在,而是内在交融,呈现浑然难分的形态。凝结于生存感中的以上内容,同时又表现为个体化的内在意识。从存在的形态来看,生存感往往以明觉性与默会性的交融为特点:一方面,它包含了自觉的内涵和品格;另一方面,其意识内容又并非总是以名言的方式呈现出来,而是每每取得隐默的形式。以上意义中的生存感,与"境界"具有相通性:作为人的内在精神世界,境界也表现了人综合性的精神发展形态,其中理性和感性、自觉和不自觉等方面,往往彼此交融。

作为综合的精神形态,生存感以意义的领悟为其核心。如前所述,从实质的方面看,生存感主要表现为个体对生存意义的综合感受。这种感受的核心,乃是对意义的理解、把握和体验。宽泛而言,意义包括认知—理解之维与目的—价值之维①,内在于生存感的意义,主要涉及目的—价值的层面。这一视域中的意义,本身也可以有不同的存在方式。当人通过自身的价值创造而化本然对象为合乎人的理想之存在时,意义便以为我之物为存在形态并体现于其上,意义的这一呈现方式具有某种外在的特点。在生存感中,意义的呈现更多地与个体的经验、反思、感受相联系,并相应地取得内在的形态。这里可以看到某种互动:意义的领悟使生存感获得了确定的内容,从而不同于偶然、分离的意念;生存感则赋予意义以内在的存在形态。

抽象而言,"感"既可以从共通的角度去理解,也可以从个体的层面去把握。然而,在生存感中,共通感和个体感乃是彼此交错在一起的。共通感可以视为一定社会群体之中普遍存在的相关意识,凡人总是包含作为人而具有的普遍意识,通常所说的"人同此心,心同此理",也涉及这一点:"人同此心",意味着凡人皆有,"心同此理"则进一步指出了这种普遍意识超越个体的性质。中国哲学常常对"理"与"事"加以区分,"事"是一件一件的,具有特殊性,"理"则具有普遍性,是不同的事和物中所内含的一般规定。谈到"理",总是侧重于其普遍性的方面,与之相应,"人同此心,心同此理"所侧重的,是人所具有的共通感。这种共通感构成了生存感的题中之义,前面所说的理性的认知、对普遍价值取向的接受等等,都涉及共通感。除了这一共通之感,生存感还包含个体的层面。具体来说,共通感——普遍具有的共通意识,并不是以抽象、孤立、外在的形式存在,而是内在于一个一个具体的个体之中,并与个体的意识相融合。正是在个体之中,共通感得到了具体的落实,获得了现实的形态。要而言之,普遍的向度

---

① 参见杨国荣:《成己与成物——意义世界的生成》第一章,北京:人民出版社,2010 年。

和个体的向度、共通感和个体感在生存感中彼此交融在一起。

从伦理生活的角度看,生存感本身究竟具有什么样的意义?这一问题所涉及的,是生存感在伦理生活中的现实作用。具体地考察生存感与伦理生活的关系,便不难注意到,生存感的意义首先在于将伦理生活带近于个体,或者说,把伦理生活引向个体,使之进入个体的存在过程。在这里,生存感呈现二重意义:一方面,它本身内在于伦理生活,并具体表现为个体在伦理生活展开过程中的自我体验和感受;另一方面,它又通过在观念层面接纳、趋近、召唤伦理生活而成为伦理生活所以可能的前提。

前面提到,认知更多地与广义上的知识形态相联系,在伦理之域,认知也呈现这一特点:对"什么是伦理生活的主体"、"何为人"、"谁活着"的认识,都包含知识之维。以"为什么活着"为追问的内容,评价涉及对生活意义的价值判断,其中关联着普遍的价值取向。与之相联系的规范,则更直接地呈现普遍的品格:规范总是不限于某一个体,而是对一定的社会群体具有普遍的制约作用。可以看到,认知、评价,以及与之相关的价值原则和普遍规范,等等,都具有超越于个体的特点。在与人相对(表现为广义的所知)的形态下,这些价值原则和伦理规范往往呈现外在的形态:认知、评价和普遍的规范确实都不可或缺,但对具体的个体来说,它似乎更多地呈现为对象性的观念、具有超越性而缺乏相关性。在以上情形中,个体固然可以形成理性的认知、作出价值的判断、理解普遍的规范,但这些方面与他的存在过程仍可彼此相分或隔绝,所谓知行脱节,在某种意义上即源于这种疏离性。然而,当以上原则、理想以及体现这种理想的规范与个体的生存感融合在一起的时候,伦理生活所涉及的普遍之维与个体自身存在之间的鸿沟便开始被跨越:这种融合在现实的层面将伦理生活带入于个体。质言之,生存感使个体对生活的看法(包括对生活主体的把握、对生活意义的领悟、对如何生活的理解,等等)与个体自身的存在具有了内在的相关性。用中国哲学的概念来表述,生存感的意义即在于赋予伦理生活以切己性、切身性。所谓"切己",也就是与个体存在的相关性和不可分离性,通常所说的"切身体会",便是基于个体自身所感所悟而形成的具体领悟,这种体会和领悟不同于抽象的道理、外在的要求,而是与一个个真实的个体紧密相关:从本源的层面看,切己、切身既具有个体的指向性,也意味着与个体自身无法相分。事实上,在伦理之域,生存感对个体之所以重要,主要便在于它使伦理生活对个体具有切己性或切身性,只有在这样形态之下,伦理生活才可能从与人疏离,走向与人相关,并进一步获得现实的品格,成为个体自身的真实生活。

二

如前所述,伦理生活本质上是实践的,因此,谈伦理生活,无法与道德实践相分离。就现实的形态而言,人的存在展开于多重向度,伦理生活所体现的,是人多向度存在中的一个方面。然而,从伦理生活本身看,其存在形态又非限于一端,而是具有总体性的品格。这种总体性的特征可以从两个角度加以理解。首先,伦理生活包含二重性:它既是人的多重存在向度的一个方面,又具有自身的多重面向,后者体现于生活的各个方面。从日常生活、社会交往到工作、劳动,等等,都涉及伦理生活。同时,伦理生活又贯穿于人存在过程的始终:尽管人存在过程中不同阶段的伦理生活在具体内容方面存在差异,但这种差异并不意味着伦理生活本身仅仅与人的生活过程中某一阶段或某一时期相联系。从以上方面看,伦理生活无疑呈现总体性的品格。比较而言,道德实践可以视为伦理生活在一定时空条件下的体现,并具体表现为多样的行为过程。作为特定背景和场合下展开的具体行为过程以及伦理生活的体现形式，道德实践同样涉及伦理生活所包含的不同环节，当然，其具体侧重和内涵又有所不同。

道德实践作为自觉的行为，与人的认知过程无法相分。道德认知首先涉及对道德实践主体的认识，即广义的"认识你自己"或"自知"。作为道德实践的主体，自我应该形成何种能力与品格？如何培养这种能力和品格？怎样克服可能悖离道德要求的偏向？这些问题在不同意义上涉及与道德主体相关的认知过程。

从现实的形态看，道德实践又以人伦关系的存在为前提：如果世界上只有一个孤立的行为主体而没有人与人的多方面关系（广义的人伦），那就不会有道德实践。由此，便发生了把握人伦或认识"人与人之间关系"的问题。儒家很早就提出"知人"的要求：孔子所理解的"知"，首先就是知人，所谓知人，便包括把握人伦或人与人之间的关系。道德的义务以现实的伦理关系为根据，道德行为的具体方式，也基于不同的人伦关系，在"父子有亲，君臣有义，夫妇有别，长幼有序，朋友有信"的行为规范中，"亲"、"义"、"别"、"序"、"信"等不同行为要求，便以父子、君臣、夫妇、长幼、朋友等不同的人伦为其根据。在此意义上，对人伦关系的把握（广义的"知人"），在逻辑上构成了道德行为展开的前提。

道德实践同时涉及对一般道德原则的理解，儒家突出仁道、礼义，这里的"仁道"、"礼义"都关乎普遍的价值原则和道德原则，对"仁道"、"礼义"的理解，则意味着把握普遍的价值原则和道德原则，并由此从普遍的层面引导人的行为。进而言之，道德行为的展开涉及对具体道德情境的考察和把握。道德实践总是在一定的时空条件和具体背景之中发生，亦即与特定的情境相涉，一般原则的特点则在于超乎特定的情境。如何将普遍的原则运用于多样的情境？这是道德实践展开过程中无法回避的问题。宋明理学家提出"理一分殊"，便关涉普遍的道德原则（"理一"）与多样的道德情境（"分殊"）之间的关系，通过具体的考察和分析沟通普遍的原则与具体的情境，构成了道德认知所指向的重要方面。

认知在广义上涉及"是什么"，与之有所不同，评价首先关联"应当做什么"。"应当做什么"包括目标的确认、行为的选择，等等。什么样的行为有正面的价值，从而值得选择并应当去做，什么样的行为包含负面的价值意义，从而不应当选择，这些问题关乎广义的道德评价和道德判断。认知视域中的问题更多地涉及道德领域中的知识性之维，评价层面的问题则主要与价值意义上的判断联系在一起。从现实的层面看，道德实践的展开既涉及价值或当然，也关乎事实或实然（包括行为发生的具体情境），道德之域中认知与评价的关联，即基于道德实践的以上现实形态。

引申而言，评价也与道德事实的确认相联系。宽泛地看，道德领域中的事实或道德事实包含两个方面：其一，客观层面的现象（如某人曾说谎），其二，相对于一定价值原则，这种现象所具有的意义（从"不说谎"的原则看，说谎为不正当的行为）。纯粹客观层面的现象只是类似自然之域的事实，并不构成道德事实；纯粹的道德原则或规范则主要呈现观念的意义，也不构成具有客观性的事实。只有在二者通过伦理判断而相互交融的条件下，才形成道德事实。以某人曾说谎而言，它本身只是一种实际发生的现象，唯有当运用"不说谎"这样的道德原则去评判以上现象，这种现象才呈现为道德领域的事实（不正当的道德行为）。事实本身不同于本然的存在，而是进入人的知行之域的对象，在道德事实中，事实与人的相关性具体表现为：其意义乃是通过运用道德原则所作的道德判断而呈现。道德判断是一种具有价值意义的评价，在这里，以道德判断形式表现出来的评价，便构成了确认道德事实的条件,道德事实本身在一定意义上表现为客观现象与道德判断的交融:如果说,与客观现象的关联,使道德事实不同于主观的赋予,那么,道德判断的渗入,则使道德事实区别于自然现象。道德判断与道德事实确认之间的以上联系,一方面进一步体现了认知与评价之间的相关性,另一方面又为"应当做什么"(或"不应当做什么")提供了内在的根据:某种行为(如说谎)的性质(不正当)通过道德判断而被确认后,便不仅被视为道德领域已发生的事实,而且也同时被归入"不应当"选择之列。

在道德实践中,"应当做什么"和"应当如何做"紧密相关。相对于"是什么"层面上的认知和判断,广义的"应当"更多地包含价值层面的内涵,并与道德理想、道德目的有着更切近的联系。具体地看,"应当如何做"关乎行为的方式、途径,而对应当如何的确认,则离不开规范的引用。与伦理生活的展开过程相近,道德规范既制约着"应当做什么"意义上的选择,又规定着"应当如何做",前者意味着根据所接受和认同的普遍规范选择不同的行为,后者则要求依照一定的规范来确定这种行为的具体方式和途径。

由是什么、应当做什么、应当如何做进一步追问,便面临道德认识和道德评价如何落实的问题。从中国哲学的视域看,这里涉及道德领域的知行之辩。与"是什么"相关的道德认识与"应当做什么"、"应当如何做"相关的道德判断,属广义之"知",道德认识和道德评价的落实,则关乎"行"。如何将何者为善、何者当行之"知"转换为实际的"行"(道德行为)?这一问题所引向的,是实践领域中的道德感(moral sense)。

道德感(moral sense)与前面所论"生存感"(existent sense)都关乎主体之"感",但二者又包含不同的内涵和面向。"生存感"主要表现为体现于伦理生活的综合精神形态,与伦理生活的总体性品格相应,生存感也具有总体性的特点。比较而言,"道德感"更多地与具体的道德实践和道德行为相联系,可以视为内在于具体实践过程的综合形态的道德意识。道德感的现实作用,也主要体现于道德行为的发生与展开过程。

作为道德实践中的综合意识,道德感不同于伦理学中非认知主义所理解的单纯主观感受,而是包含多重观念维度。宽泛而言,道德感既包含理性层面对普遍的道德原则和规范的认识与理解,也涉及情感层面对这些规范、原则的认同或拒斥;既有对相关情境的把握,也关乎相关情境下人的多样意向、体验。从更广的视域看,道德实践的展开过程往往包含人的意欲,这些意欲的产生常常不由自主,然而,它们能否化为具体的行为动机,则涉及理性的反思和评价。人不同于动物,动物总是自发地按其意欲去活动,人的意欲能否化为行为动机,则取决于这种意欲是否合乎社会普遍认可的价值原则以及个体自身的道德要求。形成动机之后,还需要对行为作进一步选择和决定。意欲、动机、选择、决定,分别构成了道德实践的不同环节,道德感即具体地渗入于这些多样的环节之中。反过来也可以说,道德实践的诸环节在不同的意义上都受到道德感的制约。引申而言,道德领域中具有直觉形态的意识(所谓"道德直觉"),也与上述意义上的道德感具有内在关联:对道德领域中善或恶、正当或不正当之直觉性的把握,往往基于个体内在的道德感。

实际的道德行为并不仅仅按抽象的道德律令而展开。在现实的行为过程中,人们不是首先想到道德律令要求怎样做,然后再按这一要求去做。道德律令与个体的评价、判断、选择、决定,往往相互交织,这些不同的环节彼此关联,其展开过程则处处体现着道德感的制约作用。与生存感一样,道德感也内在于个体的意识之中,而不同于外在、抽象、空洞的形态。事实上,评价、判断、选择、决定的具体内容,本身便无法与个体已有的道德感相分离。在道德意识的以上具体存在形态中,伦理意义上认知与非认知之间的对峙也得到了某种扬弃。单纯的认知立场,往往使个体仅仅成为理性的旁观者,由此将导致离行言知;绝对的非认知进路,则容易使个体完全为情意所支配,由此则趋向于离知言行。通过沟通认知之维与情意之维,道德感同时为道德行为的现实展开提供了根据。

前面曾论及,生存感(existent sense)的核心是意义感。与之有所不同,道德感(moral sense)的核心主要表现为义务感或责任感。责任或义务本身有不同的呈现方式:它们既可以表现为外在的道德命令,也可以取得个体自身内在要求的形式。在道德感中,义务不同于外在的律令,也非凌驾于个体之上,而是与个体的内在意愿、自我要求融合为一体,并内化为个体稳定的行动意向或行为定势(disposition)。以道德感为存在形式,义务所蕴含的道德要求与道德认识、内在意愿、情感认同等等相互交错、彼此融合,凝结于个体的道德意识之中,并与具体的个体同在。

如前所述,生存感将伦理生活带近于个体,使之具有切己性、切身性。与之相联系,道德感的意义在于使道德意识"实有诸己",成为个体真实拥有的观念形态。具体而言,道德感扬弃了道德观念的抽象性,使之不再隔绝或游离于个体,而是化为个体真实的存在。在道德感之中,伦理的原则和道德的观念既不仅仅表现为外在的律令,也不是与个体意愿相对的异己存在或内在的"他者";既非隔绝于自我,也非"虚"而不"实",而是融入于个体的意识系统,成为真实的自我意识。日常语言中有"真情实感"之说,以"实"规定"感",也从一个方面突出了"感"的真切性。

"感"的以上意义,并非仅限于道德领域。以语言、特别是外语的学习而言,当个体还停留在掌握语法、积累单词的阶段时,即使他对语法的理解已相当深入,积累的词汇也十分可观,但对相关外语的掌握仍可能比较生涩。之所以如此,原因就在于此时语法知识和单词的累积并没有真正融入到他的语言意识,而是以某种抽象或分离的形式存在。只有形成了语感,语法知识和所记词汇才能扬弃其外在性、分离性和抽象性,化为语言意识的内在构成,从而使相关个体对外语运用自如。广而言之,音乐中的乐感,球类运动中的球感,手工技艺中的手感,等等,其中的"感",也彼此相近;道德实践中的道德感,与以上诸种"感"具有某种相通性。质言之,仅仅了解道德规则、熟记道德命令,并不表明真正具有了道德意识。只有形成了道德感,普遍的道德原则和要求才能化为个体自身的内在意识,也唯有如此,个体才会成为真正意义上的道德主体,其行为也才可能达到不思不勉、从容中道。

道德感作为道德意识的具体形态,具有普遍的内容,后者包括对道德原则和规范的认识、对道德主体普遍规定的把握、对人与人关系的理解,等等。同时,作为真实自我的内在构成,道德感又渗入了个体的感受、体验、意愿,二者的相互结合,表现为道德领域中共通感与个体感的交融。

康德曾将人心的机能区分为认识机能、意欲机能,以及愉快不愉快的机能。① 在引申的意义上,可以将以上机能分别概括为"我思"、"我欲"和"我悦",而在道德感中,"我思"、"我欲"和"我悦"三者则内在地融合为一体。从道德实践与道德原则的关系来说,普遍的道德原则首先与理性层面的理解相关,从而涉及"我思"。未经理性的理解,个体的行为便容易缺乏自觉性。就其性质而言,道德行为并非为外在的强制所驱使,而是出于个体真实的意愿,后者关乎"我欲"。

---

① Kant, *Critique of Judgment*, Hafner Publishing Co. New York, 1951, p13.

进一步看,完美的道德行为同时应基于情感的认同,并使个体产生某种愉悦感。儒学强调"好善当如好好色",所谓"好好色",便是因美丽的外观而引发的愉悦之情,这种愉悦感是自然形成,非源于强求。当道德的追求(好善)达到类似"好好色"的境界时,道德实践便具有了"我悦"的特点,与之相对,对道德原则的悖离,则会使人内疚、不安,亦即缺乏"我悦"之维。如果说,以上过程中的"我思"较多地与道德感中的普遍之维(共通感)相联系,那么,"我欲"和"我悦"则更多地体现了道德感与个体特定感受、体验(个体感)的关联,在这里,共通感和个体感内在地交织在一起。作为道德感的具体存在形态,这种交织从主体的层面构成了道德行为的内在机制,并为道德行为的展开提供了现实的推动力。以道德感为动力因,道德行为同时将克服外在的强制与内在的勉强,取得自觉、自愿、自然的形式。

作为人的存在方式,伦理生活与道德实践包含不同的方面,如果说,认知之维赋予其自觉的品格、评价之维使之获得价值的内涵、普遍规范制约其有序展开,那么,以意义确认为核心的生存感则使伦理生活对个体具有相关性和切己性、以义务认同为核心的道德感进而使伦理观念成为个体实有诸己的真实存在,二者分别为伦理生活与道德实践的现实展开提供了内在的担保。综合地看,以上方面相互作用,同时构成了伦理生活与道德实践所以可能的前提和条件。

老子价值取向的多重维度

一

　　如何理解个体存在？这是价值领域无法回避的问题。当然，对个体的考察，可以有不同的视域，老子注重自然原则，对个体的理解也以此为出发点。在谈到"身"之时，老子指出："天长地久。天地所以能长且久者，以其不自生，故能长生。是以圣人后其身而身先，外其身而身存。非以其无私邪？故能成其私。"[1]自然作为价值领域的基本原则，并非抽象、空洞，其内涵展开于多重方面。这里的"天地"泛指自然界或一般意义上的世界，"天长地久"，表明世界是永恒的。天地

---

　　① 《老子·第七章》。

为何能长久？或者说,世界何以具有永恒的品格？老子用"以其不自生"加以解释。这里的"自",着重的是有意而为之或追求某种自身的目的。依此,则天地之所以长久,主要在于它非有意生成,也非刻意预设永恒存在的目的,一切自然而然。在老子看来,"天地"的长久性也属这种自然的形态。以上主要从自然的角度,扬弃自然(天地)的目的性。

以此为前提,老子进一步考察了个体的存在,所谓"圣人后其身而身先,外其身而身存",涉及的便是在社会领域的具体交往过程中,个体如何维持自身存在的问题。"后其身"即先退一步,"身先"则是居于领先之位;"外其身"是将个体自身置之度外,"身存"则是安然存在。从个体生存的角度看,这种关系表明,个体不刻意的谋求自身的生存,倒反而能使其更好地存在。就以上论辩而言,老子似乎又将前面扬弃的目的性,重新引入进来。这里需要注意的是,对天地的规定不同于对人的理解:尽管在价值性质上,老子趋向于等观天人,但在存在方式上,却仍肯定了两者的差异。天地作为自然的对象,是无目的、无意志的;但人却无法完全摆脱目的性的追求,事实上,对于人及其活动,老子注重的是其合目的性与合法则性的统一,后者也使之有别于庄子。在以上分际中,同时包含着超验的目的与人的目的之区分:天地不自生,表现为对超验目的的拒斥,而个体存在("身存")则关乎人的现实目的。按老子的理解,在人的存在过程中,如果仅仅以主观的目的为出发点,完全无视自然的法则,亦即以合目的性压倒合法则性,则这种目的性的追求便需要否定。但另一方面,个体如何生存又是老子一直关注的问题。个体的生存难以离开目的性,事实上,以什么样的方式使个体生存于世,构成了人所关切的内在问题。个体之所以需要坚持自然原则,避免以目的性消解自然的法则,其根本原因就在于:唯有尊重自然法则,才能使自身更好地生存。如果说,

"后其身"和"外其身"表现为顺乎自然的过程,那么,"身先"和"身存"则构成了个体追求的内在目的,在这一意义上,自然的原则(合法则性)并非疏离于目的性。

以上引文最后提到,"非以其无私邪? 故能成其私"。一方面,这里涉及某种处世方式并表现出向权术、谋术等方面衍化的趋向:"以其无私"而"成其私",与"将欲夺之,必固与之"①等表述,显然前后呼应,这种"在"世方式在现实生活中往往容易取得权谋的形式;另一方面,与"圣人后其身而身先,外其身而身存"一致,其中又包含对个体存在,包括以"身"为表征的生命存在的注重。在老子那里,两者相互纠缠,从一个方面展现了其思想的复杂性。

在如何对待宠辱等不同境遇的问题上,对个体存在的关注得到了另一重展现:"宠辱若惊,贵大患若身。何谓宠辱若惊? 宠为下,得之若惊,失之若惊,是谓宠辱若惊。何谓贵大患若身? 吾所以有大患者,为吾有身,及吾无身,吾有何患! 故贵以身为天下,若可寄天下;爱以身为天下,若可托天下。"②这里再次肯定应当注重"身",并将"身"提到重要的位置。"宠"和"辱"是人在世俗中的两种境遇。"宠"意味着得志,"辱"则表现为失意。然而,在老子看来,不管是"宠"(得志),还是"辱"(失意),都不是人理想的在世方式。在当时的背景之下,"宠"或"辱",往往有天壤之别,但个体即使受宠,也无法改变被支配的命运:"宠"的结果无非是成为统治者的依附者,由此,个体往往远离本然形态,难以真正实现自身的价值。一旦受"辱",则更意味着失去自身的内在尊严。所谓"宠辱若惊"、"得之若惊,失之若惊",便体现了以上状况。

---

① 《老子·第三十六章》。
② 《老子·第十三章》。

从表层看,老子对"身"的关注,前后似乎存在某种张力。"吾所以有大患者,为吾有身,及吾无身,吾有何患",蕴含着轻"身"或去"身"的观念。人世种种灾祸的出现都与"身"相关,如果没有"身",人在世间所遭遇的一切都不复存在。同样,荣宠也与"身"相关。王弼在解释"何谓贵大患若身"时,曾指出:"人迷之于荣宠,返之于身,故曰'大患若身'也。"①在此,"身"构成了"荣宠"的承担者。作为一切问题发生的根源,"身"若不存,则与"身"相伴随的一切问题也就消解了。从逻辑上看,这种观念将导向"轻身"或以超脱的眼光来看待"身"。然而,后面"故贵以身为天下,若可寄天下;爱以身为天下,若可托天下",却表现出"贵身"、"爱身"的意向,这与前面对"身"的看法,似乎不相一致。不过,如果作进一步的考察,便可注意到,老子在此所讨论的,实质上是两重意义上的"身":其一是世俗视域中的"身",这种"身",也可以看作是"名利之身",世间的"大患",包括灾祸、"荣宠",都以这种"名利之身"为承担者。以这种"身"去追求名利、追求"荣宠",往往会招来"大患",所谓"无身",主要便趋向于消解这一意义上的"身"。其二是与自然或"道"为一的"身",这一意义上的"身"不再是名利的载体,而是与整个自然合而为一,"贵以身为天下","爱以身为天下"之"身",主要便指以上之"身"。消解名利之身,回复到与"道"为一之"身",这就是"贵身"的真正意义。唯有达到"身"与自然、"身"与天下为一的境界,才能实现"身"的意义。这一看法在实质的层面上,展现了对个体存在的肯定,它所体现的,是老子内在的价值取向。

在"身"与"名"、"身"与"货"的比较中,以上取向得到了更明确

① 王弼:《老子道德经注·第十三章》,《王弼集校释》,北京:中华书局,1980年,第29页。

的体现:"名与身,孰亲? 身与货,孰多? 得与亡,孰病? 是故甚爱必大费,多藏必厚亡。知足不辱,知止不殆,可以长久。"①与前述之"身"相近,这里的"身"也可以理解为具体的个体或人的生命存在。对个体而言,其生命存在(身)与外在名利之间,哪一个更重要? "名与身孰亲? 身与货孰多?"的追问将这一问题直接地提了出来,后面"得与亡孰病",则在更普遍的层面追问名利得失的问题。尽管此处主要是提出问题而没有给出答案,但其内在结论已经隐含于其中:按老子的理解,相对于外在的"名"和"利",个体的生命具有更重要的意义。后面"甚爱必大费,多藏必厚亡",便是从这一角度立说:过度关注于名利,反而会付出沉重的代价。这一推论的前提是对立的两个方面可以相互转化,所谓"反者,道之动"。从"身"与名利的关系看,离开"身"而追求名利,将导致消极的后果。

"身"与感性、具体的个体联系在一起,与肯定身相应,老子也关注"长生"、养生等问题,通过"知足"、"知止"、淡泊名利以获得"长久",便表明了这一点。从其整个哲学构架看,"道"尽管内在于万物,但它本身主要表现为超感性的存在,无法以感性的方式加以把握。然而,在老子看来,超越感性的"道"与有生命的"身"之间,并不相互对峙,二者具有相关性,可以并重。一方面,生命的维护、身的持久存在,离不开循乎普遍之道;另一方面,在追求超验之道的同时,也不能遗忘作为感性生命承担者的"身"。在某种意义上,身构成了形而上之"道"与形而下的存在沟通的具体载体之一。与以上进路相应,在"身"的理解方面,老子与儒家存在内在差异。儒家主要把"身"视为德性的承担者:儒家所说的"修身",其实质的含义是涵养德性。相对于此,老子更多地将"身"理解为个体天性的载体。

---

① 《老子·第四十四章》。

二

对个体存在价值的肯定,以个体与社会或个体与群体的关系为背景。由此引向天人之辩,便涉及在更广意义上对人的理解。以后者为指向,老子指出:"天地不仁,以万物为刍狗;圣人不仁,以百姓为刍狗。"①在老子那里,天人之辩首先关乎以"天"(自然)观之。从自然的观点来看,整个宇宙中一切对象都是平等的,其间没有差异。天与人之间,也同样如此:人首先是生物学意义上的存在,作为生物学意义上的对象,人与其他事物并无不同。"刍狗"即以草扎成的狗,用以祭祀。所谓"天地不仁,以万物为刍狗",肯定的便是万物之间的无差别性。与"万物"相对的是"百姓",在这里,"百姓"主要泛指不同于"物"的"人",由"天地不仁,以万物为刍狗"引出"圣人不仁,以百姓为刍狗",意味着将自然原则运用于社会,强调天人之间、人与人之间不存在根本不同。

这里的"不仁",首先表现为对"仁"的否定。如所周知,"仁"是孔子思想的核心,在孔子那里,"仁"既意味着肯定人之为人价值,也引向以人观之,即从人的角度看问题。与之相对,老子所突出的,是以天观之或以自然观之,后者较之孔子的"以人观之"表现为考察世界的不同方式,由此形成的价值判断,也展现了重要的差异。从"仁"或以人观之的角度看,人是整个世界中最有价值的存在:天地之中,人最为贵。这也是儒家反复强调的观点。然而,从以天观之或自然的观点来看,儒家的这种价值原则便失去了前提。所谓"不仁",便趋向于消解儒家以人观之的价值观念,并由此凸显自然的原则。以上

① 《老子·第五章》。

引文着重从价值论的角度,将"道"引向社会领域,并把自然的原则提到突出地位。

从天地自然的角度看,万物都是平等的,不同的事物之间没有优劣之分,也没有价值的高低之别。这一原则运用到社会领域中,则同样应肯定,人与人之间不存在价值上的高下、贵贱等等区分,所谓"圣人不仁,以百姓为刍狗",便表明了这一点。在本体论上,万物都是齐一的,后来庄子将其进一步引申为万物一齐、道通为一,认为世界最原始的存在状态是"未始有封",即它一开始并没有界限:"封"在这里有界限之意。在庄子看来,从"道"的角度看,不应该对事物作种种区分,这一意义上的超越分界更多地带有本体论意味。就价值观的角度而言,此处似乎还包含超越以人为中心的趋向。儒家的仁道的观念倾向于以人观之,其基本要求是以人的存在价值为中心来考察万物,儒家一再强调天地万物人为贵,便表明了此点。老子"天地不仁"的观念则在一定意义上表现了试图消解把人视为万物中心的观念,这也构成了后来道家前后相承的思路。

从理论上看,这里涉及对所谓"人类中心"的理解。"人类中心"是现在经常提到的话题,对它的讨论以批评居多。然而,如果从历史的观点看,恐怕对此也要作一些具体分析。在某种意义上,完全超越人类中心可能是很困难的,从人自身的存在出发看待事物、看待存在、看待世界,是人难以避免的存在境域。现代的生态伦理、环境哲学强调天人和谐,反对生态破坏,通常将此视为对人类中心的超越,但事实上,重建天人统一、恢复完美生态,等等,从终极的意义看,乃是为了给人提供一个更好的存在处境:天人失调、环境破坏之所以成了问题,是因为它危及了人本身的存在,就这一意义而言,完全超越人类中心,本身似乎缺乏合理的根据。此处可以将狭义的人类中心论与广义的人类中心论作一区分。宽泛地看,人类当然无法完全避免"以人观之",所谓生态危机、环境问题等在实质上都具有价值的意味：如上所述，生态、环境的好否，首先相对于人的存在而言，无论维护抑或重建天人之间的和谐关系，其价值意义都与人自身的生存相关。从这方面看，广义的人类中心确乎难以完全超越。然而，在狭义的形态下，人类中心论所关注的往往仅仅是当下或局部之利，而无视人类的整体（包括全球及未来世代的所有人类）生存境域，由此所导致的，常常是对人的危害和否定，这一意义的人类中心论，最终总是在逻辑上走向自己的反面，它也可视为狭隘的人类中心论。笼而统之地否定人类中心，往往会导致一种虚幻、诗意、浪漫的意向，这一点在时下的后现代主义观念及对所谓现代性或近代哲学的批判中经常可以看到：在后现代主义那里，诗意的想象常常压倒了对人类现实的社会历史过程的关注。老子哲学以自然为理想的形态，这一视域往往与批评文明的衍化相联系，其中每每流露出对文明历史进步的疑虑，后者既具有提醒人们避免天人冲突的意义，也隐含着某种消极的历史意向。

在本体论上，老子强调以"道"观之，物无差别。从价值观看，老子则肯定以"天"观之，天人如一。相对于通过确认"身"以突出个体的存在价值，这里更多地从类的角度，强调人的存在与自然（天）的相通性。尽管侧重不同，但都基于自然的原则：如前所述，个体之身的价值意义在于与自然为一，天人之辩中人的存在品格，同样以自然为根据，在本于自然原则这一点上，二者彼此一致。

从价值观的层面看，天人之辩同时关乎"天之道"与"人之道"的区分。尽管老子从自然的角度趋向于等观人与天，但以"道"为视域，他仍对"天之道"与"人之道"的不同涵义作了考察："天之道，其犹张弓与！高者抑之，下者举之；有余者损之，不足者补之。天之道，损有余而补不足。人之道则不然，损不足以奉有余。孰能有余以奉天下？

唯有道者。是以圣人为而不恃,功成而不处,其不欲见贤。"①这里首先在肯定"天之道"的前提下,提出了如何达到均衡的问题。"天道"所体现的是某种均衡状态:不足的加以增补,多余的加以消除,所谓"有余者损之,不足者补之"。然而,这种均衡是通过合乎自然的调节而达到的,其过程犹如射箭,"高者抑之,下者举之",由此达到适当的平衡。"人之道"则相反,剥夺贫者,补偿富者,亦即"损不足以奉有余",由此加剧贫富不均。对"人之道"的以上批评,表现为宽泛意义上的社会批判。在当时的历史条件下,贫富不均属广义的社会不均衡,对老子而言,自然均衡既是本然的形态,也是理想的状况,与肯定万物平等、天地间所有事物无价值上的高下之别一致,在社会领域,老子要求从不均衡回归自然均衡。

如何让社会在拥有的资源、财富方面上达到平衡,是社会运行和治理过程中无法回避的问题。现代社会通过社会资源的再分配,以避免人们在资源占有方面过于两极化,也体现了这一现实要求。老子以"损有余而补不足"为达到社会均衡的"天之道",无疑也提供了解决以上问题的思路。当然,对达到均衡的方式以及如何看待相关目标的实现等方面,老子又有自身的看法:"是以圣人为而不恃,功成而不处,其不欲见贤。"初看,这句话与前面所述似乎没有直接关系,但事实上并非如此。这里所说的"圣人",可以视为上述"有道者",亦即真正把握了"道"或对"道"有所体悟的人。在老子看来,只有这种"有道者",才可能通过自身调节,回归自然的均衡。这一意义上的"得道者"的特点,在于一方面坚持达到自然的均衡,另一方面又不因此而据以为功,而是将其理解为自然而然的过程。老子曾反复提到"为而不恃",其要义在于强调人的所为,是一个"为无为"的自然过

① 《老子·第七十七章》。

程,这里所表达的,是相近的含义。从存在形态来看,社会均衡既是理想的目标,也是自然原则的题中应有之义;就人之所为而言,达到或回归社会的均衡也是一种自然的过程,两者从不同的方面体现了"天之道"。

对"天之道"与"人之道"的区分,无疑有其值得注意之点。作为存在的普遍原则,"天之道"同时表现为自然原则;"人之道"则指与有意而为之的行为相关。在不同的语境中,"道"的含义可以有所不同。在宽泛的层面上,"天道"和"人道"分别表示普遍的宇宙法则和社会领域中的原则;就社会领域而言,"人道"本身则可以被赋予不同的意义:它既可以与"天道"相对而表示社会之域的存在法则,也可以指"有意而为之"的特定行为原则,所谓"损不足以奉有余",即是后一意义上的"人之道"。对老子来说,在行为过程中,人应当选择的,首先是合乎自然意义上的"天之道"。

三

由等观天人,老子进而对偏离自然的价值观念和价值规范提出了种种批评。在谈到道与仁义等关系时,老子指出:"大道废,有仁义;慧智出,有大伪;六亲不和,有孝慈;国家昏乱,有忠臣。"[1]这里所说的"仁义"可以从广义和狭义两个方面去理解:从广义上看,"仁义"表现为约束社会成员的普遍规范或一般准则;在狭义上,"仁义"则与儒家所提倡的价值规范相联系。老子对仁义的理解,同时包含以上两重含义。就前一方面而言,问题涉及"道"与一般社会规范之间的关系:社会规范是如何出现的?"道"本来处于未分化的状态,以

---

① 《老子·第十八章》。

混而为一的方式存在,在这种形态之下,既不存在对象之间的区分,也不存在社会领域中不同的行为以及约束多样行为的规范。从这一角度看,作为一般规范的"仁义"并不是"道"的题中应有之义。"道"本身拒斥分化并以统一的形态存在,只有当这种统一形态被破坏之后,才由"道"分化出各种现象:从自然来说,经验世界中的山川草木等等对象由此形成;从社会来看,不同阶层和领域的区分以及引导处于相应阶层与领域的行为的不同规范也随之产生。规范以分化为前提,"道"则以统一为其特点,在这一意义上,两者显然不同。

后面提到的"慧智"和"大伪",其间关系也与上述情形有相类之处。"慧智"近于"知识"或世俗之知,与今天所理解的"智慧"正好相对,所谓"慧智出",也就是"世俗之知"的形成,这种"知"一般被用作猎取名利的手段,其形成往往导致"伪善之举":为了达到某种名利的目的而刻意地做出合乎规范的行为即与之相关。与上述现象相联系的是"孝慈"和"忠臣"。在原初纯朴的形态下,并不存在这一类现象和人物,也不需要对其加以提倡和表彰。只有当社会成员之间发生了问题,人与人之间的关系出现了紧张,包括家庭成员间出现"六亲不和"这一类现象,"孝慈"才成为需要加以倡导的品格:如果人与人的社会关系本身和谐和完美,"孝慈"等要求也就失去了其存在的必要。同样,在广义的政治领域中,只有当出现了政治秩序失衡、"国家昏乱"等情况之后,才彰显出"忠臣"的价值,如果政治秩序处于和谐状态,则"忠臣"作为榜样的感召力也就失去了意义。①

---

① "大道废,有仁义",帛书乙本作"故大道废,安有仁义",郭店竹简《老子》残简也作"故大道废,安有仁义"。这里的"安"可作"因而"解,也可释为"怎么会",前者意味着"大道"与"仁义"之间的不一致("大道废"导致"仁义"出),后者则肯定了"大道"与"仁义"之间的一致性(无"大道",则也无"仁义"),二者侧重虽然有所不同,但在以"大道"为主导这一点上,又具有相通性。

这里同时可以注意到儒道之间的差异。从一个方面看,儒家并不完全否定自然的观念,在追溯"仁"、"孝"等概念时,早期儒学总是最后追溯到人的自然心理情感。如孔子讲到"孝"和"三年之丧"时,便认为,守三年之丧,是出于子女对父母的自然情感,这种情感构成了孝的原始根据。然而,在对既成社会规范的理解方面,儒家往往趋向于承认这种规范的价值。与儒家相对,老子则对社会规范本身持质疑的态度,这种质疑多少缘于社会规范容易导致作伪:一旦标榜或提倡某种原则和规范,就会出现刻意仿效、有意为之以博得外在赞誉的行为,此即老子所说的"大伪"。在老子看来,唯有保持"道"的原初形态、远离各种社会规范,才能从根源上消除"伪善",所谓"大道废,有仁义;慧智出,有大伪",等等,主要就此而言。

从历史的层面看,由未分到分化是文明发展的必然趋向,因此,问题不在于拒斥这样的分化,而是如何在分化之后重建统一。这种统一不同于回复到原始的未分化状态,而是在既分之后使统一的形态在新的层面得到重建,社会的规范则是重建这种统一的必要手段,对于这一点,老子显然缺乏充分的把握,比较而言,儒家在这方面更多地展现了历史的意识。

社会中出现的各种负面现象既然主要根源于悖离自然之道而形成不同文明的规范和文明的产物,则消除这种现象的前提,便在于拒斥如上的文明规范和产物。以此为视域,老子进一步提出了如下主张:"绝圣弃智,民利百倍;绝仁弃义,民复孝慈;绝巧弃利,盗贼无有。此三者,以为文不足,故令有所属,见素抱朴,少私寡欲。"① 从字面的意义上看,"绝圣弃知"中的"圣知","绝仁弃义"中的"仁义","绝巧弃利"中的"巧利",都与自然相对而表现为世俗的品格或世俗的价值

---

① 《老子·第十九章》。

规定。在老子看来,"圣知"是导致各种社会问题的缘由;"仁义"作为约束人行为的规范,其出现本身是因为社会发生了问题;"巧利"则是偷盗等社会现象产生的根源。唯有抛弃这些价值规定,回到自然的存在形态,才能避免各种负面的消极后果。为什么"绝圣弃智",就能引向"民利百倍","绝仁弃义"就可达到"民复孝慈"? 其根本的原因在于,通过"绝圣弃智"、"绝仁弃义",各种文明的价值规定和规范便可被消解,人则将由此回复本然的天性,社会也可复归没有等级分化、没有利害冲突的存在形态,以此为前提,人的存在价值可以得到充分实现("民利百倍"),合乎本然之性的淳朴风尚也将回归("民复孝慈")。同样,财富的存在是人的欲望萌发的根源,如果不存在这些财富或者不把它们看作财富,就不会有千方百计地试图占有、获取的冲动,也不会发生以非正当(如偷盗)的方式去攫取的现象。在第三章中,老子已提及,偷盗等现象的出现,是因为有"难得之货","不贵难得之货",便可以"使民不为盗",所谓"绝巧弃利,盗贼无有",主要从人的价值取向这一角度,表达了类似的观念。

以上更多地从否定的视域,对"圣知"、"仁义"、"巧利"等文明规定作了抨击。后面则侧重于肯定之维。"见素抱朴,少私寡欲"意味着扬弃外在的文饰,回复本然之性。"素"本来是指没有染过的丝,在此隐喻本然的规定;"朴"是未经雕琢之木,也喻指事物的本然形态。可以看到,老子注意到了知识、规范、财富可能引发的消极意义。确实,在文明化的社会中,普遍的规范可能导致各种伪善之举,财富会激发人的各种欲望,"圣知"、"仁义"、"巧利"则可能成为名利的工具,这些现象都表现为负面的存在形态。然而,历史地看,知识、规范、财富对人的存在本身并不仅仅具有消极的意义,走向合乎人性的社会形态,事实上也无法完全抛却以上方面。老子对以上规定完全持否定的态度,无疑仅仅见其一而未见其二,其思维进路也相应地呈现抽象的性质。

顺便提及,"绝圣弃智,民利百倍;绝仁弃义,民复孝慈;绝巧弃利,盗贼无有"在郭店竹简的《老子》残篇中表述为:"绝智弃辩,民利百倍;绝巧弃利,盗贼亡有;绝伪弃虑,民复孝慈",后者与通行本的主要差异在于没有提及"仁义"。然而,从哲学的层面看,二种表述在实质上并没有根本的区别。前面已提及,"仁义"可以作广义或狭义的理解,从狭义上说,它们与儒家提倡的特定价值原则相一致,从广义上看,则可以泛指一般的社会规范系统;与之相应,对仁义的批评,既针对儒家的伦理原则,也涉及一般的规范系统。对老子而言,世俗之智及社会规范系统(包括儒家的伦理原则)之所以应当疏离,主要在于它容易偏离本然之性而导致伪善之举。前面提到,一旦本然之道被抛弃、世俗之智得到发展,便常常容易引发各种外在之"伪",所谓"大道废,有仁义;慧智出,有大伪"。郭店竹简的《老子》残简所说的"绝智弃辩"、"绝巧弃利"、"绝伪弃虑",事实上也体现了类似的思路,尽管以上表述没有提及"仁义"等规范,但其实质的指向,同样涉及这类规范:"智"和"辩"、"巧"和"利"、"伪"和"虑"与"仁"和"义"在价值的层面处于同一序列,运用"智"和"辩"、"巧"和"利"、"伪"和"虑"往往将导致虽合乎仁义等外在规范却悖离自然之性的伪善之举;"绝智""绝巧""弃虑",等等,便旨在消除以上行为的观念根源。

从社会的层面看,普遍的文明规范往往以"礼"为其外在的形式,由此,老子对"礼"提出了更为尖锐的批评:"夫礼者,忠信之薄而乱之首。前识者,道之华而愚之始。是以大丈夫处其厚,不居其薄;处其实,不居其华。故去彼取此。"[①]相对于仁义、圣智,"礼"作为规范更多地具有外在性甚至强制性,从而与老子所推崇的自然原则相距更

----

① 《老子·第三十八章》。

远,故老子称其为"忠信之薄而乱之首"。这里同时提到"前识"的问题。"前识"通常被置于认识论的视域之下,但联系前后文可知,这里的"前识"不仅限于认识论意义上的先天观念或诠释学上的"前见"。一方面,它意味着以先在的动机为整个行为的出发点:动机相对于后面的行为过程而言,乃是先在的"前识";另一方面,普遍的规范较之个体意识而言,也带有先天的性质,事实上,不管是普遍意义上的逻辑规则,还是道德意义上的社会行为规范,都先于特定个体而存在,与之相联系,这里的"前识"并非仅仅指"前人而识"①:所谓"前人而识",主要指先于他人(其他个体)而对特定事物有所了解,从更为内在的层面看,与前述"仁"、"义"、"礼"相关的"前识",具体指对这些先在规范("仁"、"义"、"礼")的了解,尔后按其要求有意而为之。在老子看来,以上二重意义的"前识"都与"自然"的原则相对,属于"道之华而愚之始"。老子以拒斥"前识"为"在"世的基本方式,体现的是"道法自然"的价值取向。

(原载《社会科学》2021 年第 2 期)

---

① 王弼:《老子道德经注·第三十八章》,《王弼集校释》,北京:中华书局,1980 年,第 94 页。

人世间之"在"

——从《人间世》看庄子的思考

作为人存在于其中的社会之域，人世间有治乱等分别。同样，人与人之间的共在也涉及不同的存在之境，其间包含多方面的关系。人内在于人世间的过程，总是需要合理地应对与之相关的问题。在《人间世》中，庄子从不同的角度，对此作了考察，其中既关乎人在世的方式，也涉及在世的价值意义。

一

人存在于世，总是需要与他人打交道，庄子首先从社会所注重的"德"与"名"、"知"的角度，对此作了考察："且若亦知夫德之所荡而知之所为出乎哉？德荡乎名，知出乎争。名也者，相轧也；知也者，争之器也。二者凶器,非所以尽行也。"①在庄子看来,"名"往往使德性华而不实,"知"则会导致人与人之间的纷争,两者都是对"德"的破坏。与之相应,在交往过程中,注重"名"和"知"往往导致人与人之间的相互分离。按其现实形态,名言和知识在交往过程中的作用往往呈现两重性,一方面,名言是人和人交往的必不可少的工具,它们构成了交往的中介,但另一方面,名言也可能成为沟通的障碍:对一些概念、主张、理论的误解或不同理解往往引发意见的分歧、观点的冲突,并进而导致人与人之间的对峙。就后者而言,庄子多少有见于人与人交往过程中名言、知识可能具有的消极作用。不过,庄子似乎将这一方面过于绝对化,由此认为名言与知识对人的交往仅仅呈现否定的意义。

就名言本身而言,其特点在于具有不确定性。庄子以风喻言,并由此对语言运用过程中的各种制约因素以及名言与交往过程的关系作了考察:"言者,风波也;行者,实丧也。夫风波易以动,实丧易以危。故忿设无由,巧言偏辞。兽死不择音,气息茀然,于是并生心厉。克核大至,则必有不肖之心应之,而不知其然也。苟为不知其然也,孰知其所终!故法言曰:'无迁令,无劝成,过度益也'。迁令劝成殆事,美成在久,恶成不及改,可不慎与!且夫乘物以游心,托不得已以养中,至矣。何作为报也!莫若为致命,此其难者!""风波"本指"水因风而起波"②,引申为扩散、远播,"行"在此指语言的传递。在语言的传递过程中,常常得失并存。无论是像风的扩散那样随风而飘荡,还是传递过程中的有得有失,都表现了语言的不确定性。后面具体地考察了可能影响语言表达和理解的两种情形,一是"忿",一是

---

① 《庄子·人间世》。以下凡引该篇,不再注明。

② 成玄英:《庄子疏·人间世》。

"巧"。"忿"属于内在的情感,在庄子看来,这种内在情感往往会影响语言的使用。在日常经验中,确实也可以看到情绪的波动会妨碍语言的正确使用。所谓"巧"则表现为外在的形式,语言总是有形式和内容之别,过分注重外在形式,也会影响到语言的内容的表述。不仅语言的运用受到内在情感与外在形式的影响,而且其他行为也会受到内与外的制约。以动物而言,将死之兽,会狂叫发怒,并生恶念,这种行为源于内在之情。同样,对人过度逼迫,便会引发其敌意,后者也是由外而起。

后面提到"迁令"、"劝成","迁令"主要是改变既成之令,"劝成"则是通过语言提出要求,二者都不合自然的原则。"乘物以游心,托不得已以养中"表现为超乎以上作用的方式,其特点在于不再试图用不合自然的形式来改变社会的现状。从语言的运用到行为的展开,人为的因素都呈现消极的意义:语言的不确定,与"忿"和"巧"这种人为作用相关;行为的不适当,则源于"迁令"、"劝成"等悖乎自然的方式。从如何履行伦理政治的义务这一角度来看,合于自然、顺乎必然(命)则构成了其主导原则。

"名"和"知"可能导致的人与人之间的分离,使如何建立人与人之间的合理关系成为需要正视的问题,庄子从不同方面对此作了探讨:"且德厚信矼,未达人气,名闻不争,未达人心。而强以仁义绳墨之言术暴人之前者,是以人恶有其美也,命之曰菑人。"在庄子看来,即使达到德性醇厚,诚信确然,也未必能与人同气相求。虽然"名闻不争",亦即与世无争,但由此而闻名,也不一定为他人所理解。所谓"达人气"、"达人心",涉及的是人与人之间的相互沟通问题。前面提到了"名"和"知"会导致人与人的分离,"达人气"、"达人心"则是从正面谈人与人之间的沟通,而即便德性醇厚、与世无争,也未必能够达到以上目标,这一事实无疑突出了人与人之间的沟通的困难性。

从哲学理论的层面来看，这里首先把人与人之间的相互沟通，即"达人气"、"达人心"，提到非常重要的位置，并肯定这种沟通不是一件不容易的事。同时，以上论说也指出了政治实践领域的危险性：试图人为地改变该领域的现状，可能会使人面临生命之虞，"强以仁义绳墨之言术暴人之前"便属劝告暴君以改变某种政治格局，其结果则是可能危及人自身的存在。从道德领域来说，庄子否定说教的方式，反对强行地把某种主张灌输给他人。就具体的语境而言，这里固然涉及君臣之间如何彼此沟通的问题，但从更广的视域看，"达人气"、"达人心"并不仅仅限于政治领域君臣之间的关系，它在更普遍的层面关乎相互交往和沟通如何可能的问题。

就正面而言，如何与他人（包括君主）交往？庄子通过虚构孔子与颜回的对话，对此作了论述："颜回曰：'端而虚，勉而一。则可乎？'曰：'恶，恶可！夫以阳为充孔扬，采色不定，常人之所不违，因案人之所感，以求容与其心，名之曰日渐之德不成，而况大德乎！将执而不化，外合而内不訾，其庸讵可乎！'""端而虚，勉而一"中的"虚"，主要是虚静，"一"则有专一之意。端庄虚静而专一，更多地与个体的自我道德修养联系在一起，其重点在于自我的态度。庄子笔下的颜回认为，可以通过以上方式与君主打交道。但在孔子看来，这种方式用在这样的人身上恐怕是不行的。这里既涉及自我的涵养，也关乎与他人的交往，颜回的出发点是通过自我的道德修养做到虚静而专一，以此作为前提来改变他人。孔子则认为这样并不会有成效，这种方式也许可以使自我在精神上达到比较完美的境地，却无法影响和改变他人，因为自我的涵养和改造他人并不是一回事。

庄子借孔子与颜回的对话所表达的以上看法显然不同于儒家的实际思想。如所周知，儒家肯定人的德性和人格具有道德感化的力量，可以对他人形成潜移默化的影响。庄子这里似乎更多地将道德修养视为自我的事，其功能主要体现于个体本身，难以影响他人，在与他人交往之时，自己即便做得再好，也不一定对他人产生积极而有效的作用。值得一提的是，这里所讨论的"虚"和"一"，同时为庄子所说的"心斋"埋下了伏笔。

后文庄子进一步借颜回之口，提出了"内直外曲"的问题，并由此考察了交往过程中的多样方式："然则我内直而外曲，成而上比。内直者，与天为徒。与天为徒者，知天子之与己，皆天之所子。而独以己言蕲乎而人善之，蕲乎而人不善之邪？若然者，人谓之童子，是之谓与天为徒。外曲者，与人之为徒也。擎跽曲拳，人臣之礼也，人皆为之，吾敢不为邪？为人之所为者，人亦无疵焉，是之谓与人为徒。成而上比者，与古为徒，其言虽教，谪之实也；古之有也，非吾有也。若然者，虽直而不病，是之谓与古为徒。若是则可乎？""内直"也就是遵循自然的原则，"外曲"则是合乎社会的规范。在庄子看来，一方面坚持自然的原则，另一方面又对现实加以适应，而非完全对抗社会和现实，如此才不失为明智之举。通常所谓"内方外圆"，也是类似的处世原则，其特点在于既坚持原则性，同时又灵活地适应现实，努力在两者之间形成某种平衡。

"内直外曲"是总的原则，在以上论述中，庄子又具体将其分为三个方面，即"与天为徒"、"与人为徒"、"与古为徒"。所谓"与天为徒"，直接的意思是以自然为同类、与自然合一。从庄子前后的观点来看，这里的核心在于坚持自然的原则。此处所说的"与古为徒"，一方面以古人之说为自己思想的依据，另一个方面则是借古而讽今。合起来，即自己提出的主张要基于古人之说，同时又借古人的观念来反讽现实。"与人为徒"意味着在交往的过程中，与社会中的其他人形成一定的联系，而这一过程又需要合乎一般的社会规范与准则。这一意义上的"与人为徒"可以联系前面所提到的"为善无近名，为恶无近刑",它表明：在处世过程中以自然为原则并不是完全与社会相对立,对社会的一般原则与规范仍须尊重。要而言之,"与天为徒"以遵循自然原则为指向,"与人为徒"表现为对社会规范和社会原则的依照,"与古为徒"则更多地体现了历史的延续性。

针对颜回提出的以上几种方式,包括"内直"、"外曲"等,庄子笔下的孔子作了回应："大多政法而不谍,虽固,亦无罪。虽然,止是耳矣,夫胡可以及化！犹师心者也。"此处之"大"即"太",其中涉及对多重性、多方面性的批评,前面提到处世的多重方式,不能一以贯之地坚持一种原则,而是以不同的态度和方式来应对,孔子认为这是过于多样化了,属不通达。尽管这些方式也许无大失,但其作用不过如此,难以真正变革对象,可以归入"师心自用"之列。在庄子那里,所谓"心",常常与个体的成见联系在一起,并与普遍之"道"或"道"的智慧相对。"师心"既意味着主要限于观念之域,也表现为仅仅从个人的主观成见出发而偏离"道"的智慧。和前面提到的"虚""一"相近,"与天为徒"、"与人为徒"、"与古为徒"也主要呈现为个人自我调节、安身立命的原则,欲以此去影响他人,在庄子看来是不会有明显作用的。可以注意到,庄子对通过交往过程以改造他人、影响他人,持怀疑的态度：个人固然可以通过自己的努力达到某种境界,但试图以此来影响他人,则未必见效。

二

以自我为交往的出发点,涉及对自我本身的理解和涵养。在关于"心斋"的论述中,庄子对此作了具体的考察："若一志,无听之以耳而听之以心,无听之以心而听之以气！听止于耳,心止于符。气也者,虚而待物者也。唯道集虚。虚者,心斋也。"这里首先肯定了"一志",其含义即志有定向或意志专一,它构成了"心斋"的前提。进一步说,则是超越所谓"听之以耳",走向"听之以心"。"听之以耳"是一种隐喻的说法,"耳"与感官联系在一起,属于感性的存在,"听之以耳"也就是用感官接触对象,以感性的方式来把握这个世界。"听之以心"则是对"听之以耳"这种感性式的超越,但在庄子看来,这种超越并不具有终极性。作为区别于感性的形式,"听之以心"的特点在于以理性的方式把握世界:"心"可以看作是广义的理性领域。在庄子看来,不管是"听之以耳"还是"听之以心",都需要加以超越,这一看法意味着感性的方式与理性的方式都不足以把握世界。根据前后语境,这里的"听止于耳"似当为"耳止于听",后者与下文"心止于符"结构一致,二者的共同特点在于都有自身的限度。

按庄子的理解,"听之以耳"与"听之以心"之后,需要继之以"听之以气"。庄子所说的"气"含义较广,与中国哲学对"气"的理解也具有相通性。"气"在此首先与"虚而待物"相关,从而不同于纯粹的外在物理现象,而呈现某种精神形态。这一意义上的"听之以气",近于通常所说的直觉方式:在扬弃了感性的方式和理性的方式之后,庄子最后诉诸"听之以气"的直觉方式。作为把握世界的方式,"听之以气"的内在特征在于"虚",达到"虚"则以"无听之以耳"和"无听之以心"为前提,后者以消解感性和理性的方式为实质的指向。

庄子对"气"的以上理解,与儒家似乎有所不同。孟子曾指出:"不得于心,勿求于气,可;不得于言,勿求于心,不可。夫志,气之帅也;气,体之充也。"[1]这里的"气"主要与"身"相关,所谓"气,体之充也",也隐喻了这一点。这一意义上的"气"既关乎感性的规定,也与意志力量相涉,其特点是不同于理性的规定;与之相对的"心"则与理

――――――――――

① 《孟子·公孙丑上》。

性之思相关,所谓"心之官则思"①,也表明了这一点。"不得于心,勿求于气",意味着在理性主导(心)尚未确立之前,不可放任作为非理性规定的"气"。较之庄子以"听之以气"超越"听之以心",孟子似乎更为强调理性的主导作用。

王夫之在《庄子解》中曾指出:"心斋之要无他,虚而已矣。"②作为"心斋"的内在特征,"虚"包含悬置日常的经验知识之意。个体在日常社会生活中,通过教育、学习等过程,可以形成感性与理性的多样经验知识。在庄子看来,这种已有的知识经验往往呈现消极作用,"虚"意味着把它们搁置起来或加以解构,只有在此前提下,才能达到以"心斋"形式表现出来的直觉状态。这一意义上的"虚"同时关乎"道",而"听之以气"则通过悬置已有的知识经验,以直觉的方式指向道的智慧。所谓"唯道集虚",便表明了这一点。

值得关注的是,与"听之以气"相关的"唯道集虚",以"集"为其内在观念。如所周知,孟子在谈到"浩然之气"时,也谈到"集",认为这种"浩然之气"乃是"集义所生"③。二者都谈"气",并把气与"集"联系起来,但就具体的内容而言,孟子强调"集义","义"包含理性的规范,与之相关的是"配义与道",这一意义上的"道"相应地关乎"义":按其实质,"配义与道"更多地展现理性的内涵。比较而言,庄子所重在"集虚",其内在要求是消解已有的经验知识,包括忘却和超越理性之知。可以看到,同样是注重"气",但儒道两家的具体理解却存在重要的差异,庄子要求悬置日常的经验知识(包括理性的知识),

① 《孟子·告子上》。
② 王夫之:《庄子解·人间世》。《船山全书》第 13 册,长沙:岳麓书社,1996年,第 132 页。
③ 《孟子·公孙丑上》。

以"听之以气"达到道的智慧;孟子则趋向于融合理性之知,用理性来约束和制约以"浩然之气"的形式展现的精神力量,其中涉及的主要是人格涵养与道德实践之域。如果说,前者关乎如何得道的广义认识问题,那么,后者则更多地体现了伦理的关切。

可以看到,"心斋"的要义是消解已有的知识经验,将感性的经验和理性的思维成果悬置起来,在此前提下达到对道的直觉。对庄子而言,上述意义中的直觉常常和"有我"与"无我"联系在一起,他借颜回之口表述了这一点:"回之未始得使,实自回也;得使之也,未始有回也。"根据前后文义,这里的"实自回也"似当为"实有回也",整句的含义是:在没有听到"心斋"之说的时候,还有自我;在了解有关"心斋"的思想之后,即恍然有悟,忘却了自我的存在。这可以看作是从另一个侧面对"心斋"的特点所作的论述:在"心斋"的状态之下,个体往往处于"无我"之境。事实上,《人间世》中的"心斋"与《大宗师》中的"坐忘"呈现彼此呼应的关系,"坐忘"以"离形去知,同于大通"为指向,自我则由此趋于消解,"心斋"则以另一种方式肯定了"无我"的状态。这里的"我"可以理解为经验层面的"我",与之相应,"无我"主要相对于这种经验意义上的"我",而并不是在绝对意义上完全泯灭"我"。从现实的形态看,"心斋"的主体依然离不开自我:这一意义上的自我是无法完全消解的。正如"至人无己"中的"无己"并非完全否定自我,而是回到与自然为一的真实的自我,与"心斋"相关的未始有我,也未尝疏离合乎自然的"我"。

消解经验的我,体现了精神之"虚",由此,可以达到所谓"一宅而寓于不得已"之境。这里的"不得已"包含必然之意,"一宅而寓于不得已"则是完全停留在必然性所规定的范围之内,亦即顺从必然之"命",而这一过程又与顺乎自然相一致:一切听其自然,不做勉强之事。对庄子而言,唯有达到"心斋"之境,才可能安于必然:经过"心斋"之后，开始达到对"道"的直觉，便不会像最初那样，从自己的先入观念出发，一意孤行，而是能够以顺从自然、安于必然的方式去处理政治上的事务。可以看到，"心斋"在此构成了某种中介，一开始的执着渐渐地通过"心斋"而转换为对"道"的领悟，并由此走向合于自然和顺乎必然。

在庄子那里，"心斋"既具有认识论的意义，又是一种自我涵养的方式，其整个关注中心是从自我做起，后者以"成乎己"为前提。如何"成乎己"？这一问题的实质也就是如何来完善自我，"心斋"则可以视为完善自我的具体方式和途径，其特点在于超越已接受的日常知识经验。对庄子而言，唯有悬置这些已经积累起来的知识，才可能达到精神的转换，这是庄子一再强调"集虚"、"虚"、"一"的主要缘由。从广义认识论的层面来看，儒家和道家确实存在明显的差异，庄子这里的看法与老子所说的"为道日损"前后呼应："为道日损"表明达到"道"的智慧并不像"为学"过程那样，持续地增益（所谓"为学日益"），而是逐渐地消解，"日损"即不断清除已经积累起来的东西，使精神达到空虚状态。从思想衍化的内在脉络看，由老子的"日损"到庄子的"心斋"，无疑具有前后延续性。相对而言，儒家更注重积累、博学，在《论语》中，可以一再看到对博学的关注，儒家的其他经典中也反复强调这一点，博学意味着广泛扩展知识经验，包括前人的和同时代人的思维成果，以此为进一步认识的出发点。质言之，道家通过"日损"以消解已有的知识，儒家则注重已有知识的积累。从认识的过程来看，以已有的知识作为出发点和超越已有的知识，本身展开为一个互动的过程，仅仅停留在已有知识之上，新的创见往往会受到限制；但另一方面，不管是智慧层面的"为道"，还是知识层面的"为学"，都无法从"无"开始。广义的认识过程既以已有的知识结构为背景，又不仅仅受制于这一背景。可以说，儒道各自注意到了其中的一个方面。

从以上前提出发,庄子区分了"有知知者"与"以无知知者":"闻以有知知者矣,未闻以无知知者也。""以有知知者"是一般的世俗见解,其特点是借助已有的知识进一步掌握新的知识,"以无知知者"却超出了常人的见解,而与前面所说的"心斋"前后呼应,其内在含义在于悬置所有以往的知识经验,以虚静的状态去理解和把握这个世界。这里同时涉及"知"的出发点问题:"知"可以从"有知"出发,也可以将"无知"作为出发点,以"心斋"之说为依据。庄子强调悬置已有的知识经验,消解先入之见,以此(无知)为知识的先导。与之相涉的是"徇耳目内通而外于心知",其含义接近于内视而反听:这里的"内通"不是指向外在对象或经验世界,而是指向自我本身。"耳目"不同于"心知","心知"是用逻辑思维、推论等的方式展开,"耳目"更多地是用感性的方式来把握这个世界,这种方式本来指向外部对象,但庄子在这里却将其作用理解为"内通",即返身向内,指向自身。同时,这里并不借助于逻辑的推论方式,而是"外于心知",相对于逻辑的演绎而言,这种方式更多地带有直觉想象的特点。前面已提及,对庄子而言,唯有通过直觉、想象的方式,才能达到他所理解的"道"。可以看到,从出发点来说,这一进路表现为"以无知知",即不以已有的知识为认识的起点;从具体的作用过程看,它所指向的是"外于心知"的内在之"观"。

三

心斋、内通等等,主要侧重于从自我出发以处世。人生活于这个世界,总是同时面临伦理、政治的关系,包括政治领域的君臣关系与具有伦理性质的父子之伦。对以上这一类社会人伦应该如何应对?

关于这一问题，庄子作了如下阐释："天下有大戒二：其一命也，其一义也。子之爱亲，命也，不可解于心；臣之事君，义也，无适而非君也，无所逃于天地之间。是之谓大戒。是以夫事其亲者，不择地而安之，孝之至也；夫事其君者，不择事而安之，忠之盛也；自事其心者，哀乐不易施乎前，知其不可奈何而安之若命，德之至也。为人臣子者，固有所不得已。行事之情而忘其身，何暇至于悦生而恶死！"与无法摆脱伦理、政治的关系相应，人也承担着不同的伦理和政治义务，"爱亲"和"事君"便属这类义务，庄子将其视为社会的必然法则（所谓"大戒"）。人生在世，总是要和人打交道，不可能完全游离于社会之外，其间的责任和义务，也难以摆脱。这种看法可以理解为前面所谓"与人为徒"的引申，它同时也成为后来理学的先声，程颢便认为："父子君臣，天下之定理，无所逃于天地之间。"①二者所强调的，都是道德义务的普遍性与必然性。不过，对庄子而言，"与人为徒"主要侧重于"外曲"，与之相对，还有"与天为徒"意义上的"内直"，后者所涉及的是自然原则。"与人为徒"之域的"事亲""事君"，以充分或完美地履行相应的伦理政治义务为指向，从"与天为徒"或"内直"这一层面来说，则应做到不动心、不动情，所谓"自事其心"，也就是注重于内在意识的自我调节，如此，则可"哀乐不易施乎前"。这里同时涉及实然与当然的关系。就实然而言，正如道分化之后形成多样的事物一样，社会领域也存在人无法摆脱的关系和义务，庄子借孔子之口肯定这一点，也从一个方面涉及儒家相关立场。不过，尽管庄子承认在现实存在中无法摆脱责任关系，但对他而言，从当然的角度看，在具体履行这些关系所规定的义务时则应以自然为原则，从而使履行规范和义

---

① 程颢、程颐：《二程集》第一册，王孝鱼点校，北京：中华书局，1981年，第77页。

务如同出乎自身的意愿。这样,一方面,人始终无法摆脱"与人为徒"的存在方式,也不能完全拒斥外在的社会义务和责任,另一方面,又不能执着或限定于此,而是需要引入自然的原则。这与儒家的观念显然有所不同:儒家固然肯定前一方面,却难以接受后一方面。

"与天为徒"和"与人为徒"的统一,同时涉及"安命"与顺自然的关系,在所谓"知其不可奈何而安之若命,德之至也"的表述中,便不难看到这一点。对庄子而言,履行外在的社会责任和义务的过程既表现为顺乎自然、"自事其心",也是一个"安命"的过程,顺自然和"安命"在庄子看来是相互统一的。两者的这种统一,涉及如何理解政治、伦理的关系和政治、伦理的义务问题。按庄子之见,政治、伦理的关系与这一领域中的义务表现为自然和必然的统一,"自事其心"体现的是顺自然,"知其不可奈何而安之若命"则可以视为顺乎必然,两者可以达到一致。后面提到的"行事之情而忘其身",同样以实然和自然为关注之点:"行事之情"意味着将伦理政治关系与义务视为既成的规定而自然应对,"何暇至于悦生而恶死"则进一步将生与死是一个自然过程的观点引入进来,以面对生死的自然态度面对人所处的社会义务。要而言之,人在这个世界中固然有各种的责任与义务需要去履行和完成,但不能把这一过程视为通过自身的努力去完成当然,而是应将其看成自然而然的过程,在这里,合于自然、顺乎必然超越了有意地行其当然。较之儒家主要从当然的层面理解父子君臣的伦理政治关系,庄子的以上看法显然展现了不同的进路。

社会交往关乎远、近等空间的距离,也涉及"溢美"、"溢恶"等不同的形式:"凡交近则必相靡以信,远则必忠之以言,言必或传之。夫传两喜两怒之言,天下之难者也。夫两喜必多溢美之言,两怒必多溢恶之言。凡溢之类妄,妄则其信之也莫,莫则传言者殃。故法言曰:'传其常情,无传其溢言,则几乎全'。"这里所述,既关涉宏观意义上不同国家之间相互交往,也在引申的意义上指向人与人的相处。在庄子看来,近距离的交往以信任为主,亦即通过具体行为过程中体现出来的信用来取信于对方。远距离的交往方式则更多地借助于语言的方式,语言在交往过程中会产生很多问题,这里主要提了两种,一种是"溢美",一种是"溢恶","溢"即过度,这里涉及两个层面的过度。从另一个角度来说,过度意味着不真实,不管是超出还是不足,都会导致失真。对庄子而言,这种不真实的交往形式容易引发彼此之间沟通的困难。这一看法背后蕴含如下观念:借助语言展开的交往过程应该遵循真实性的原则。尽管从直接的对象来说,这里首先涉及的是国与国之间的交往,特别是国君之间彼此理解和沟通的问题,但事实上其中也蕴含更普遍的意义:作为广义的交往方式,它已超出了国与国之间的关系而涉及个体之间交往的问题。相应地,语言表达的真实性原则,也同样适用于个体之间的日常交往过程。所谓"传其常情",也就是所表达或转达的,应当是通常的真实状况。

在日常共处中,人与人之间的交往取得了更为多样的形式。庄子从不同方面对此作了考察:"且以巧斗力者,始乎阳,常卒乎阴,泰至则多奇巧;以礼饮酒者,始乎治,常卒乎乱,泰至则多奇乐。凡事亦然:始乎谅,常卒乎鄙;其作始也简,其将毕也必巨。"以技巧相斗、较量,一开始会用明招,最后则常用阴招,走向极端,甚至超乎常规方式。饮酒时,最初也总是比较有序,到最后则往往失序。引申而言,日常生活中的诸事,都是如此。凡事一开始总是比较单纯,后来则变得越来越繁复,逐渐由淳朴而变得狡诈,等等,这也可以视为文明发展的一般趋向。事实上,"以礼饮酒"即是文明的行为方式,而饮酒过程一开始彬彬有礼,后来却无序而失范,这一事实也表明:文明的衍化总会导向负面的结果。庄子着重突出文明发展所带来的这种负面后果,并以此为批评礼乐文明的出发点。

世间共处的对象，常常包括天性暴戾者，在与之交往时，应该如何加以应对？庄子的看法是："戒之慎之，正女身也哉！形莫若就，心莫若和。虽然，之二者有患。就不欲入，和不欲出。形就而入，且为颠为灭，为崩为蹶。心和而出，且为声为名，为妖为孽。彼且为婴儿，亦与之为婴儿；彼且为无町畦，亦与之为无町畦；彼且为无崖，亦与之为无崖。达之，入于无疵。"具体而言，首先需要慎之又慎，同时，应自身挺立（所谓"正汝身"），由此确立榜样的力量，榜样的作用与外在的说教正好相对，重要的不是说教，而是通过自身的示范以影响他人。从行为方式来看，庄子在此提出"就"与"和"的问题，"就"即接近，"形莫若就"，也就是做出接近对方的姿态；"心莫若和"，则是内心避免对抗。但同时，在接近的过程中又不能过于亲近，过于亲近可能会缺乏距离感，与之合而为一，甚至反过来完全随他而去，从而处于被动地位；另一方面，心理上也不能过于疏远，所谓"和不欲出"。总起来，既不宜过于亲近，也不能太疏远，这里需要掌握适当的"度"：处事过程离不开对"度"的把握，在人与人的交往过程中同样也有个"度"的问题。以上过程既涉及如何与暴戾之人交往的方式，也关乎人与人之间一般相处的问题，其中的要义，是顺乎对方，而不是强人就我。"彼且为婴儿，亦与之为婴儿；彼且为无物与物，亦与之为无町畦；彼且为无崖，亦与之为无崖"，等等，都是根据对方的特点来确定相应的交往方式，这种交往原则可以理解为"与天为徒"的引申：通过将"与天为徒"的原则运用于"与人为徒"的交往过程，逐渐引导对方进入正道。

人存在于世，同时涉及"用"的问题。按庄子之见，广义之"用"可以区分为两类：对他物之"用"与对自身之"用"。对他物或他人无用，对自我则可能有大用。庄子以大树为例，对此作了阐释："匠石之齐，至于曲辕，见栎社树。其大蔽数千牛，絜之百围，其高临山十仞而后有枝,其可以为舟者旁十数。观者如市,匠伯不顾,遂行不辍。弟子厌观之,走及匠石,曰:'自吾执斧斤以随夫子,未尝见材如此其美也。先生不肯视,行不辍,何邪?'曰:'已矣,勿言之矣!散木也,以为舟则沈,以为棺椁则速腐,以为器则速毁,以为门户则液樠,以为柱则蠹。是不材之木也,无所可用,故能若是之寿。'"被作为社神(土地神)的大树,其大可供数千头牛遮阴,树干之围超过百尺,高数十丈的树干之上有树枝,可以用来造船的树枝有十余种,然而,大匠(匠石)却看也不看一眼。为什么?因为其材质不行:以此造船,则船沉;以此制器,则器毁。对大匠而言,这种树虽大,但却无用。然而,正由于它无用于制器,因而可以免于被砍伐,获得长寿。在此,大树无用于人,却有用于己。

"用"具有价值的意义,有用意味着有价值。从哲学的层面看,对他人或他物之用,属于外在或工具意义上的价值(用),对自己之用,则表现为内在的价值。就大树而言,能被制器,是外在或工具意义上的价值,自身生命长久,则是其内在价值。对无用于外物而有用于自身的肯定,同时表现为对事物内在价值的确认。庄子以树喻人,将无用于他人和社会,视为达到人的内在价值的前提,无疑有其消极的一面,但对内在价值的肯定,则无疑又从实质的方面体现了对人的关切。

前面主要借匠石对大树的评论,阐发相关看法。以此为背景,庄子继续以寓言的形式,借树喻人,对人生之用作了进一步考察:"匠石归,栎社见梦曰:"女将恶乎比予哉?若将比予于文木邪?夫柤梨橘柚,果蓏之属,实熟则剥,剥则辱;大枝折,小枝泄。此以其能苦其生者也,故不终其天年而中道夭,自掊击于世俗者也。物莫不若是。且予求无所可用久矣,几死,乃今得之,为予大用。使予也而有用,且得有此大也邪?且也若与予也皆物也,奈何哉其相物也?而几死之散人,又恶知散木!"按大树(栎社)之见,树若为果树,则一旦果实成熟,就会遭到各种形式的采摘,由此伤及枝干,最后甚至夭折,这是其"有用"带来的后果。一般事物也无不如此。为避免此类归宿,大树久求无用,历尽劫难,九死一生,终于达到了这一目的(对他人的"无用"),但后者恰好又成就了自己的"大用"("为予大用"):如果它呈现为有用之材,便不可能有今日之大。大匠(匠石)曾轻蔑地称大树(栎社)为"散木",栎社则以匠石为几死之"散人",并反唇相讥:"几死之散人,又恶知散木?"当然,从逻辑上说,既求无用,为何还要充当社神之树?匠石之徒即提出此疑问。根据匠石的理解,社树仅仅是外在的寄托,是其忍辱负重的体现,因为此树会因此而为不了解其意向者所诟病。而从实际效果看,通过充当社树,它也免遭了砍伐,就此而言,这也可以看作是"为予大用"的一个方面。

如庄子所言,栎社的自保方式,确实与众不同。这里涉及人的存在与外在名利、外在价值与内在价值的关系。名利对人而言是身外之物,它们不仅无助于维护人的生命存在,而且常常会对人的生存产生消极影响。由此,以超越名利的方式维护人的生命存在,便构成了自然的选择。在以"无用"为"大用"的背后,是对生命和存在价值的肯定。"用"同时呈现为广义的价值或"利",在庄子看来,能为他物所用,仅仅只是外在之利,唯有能够维护个体生存的,才是内在价值或内在之利。通过"求无所可用"而使自身生存于世,意味着超越外在之利而实现内在之利。如前所述,这一看法固然体现了对人的生命存在的肯定,但同时却忽视了人的能力和人的创造性所具有的价值意义:依照"无用"与"大用"的以上逻辑,人的能力和创造性均属外在之用,对人的存在也相应地主要呈现负面的意义。对"用"与"无用"关系的如上看法,无疑包含消极的一面。

由以上考察,庄子进一步引出如下结论:"人皆知有用之用,而莫知无用之用也。"这里值得注意之点在于其中"无用之用"的论点,这一观念既包含确认"用"的相对性：虽"无用"于彼，却可"有用"于此；也强调了"用"的内在意义体现于人的存在："无用"之"大用"，即表现为对人的存在的肯定。不难注意到，这里对"用"的考察，主要指向人的内在存在价值。

（原载《华东师范大学学报》2021 年第 1 期）

论道德行为①

作为道德领域的具体存在形态,道德行为包含多重方面。以"思"、"欲"和"悦"为规定,道德行为呈现自觉、自愿、自然的品格。在不同的情境中,以上三方面又有不同的侧重。从外在的形态看,面临剧烈冲突的背景下的行为与非剧烈冲突背景下的行为,呈现不同的特点。道德行为的展开同时涉及对行为的评价问题,后者进一步关乎"对"和"错"、"善"和"恶"的关系,二者的具体判断标准彼此相异。从终极意义上的指向看,道德行为同时关乎至善。尽管对至善可以有不同的理解,但至善的观念都以某种形式影响和范导着个体的道德行为。

---

① 本文原载《天津社会科学》2015 年第 1 期。

一

如何理解道德行为？这是伦理学需要关注问题。道德行为以现实的主体为承担者,主体的行为则受到其内在意识和观念的制约。康德曾将人心的机能区分为认识机能、意欲机能,以及愉快不愉快的机能。① 在引申的意义上,可以将以上机能分别概括为"我思"、"我欲"和"我悦",从主体之维看,道德行为具体便呈现为以上三者的内在交融。"我思"主要与理性的分辨和理解相联系,"我欲"与自我的意欲、意愿相涉,"我悦"则更多地与情感的认同相关。道德行为首先具有自觉的性质:自发的行动不能视为真正的道德行为,在道德实践中,"思"便构成了达到理性自觉的前提。道德行为同时应当出于内在的意愿,而不同于强迫之举:被强制的行动,同样不是一种真正的道德行为。进而言之,道德行为又关乎情感的接受或情感的体验,所谓"好善当如好好色",这里的"好好色",便是因美丽的外观而引发的愉悦之情,这种"好"往往自然形成,当道德的追求(好善)达到类似"好好色"的境界时,道德行为便具有了"我悦"的特点,通常所说的"心安",也以"悦"为实质的内容,表现为行为过程中自然的情感体验。以上几个方面,分别体现了道德行为自觉、自愿、自然的品格。

当然,在具体的实践情境中,这些因素并非均衡、平铺地起作用。在伦理领域,一般的原则如何与具体情境相沟通,是一个需要面对的问题,这里没有普遍模式、程序可言。同样地,道德行为总是发生在不同情境中,由不同的个体具体展开,其所涉背景、方式千差万别,前面提到的"思"、"欲"、"悦",在不同的具体情境中往往有不同的侧

---

① Kant, *Critique of Judgment*, Hafner Publishing Co. New York, 1951, p13.

重。以法西斯主义横行的年代而言,当某一正义志士落入法西斯主义者之手时,法西斯分子可能会要求他提供反法西斯主义者的组织、成员等情况,如果他满足法西斯主义者的要求,便可以免于极刑,如果拒绝,便会被处死。此时,真正的仁人志士都将宁愿赴死也不会向法西斯提供他们所索求的情况。这一选择过程无疑首先展现了行为主体对自由、正义等价值理想的理性认识,以及追求这种理想的内在意欲,但是同时,情感也是其中一个重要因素:身处此种情境,如果他按法西斯主义者的要求去做,固然可免于一死,却会因苟且偷生而感到内心不安,也就是说,将缺乏"悦"这一情感体验。在以上的具体情形中,可以说理性、意志的方面成为比较主导的因素,但情感同样也有其作用。

在另一种情形下,如孟子曾提到的例子:看到小孩快要掉下井了,马上不由自主地去救助。这时,恻隐之心(同情心)这一情感的因素,显然起了主导的作用。在此情境中,如孟子所说,前去救助,不是为了讨好孩子的父母,不是厌恶其哭叫声,不是为了获得乡邻的赞扬,而是不思不勉,完全出于内在的恻隐之心(同情心)。换言之,这种不假思索的行为主要由行为者的同情之心所推动。当然,从更广的意义上看,行动者作为人类中的一员,已形成对人之为人的内在价值的认识,这种认识对其行动也具有潜在的作用。同时,行动者拯救生命的内在意欲,也渗入于相关行动过程。从以上方面看,在救助将落井小孩的行动中,也有"思"、"欲"等因素的参与。但是,综合起来看,在以上行动中,主导的方面首先在于情感。

不难注意到,对道德行为,需要作具体的考察。总体上,真正意义上的道德行为总是包含思、欲、悦三重方面,三者分别表现为理性之思、意志之欲、情感之悦。但是,在不同的情境中,以上三方面的位置并不完全相等,而是有所侧重。从哲学史上看,康德对道德行为的很多看法具有形式主义的倾向,对内在道德机制的理解也呈现抽象性,这与他未能对实践的多样情境给予充分关注不无关系。休谟虽然注意到行动的情境性,但同时又仅仅关注道德行为的一个方面(情感),同样失之抽象。可以看到,笼而统之地从某一个方面去界定道德行为,都不可避免地会带来理论上的偏颇。

引申而言,从实践主体方面看,道德行为并非基于抽象的群体,而是落实于具体的实践个体。以实践主体为视域,需要培养两重意识,其一是公共理性或法理意识,其二是良知意识。法理意识以对政治、法律规范的自觉理解为内容,以理性之思为内在机制,同时又涉及意志的抉择。良知意识表现为人同此心、心同此理的共通感,这种共通感最初与本然的情感如亲子关系中的亲亲意识相联系,在人的成长过程(个体的社会化过程)中,原初形态的共通感逐渐又获得社会性的意识内容,其中既关乎情感认同,也涉及理性的理解,包括价值观念上的共识:共同体中行动者只有具有共同价值观念,才能作出彼此认可的行为选择并相互理解各自行为选择所具有的意义。缺乏理性层面共同的价值观念,其行为选择便难以获得共同体的认可和理解。对某种不道德的行为,人们往往会说:"无法理解怎么会做出这种事!"这里的"无法理解",主要便源于相关行为已完全悖离了一定社会共同接受的价值观念,从而,对于认同这种共同价值观念的主体而言,以上行为便无法理解。

从社会的层面看,之所以既要注重法理意识,也要重视良知意识,其缘由主要在于:一方面,缺乏公共理性意义上的法理意识,社会的秩序便难以保证;另一方面,仅有法理意识,亦即单纯地达到对政治、法律等规范的了解,并不一定能担保行善。那些做出伤天害理之事的人,并非完全不了解政治、法律等规范,但其行为却依然令人发指,其缘由之一往往就在于缺乏良知意识,甚至"丧尽天良"。良知意识具有道德直觉(自然而然、不思不勉)的特点,看上去似乎不甚明晰,但以恻隐之心(正面)、天理难容(反面)等观念为内容的这种意识,却可以实实在在地制约着人的行动。孔子曾与宰予讨论有关丧礼的问题,在谈到未循乎礼的行为时,孔子诘问:"汝安乎?"并进而讥曰:"汝安则为之。"①这里的"安"就是心安,也就是内在的良知意识。孔子的反诘包含着对宰予未能充分注重良知的批评。从个体行为的维度看,无论是法理意识不足,还是良知意识淡化,都将产生消极的影响。这里同时也从一个层面体现了道德与政治、法律之间的关联。

二

道德行为首先关乎善,但在某些方面又与美具有相通性。在审美的领域,人们常常区分优美与壮美或崇高美。优美更多地体现为审美主体与审美对象或情与理之间的和谐,由此使审美主体形成具有美感意义的愉悦,壮美或崇高美则往往表现为天与人、情与理之间的冲突、张力,由此使审美主体获得精神的净化或升华。同样,道德行为从外在形态看,也可以呈现不同特征。道德的情境可能面临剧烈的紧张和对抗,如个人与群体、情与理、情与法之间的冲突,在这种情形下,道德行为往往需要诉诸自我的克制、限定,甚至自我牺牲,这种道德行为主要呈现"克己"的形态。孔子肯定"克己复礼"为仁,也涉及了道德行为的以上特征。

在另一些场合,行为情境可能不一定面临具体的冲突。以慈善行为、关爱行为而言,在他人处于困难时伸出援助之手、对家人或更广意义上的他人予以各种形式的关切,这一类行为的实施诚然也需

---

① 《论语·阳货》。

要实践主体的某种付出,却并不一定以非此即彼的剧烈冲突为背景。质言之,在面临剧烈冲突的背景之下,道德行为中牺牲自我这一特点可能得到比较明显的呈现,然而,在不以剧烈冲突为背景的慈善性、关爱性行为中,牺牲自我的行为特征常常就不那么突出了。

回到前面提到的问题,即如何理解道德行为以及道德行为所以可能的根据。这里可以基于分析性的视域,但同时也需要一种综合的现实关照,分析性的视域和综合的现实关照不应该彼此排斥。就分析性的视域而言,又可区分道德行为中的不同要素。从综合性的现实形态来看,在具体的道德主体或具体的道德行为中,这些要素常常并不是以非此即彼的抽象形态存在的。历史上,康德与休谟对道德的理解存在明显分歧,前者强调理性,后者推崇情感,后来上承这二者的伦理学派也一直就此争论不休。其实,他们各自都确实抓住了道德的一个重要方面,看到了道德行为的某一必要因素,这也从一个层面表明,这些因素本身都是考察道德行为时所无法完全回避的:不管是理性之思,还是情感认同,都是现实的道德行为所不可或缺。进而言之,在具体的道德主体和道德行为中,这些因素本身往往互渗互融而无法截然相分。以理性来说,作为意识的具体形式,理性之中实际上已经渗入了情意。同样,人的情感不同于动物之处,就在于渗入了理性。在日常生活中,小孩子看到糖果,尽管很想吃,但如果家长对他说不应该吃,他也会控制住自己,这里无疑包含了理性的自我抑制,但事实上,其中同样渗入了某种情感,包括避免父母的不悦、对父母劝告的情感认同,等等,这种情感可能以潜在的形式存在于其意识。前面提到在非常情境之下,道德要求牺牲自我,此时如果苟且偷安,便会于心不安,也就是不能"悦"我之心,后者同时意味着缺乏情感的接受或认同。显然,这里既不是赤裸裸的理性在起作用,也非纯粹的情感使然。不难注意到,从现实的道德情境看,以上因素在具体的道德主体那里并非相互排斥。相反,如果以非此即彼的立场看待以上问题,那么,休谟主义和康德主义的争论就会不断延续下去。

三

道德行为的展开同时涉及对行为的评价问题,评价本身则关乎"对"和"错"、"善"和"恶"的关系。在对行为进行价值评价时,对(正确)错(错误)与善恶需要加以区分。对错、善恶的评价,都属于广义的价值判断,但是其具体的判断标准却有所不同。"对"和"错"主要是相对于一定的价值规范、价值原则而言:当某种行为合乎一定价值规范或价值原则时,这种行为常常便被视为"对"的或"正当"的,反之,如果行为背离了相关的价值规范或原则,那么,它就会被判断为"错"的或"不正当"的。善与恶的情况似乎更复杂一些。从一个方面看,可以说它们与对错有重合性,但在另一意义上,二者又彼此区分。具体而言,对于善,我们至少可以从两个角度去理解,一是形式的方面,一是实质的方面。形式层面的"善",主要以普遍价值原则、价值观念等形态呈现,这种价值原则和观念既提供了确认善的准则,也构成了行动选择的根据。在这一层面,合乎普遍价值原则即为"善",反之则是"恶",这一意义上的"善"、"恶",与"对"、"错"无疑有交错的一面。与之不同,实质层面的"善",主要与实现合乎人性的生活、达到人性化的生存方式,以及在不同历史时期合乎人的合理需要相联系。从终极的意义上说,实质层面的"善"体现为对人的存在价值的肯定,儒家所主张的仁所确认的,便是人之为人的内在价值。在引申的意义上,也可以像孟子那样,肯定"可欲之为善"。"可欲之为善"中的"可欲",可以理解为一种合理需求,满足这种需求就表现为"善"。简言之,在实质的层面,"善"本身有不同的形态,包括一般意义上的可欲之为善、终极意义上的肯定人之为人的内在价值。实质意义上的"善"，与合乎一般规范意义上的"对"，显然难以简单等同。

进一步看，人之为人的价值，与人和其他存在(包括动物)的根本区分相关，这里需要关注康德所说的"人是目的"。在世间万物中，唯有人，才自身就是目的，而不是手段。其他存在固然也具有价值，但是在终极的层面，这种价值主要表现于为人所用。顺便指出，现代的环境主义或生态伦理学、动物保护主义，每每认为自然、动物本身有内在价值，这种观念无疑值得再思考。人类之所以需要关注环境、生态等等，归根到底还是为了给人类自身的生存发展提供一个更好的空间。价值问题无法离开人，洪荒之时、人类没有出现之前，便不存在价值问题。当时可能也有各种在现在看来是灾难的自然现象，但在那时，这种现象并不呈现价值意义，即使出现大范围的物种灭绝或极端的气候变化，也不能被视为生态的危机：在人存在之前，这种变化不具有相对于人而言的价值性质。反之，在人类出现以后，即便是自然本身的变化，如地震、火山喷发，也具有了价值意义，因为它直接或间接地影响人类的生存、延续，通常所谓"自然灾害"，其"灾"其"害"并非对自然本身而言，而主要在于这种变化对人的存在具有否定性或消极意义，同样，所谓自然、动物本身有内在价值，归根到底乃是以人观之，亦即"人"为自然、动物立言。总之，这一论域中的所谓"善"，归根到底无法与人的生存、延续相分离。

基于以上区分，对不同行为的评价，便可以获得具体的依据。以法西斯的党卫军执行杀人命令这样一种行为而言，从"对"、"错"来说，他可以获得相关评价系统的肯定：其行为合乎当时法西斯主义的行动规范，以这种规范为判断准则，他"没错"。但是，从"善"、"恶"的评价来看、从对人之为人的内在价值之肯定这一角度来考察，他的行为显然属"恶"，因为这种行为完全无视人的生命价值，对此，不应也不容有任何疑义。事实上,在中国历史上也有类似的情形。如宋代以来,理学家们提出,饿死事极小,失节事极大。以此为原则,则妇女在丈夫去世后,就不能再适,如果她因此而饿死,便应得到肯定,因为她的行为合乎以上规范。反之,如果她为了生存而再适,则是"错"的,因为这种行为悖离了当时的规范。然而,从"善"的评价这一角度来看,则唯有肯定人之为人的内在价值,包括生命价值,行为才具有善的性质。以此评价妇女为守节而死,则显然不能视其为"善",因为它至少漠视了人类生命的价值:对人类生命的蔑视和否定,无疑属"恶"。可以看到,以区分"对"、"错"和"善"、"恶"为前提,对行为性质的判断,便可获得较为具体的形态。

四

道德行为中的规范,具有普遍的形式。康德由强调这种规范的普遍性,进而突出了其先验性,但先验的规范是如何形成的呢? 康德没有解决这一问题。李泽厚曾提出一个命题,即"经验变先验",这一命题的意义之一,在于对康德所涉及的以上问题作了独特的回应。然而,从道德行为的角度看,在谈"经验变先验"的同时,还需要强调"先验返经验"。二者分别涉及类与个体两重维度。从类的角度来说,特定的经验意识乃是通过人类知行活动的历史延续和发展,逐渐获得具有普遍、先验的性质:在类的层面形成的观念形式,对个体而言具有先验性。从个体之维看,则还有一个从先验形式返归经验的问题。以道德领域而言,道德的普遍形式(包括规范、原则)最后需要落实到每一个具体的个体,也就是说,在类的层面提升而成的先验形式或本体(包括规范、原则),同时应融合于个体的经验,唯有如此,普遍的形式(规范、原则)才可能化为个体的具体行为。从中国哲学看,至少从明代开始,便展开了本体和工夫之辩。王阳明晚年曾提出两个观念,一是"从工夫说本体",一是"从本体说工夫"。经验变先验,可以说侧重于"从工夫说本体"。这一视域中的工夫,是人在类的层面展开的知行过程,它既是经验提升为先验的过程,也是本体逐渐形成的过程。"从本体说工夫",则主要着眼于个体行为,这一意义上的本体,也就是内在的道德意识,包括理性认知、价值信念、情意取向,工夫则表现为个体的道德行为,所谓"从本体说工夫",意味着肯定个体的道德行为以本体的引导为前提。本体的这种引导并非外在的强加,而是通过融合于其内在意识而作用于个体。在此意义上,道德行为具体便表现为本体与工夫的互动。在哲学上,这里涉及心理和逻辑等关系。谈到意识或心,总是无法摆脱心理的因素,然而,它又并不单单是纯粹的个体心理,心理本体一旦提升到形式的、先验的层面,便同时具有了逻辑的意义。从哲学史上看,黑格尔不太注重心理,中国哲学传统中的禅宗则不甚重视逻辑,本体与工夫的统一,则同时涉及心理与逻辑的交融。

进而言之,先验返经验同时指向具体的道德行为机制。道德行为以一个一个具体的个体为承担者,从个体行为的角度来看,具体的道德机制便是一个无法忽视的问题。李泽厚曾区分了道德的动力和道德的冲力,按他的理解,理性和意志主要展现为道德动力,情感则更多地呈现为道德冲力。事实上,以道德机制为关注之点,便可以把动力和冲力加以整合:在实际的行为展开过程中,这两个方面并不能分得那么清楚,而"先验返经验",便涉及理性和意志层面的道德动力与情感层面的道德冲力之间的融合。具体而言,其中关乎前面所提到的思、欲、悦之间的关联。按其内在品格,道德具有整体性的特点,并与人的全部精神生活和活动相联系:尽管道德的每一行动具有个别性,但它所涉及的却是人的整个存在,这里的整个存在便包括精神之维的不同方面。

从终极意义上的指向看,道德行为同时关乎至善。何为至善?这是伦理学需要讨论的问题之一。康德以德福统一为至善的内容,中国哲学则从另一角度理解至善。这里可以关注中国传统经典中的两个提法,其一存在于《大学》,其二见于《易传》。《大学》开宗明义便指出:"大学之道,在明明德,在亲民,在止于至善。"可以看到,"至善"的问题并非仅仅出现于西方近代,中国古代很早已开始对此加以辨析。从明德、亲民到至善,这是理解至善的一种进路。中国哲学的另一进路,与《易传》相联系。《易传·系辞上》曾指出:"一阴一阳之谓道,继之者善也,成之者性也。"对善的这一讨论,以天道和人道之间的统一为视域。"一阴一阳之谓道",主要着眼于天道,"继之者善也"、"成之者性也",则与人的存在相联系,并相应地关乎人道。善或至善尽管呈现为人的价值观念,但人的存在本身并非与更广意义上的世界相分离。这里蕴含着双重涵义:一方面,人内在于天地之中,人的存在(人道)与世界之在(天道)并非彼此隔绝;另一方面,世界的意义,又通过人的存在而呈现:人正是通过自身的知行活动而赋予世界以价值意义(善),而人之为人的内在规定(性)也由此形成。天道与人道统一背后的真正旨趣,即体现于世界与人之间的以上互动过程。

作为天道和人道的统一,至善的具体内容可以理解为人类总体生活的演化、发展,或者说人类总体的生存和延续。如果说,天道和人道的统一还具有某种形而上的性质,那么,人类总体的生存和延续则使至善获得了具体的历史内容。当然,人类总体的生存延续,主要还是一个事实层面的观念,其中的价值内涵尚未突显。至善的具体价值内涵,需要联系前面提到的《大学》中的观念,即"明明德"、"亲民"。"明明德"主要以普遍价值原则的把握为内容,"亲民"则进一步将价值原则与对人（民）的价值关切联系起来，这一意义上的人类总体的生存和延续，可以进而结合马克思的相关看法加以理解。马克思曾提出了"自由人联合体"的概念，①并对其内在特征作了如下阐释："在那里，每个人的自由发展是一切人自由发展的条件。"②在此，作为"个体"的人与作为"类"的人都包含于其中。可以说，人类总体的生存和延续，最终以"自由人联合体"为其价值指向。在这一意义上，"至善"可以视为一种社会理想，或者说，一种具有价值内涵的人类理想。这种理想既与天道和人道的统一这一总体进路相联系，又包含着人类生存、发展的具体价值内涵。

作为包含价值意义的道德理想，至善关乎道德实践领域中"应当"如何与"为什么"应当如何的关系。一般的行为规范，主要指出"应当"如何，至善则同时涉及"为什么"应当如何，后者所指向的是价值目的。道德实践过程内在地包含道德原则或道德规范与价值目的的统一：道德原则或道德规范告诉行为主体应当如何，以至善为终极内容的价值目的则规定了为什么应该这样。尽管至善不同于具体的道德规范或道德准则，但它对道德行为同样具有制约作用。当然，以终极意义上的价值理想和目的为内涵，至善更多地从价值的层面为人的行为提供了总的方向。无论是德福统一，还是明明德、亲民，无论是以天道与人道的统一为根据，还是以自由人联合体为指向，至善的观念都以某种形式影响和范导着个体的道德行为。

---

① ［德］马克思：《资本论》第 1 卷，北京：人民出版社，1975 年，第 95 页。
② 《马克思恩格斯选集》第 1 卷，北京：人民出版社，1972 年，第 273 页。

析伦理共识①

一

　　社会的凝聚和有序运行,离不开社会成员在相关问题上形成的一定共识。社会生活展开于不同方面,社会的共识也体现于多样向度。由于社会背景、地位、教育、利益等方面的差异,社会共同体中的成员对某些社会问题往往会形成不同的理解和看法,然而,社会的存在和发展,又需要不断克服这种差异和分别。所谓共识,也就是社会不同成员基于社会发展的现实需要,通过理性的互动、价值的沟通在观念层面所达到的某

---

　　① 本文系作者于 2018 年 12 月在举行于南京的"伦理共识与人类道德发展"学术会议上的发言记录。

种一致。

如所周知,罗尔斯曾提到重叠共识。作为社会政治共同体中不同成员在观念层面达到的某种一致,这种共识主要存在于政治领域。罗尔斯虽然认为这一意义上的重叠共识并不排斥哲学、宗教、道德方面的价值,但同时又强调,"为了成功地找到这样一种共识,政治哲学必须可能地独立于哲学的其他部分,特别是摆脱哲学中那些旷日持久的疑难问题和争执。"①对罗尔斯而言,达到重叠共识,需要与具有价值意义的宗教、哲学、道德等领域的论争保持距离:"通过回避各种完备性学说,我们力图绕过宗教和哲学之最深刻的争论,以便有某种发现稳定的重叠共识之基础的希望。""我们应该尽可能把公共的正义观念表述为独立于各完备性宗教学说、哲学学说和道德学说之外的观念。"②从总体上看,罗尔斯所关注的,主要是如何在政治领域达到有关公平正义的共识,对他而言,具有不同宗教、价值取向的人们,可以暂时搁置他们在这些领域中的差异而在政治领域中达到某种意义上的共识。

政治领域的共识是否可以悬置价值等方面的关切,这无疑是一个可以讨论的问题,从现实的层面看,政治共识与价值关切似乎难以截然相分。由此进入伦理领域,则共识与价值关切之间便呈现更为切近的关系。以伦理关系、伦理原则、伦理实践等为关注点,伦理领域所形成的具有一致性的看法,也就是所谓伦理共识,其具体内容则表现为一定社会共同体中的不同成员对于某些价值原则、道德规范的肯定、认同和接受。所谓肯定,主要指承认其正面意义;所谓认同、

---

① [美]罗尔斯:《政治自由主义》,万俊人译,南京:译林出版社,2000 年,第 182 页。

② [美]罗尔斯:《政治自由主义》,万俊人译,南京:译林出版社,2000 年,第 161、153 页。

接受,则是以此作为引导实际行动的一般准则。

共识作为自觉的意识,总是渗入了对相关问题或对象的理性认识,正是基于理性层面的把握和理解,不同的个体才能形成对问题的某种一致的看法。在伦理领域,这种理性的认知同时又与价值的意识相互交融,与之相联系,伦理共识既有理性层面的认知内涵,又有价值的向度。

二

以上所论,主要关乎何为共识以及何为伦理共识。与之相关的问题是:在伦理领域,是否能够达到以上共识?以另一种形式表述,也就是:价值领域中达到伦理共识是否可能?这一问题可以从不同的方面加以考察。

在形而上的层面,伦理共识与人之为人的普遍规定无法相分。就现实的关联而言,伦理共识背后更根本的问题是"何为人"。历史地看,对于"人是什么"这一问题,往往存在着不同的理解,所谓人是理性的动物、人是语言的动物、人是制造工具和运用工具的动物,等等,都可以视为对人的不同界说。以伦理共识为视角,人之为人的基本规定可以从以下层面加以理解。首先是人的生命存在,这是人的一切价值追求的基本前提:失去了生命存在这一前提,所有其他价值追求也就无从谈起。其次是人的自由取向,它构成了人不同于动物的根本规定。如所周知,一方面,动物受制于外在必然性的限定:它们对外部环境更多地是适应,而不是变革,尽管一些动物似乎也呈现某种改变环境的趋向,但这种改变更多地表现为本能性活动;另一方面,动物又受制于自身物种的限定,这种限定从另一个角度看也就是受制于动物的本能。马克思曾指出:"动物只是按照它所属的那个种的尺度和需要来建造,而人却懂得按照任何一个种的尺度来进行生产。"①"按照它所属的那个种的尺度和需要来建造",表明无法摆脱相关物种的限制;与之相对,"按照任何一个种的尺度来进行生产",则意味着超越以上限制而具有自由创造的能力,这种自由创造的具体内容,表现为变革对象和成就人自身。可以看到,外在必然的限定与内在物种的限制,使动物难以达到自由的形态,而在不同的历史层面走向自由,则在确证人的本质力量的同时,也从一个方面展现了人不同于动物的根本规定。其三是人的完美性(perfection)追求。人的完美背后所隐含的实质内涵,也就是人的多方面发展或全面发展,这种全面发展既基于人自身存在的多方面的规定,也以现实层面人的不同社会关系为背景,它既非一蹴而就,也不会停留于某种绝对或终极的存在形态,而是伴随着一定的历史过程,表现为一定历史时期达到的发展形态:人的这一发展过程,可以视为前面提到的成就自我的历史体现,其实质的内涵则表现为人自身不断地走向完美。比较而言,动物的存在更多地呈现既定的性质:其存在形态主要由它们所属物种所规定,并不经历超越既定存在形态这一意义上的发展过程。

尽管不同时期和不同背景中的人们对生命存在的价值、自由的内涵、完美意味着什么等的理解并不完全相同,但这些基本规定对人之为人的意义,则无法忽视。就生命存在而言,作为不同于抽象的精神规定而与人的现实存在息息相关的具体形态,生命存在为包括伦理追求在内的价值追求提供了出发点。同样,如果否定了人变革对象、成就自我的自由的品格,则人与受制于外在必然和内在物种限定的动物便没有实质的区别。最后,离开了完美性的追求,人的存在便

---

① [德]马克思:《1844年经济学哲学手稿》,北京:人民出版社,1985年,第53—54页。

既失去了作为社会关系总和的真实规定,也无法呈现为历史演进中不断展开的过程,而关系性和过程性规定的失落,则将使人自身进一步被限定于某一个方面或某一种存在形态,难以实现其多方面的发展。

以上涉及的存在规定,构成了追求普遍伦理共识的形上基础和根据。伦理共识以人的存在为本体论的前提,而人的存在内含的普遍性规定,则为价值层面形成某种普遍或一致的观念提供了内在可能。从这方面看,在形上之维达到伦理共识,离不开对什么是人的理解。

在更为具体或更为现实的层面,伦理共识又以一定历史时期的历史需要为其根据。以传统社会而言,其存在和运行同样需要建立一定的社会秩序、形成一定的社会凝聚,在前现代的历史条件下,社会秩序的确立,主要基于包含等级差异的社会结构。荀子以"度量分界"为礼制的核心内容,便涉及以上结构。所谓"度量分界",也就是把社会成员区分为不同等级和角色,并为各个等级和多样的角色规定各自的义务和权利,使不同的社会成员都各安其位,互不越界,由此达到一定的社会秩序。传统社会中的"三纲五常",在一定意义上即体现了以上的历史需要:"三纲五常"本身可以视为前现代历史时期的伦理共识,这种共识从根本上说又以当时历史条件下的具体历史需要为其根据。

近代以来,随着社会在经济、政治等方面的发展,等级制逐渐趋于消解,人和人之间平等关系的建立成为一种新的历史要求,后者同时也构成了那个时期形成新的社会共识(包括伦理共识)的前提,这种新的社会共识(包括伦理共识)的具体内容,则表现为平等、民主等价值取向。不难注意到,作为近代以来的伦理共识或价值共识,平等、民主等观念并非凭空而起,而是以近代社会的平民化走向对传统社会等级制的超越为其历史前提。

当代中国同样面临如何达到社会凝聚、怎样使社会保持健全的发展方向等问题。与这种历史需要相关的伦理共识,具体即体现于目前所倡导的核心价值体系之中,这一价值体系既上承传统,又兼容近代以来的价值观念,其中包含不同的社会要求,而这些要求的背后,则是当代中国多方面的历史需要:就其实质内容而言,核心价值体系并不是一种空洞抽象的价值观念,在顺应人类文明发展趋向的同时,它也表现为基于当代社会凝聚及当代社会健全发展这一历史需要的价值取向和伦理共识。

可以看到,伦理共识的形成既以形而上的存在规定为前提,也需要现实的社会根据,前者主要涉及人之为人的普遍品格,后者则关乎社会的历史变迁。存在形态的普遍性,为价值层面趋向一致提供了可能;现实的社会根据,则使伦理共识同时表现为历史的选择。

伦理共识不仅关乎如何可能,而且涉及何以必要的问题:为什么需要形成伦理共识? 这一问题引向对伦理共识的进一步考察。从观念层面看,达到伦理共识或价值共识,首先与避免道德相对主义和虚无主义相联系。道德相对主义往往导致价值取向的迷茫,道德虚无主义则每每引向意义的失落,对社会的健全发展和人的健全发展而言,以上趋向显然更多地呈现负面意义。相对于此,伦理共识以承认价值取向内含普遍的规定、共同体可以在这方面达到一定程度的一致为前提,这一意义上的伦理共识同时为克服上述道德相对主义和道德虚无主义提供了可能。

就实践层面而言,伦理共识首先从一个方面为社会秩序的建立提供了担保。从消极的方面看,一定历史层面上所达到的伦理共识,可以在观念上克服人们因价值取向差异而引发的彼此紧张和对峙,并避免由相争进一步走向冲突。从积极的方面看,伦理共识又使人与人之间在社会中的和谐共处以及行为协调、相互合作成为可能：缺乏伦理和价值层面基本的共识，人与人之间的协调、人与人在行动实践过程中的合作便很难想象。进而言之，晚近以来有所谓文明冲突之说，文明冲突表现为更广意义上不同文化传统和文明传统之间的紧张关系，这种冲突的根源之一，在于文化、价值观念上的差异。通过文明对话以达到一定层面上的伦理和价值共识，则有助于避免世界范围之内不同文明形态之间的冲突。从这方面看，伦理共识无疑又构成了不同文明形态共存共处的观念前提。

三

作为社会有序运行、文明和谐演进的观念担保，伦理共识在社会生活中显然有其不可忽视的意义。进一步的问题是：如何达到以上视域中的伦理共识？与前述伦理共识之所以可能的基本之点相关联，这里同样涉及不同的方面。

如前所述，伦理共识基于人之为人的普遍规定，相应于此，伦理共识也涉及对人自身的认识。认识人自身，这是古希腊哲学家已提出的要求，中国古代哲学对类似问题也作了多方面的讨论和辨析。儒家的人禽之辨，指向的便是何为人以及如何把握人之为人的根本之点等问题。对人自身的这种认识，对今天达到伦理共识同样不可或缺。前面已提及，解决人是什么的问题、把握人之为人的普遍规定，是达到伦理层面共识的形而上前提。人本身总是处于历史发展的过程中，对人的认识、把握人之为人的根本规定，相应地也展开为一个历史过程。当代社会的发展，已从不同方面为更深入地理解何为人的问题提供了新的背景。如所周知，随着人工智能的发展，人机之辨的问题也开始突出起来。前一段时间 AlphaGo 和围棋高手对弈,围棋高手屡屡落败,这一现象使理解和把握人机之间的关系(包括智能机器是否将超越于人)成为无法回避的问题。从传统意义上的人禽之辨,到现代背景下的人机之辨,其背后都涉及如何理解人、认识人的问题。此外,生物技术,包括克隆、基因编辑等技术,使人究竟将趋向什么样的存在成为需要思考的问题,技术的这种发展同时也对如何理解人提出了新的挑战。生物技术的进步,使通过作用于基因以影响人的发展成为可能,生物技术和人工智能的进一步结合,则或将引向人工智能芯片和人脑的某种连接,等等。这一类前景,在某种意义上提出了如何在新的历史背景中理解人的问题。

在以上情形中,人似乎呈现两种形态:其一是"自然之人"(natural human being),其二是"人工之人"(artificial human being),后者在某种意义上与"人工智能"(artificial intelligence)呈现彼此呼应的历史关系。所谓"人工之人",也就是受到人工智能、生物技术(包括基因工程)等影响的人,这一意义上的人已因"人工"作用而改变了其自然形态。确实,从逻辑上说,在技术不断发展的时代,不仅有"人工智能",而且可能存在"人工之人"。"人工智能"可以视为人脑的延伸,其形成主要基于计算机、心理学、认知科学以及大数据等科学技术的发展,"人工之人"则不同于作为人的智能与器官双重延伸的机器人(robot):他涉及人自身的存在形态,并相应地在更普遍的意义上关乎对人的理解。作为有别于自然形态的存在,"人工之人"从出生到尔后发展,都包含着某种人为的干预,其性质、意义都需要在新的历史背景中加以认识。

历史地看,与天人之辨的展开相联系,人本身也形成了自然(天)意义上的存在与人化意义上的存在的区分。前者关乎人的生物学属性:自然意义上的人,也可以视为生物意义上的人;后者(人化的存在形态)则主要以广义的社会或文明属性为其品格:人化意义上的人,也就是社会化或文明化的存在。在新的历史背景下，与自然（natural）相对的，不仅仅是广义的社会化（social）或文明化（cultural），而且进一步涉及人工或人的作用（artificial），后者对人的理解，无疑提出了新的问题。尽管"人工之人"目前尚未成为人的普遍存在形态，但从历史发展的趋向看，更准确地把握新的历史背景中的人，无疑将成为达到伦理共识的现实前提。人工形态下的人（artificial human being）是不是具有传统意义上的生命存在的价值？是否还以自由的追求为其内在规定？是不是仍以走向完美为其价值理想？这都是无法回避的问题。前面提到，伦理共识的形上前提在于：人之为人的基本存在规定包含普遍性。在"人工之人"的形态之下，这些普遍规定是否还依然存在？如果它们已经不复存在，或者发生实质性变化，这对于达到伦理共识将会发生何种影响？凡此种种，都需要加以思考。这里再一次回到了"何为人"这一根本性的问题。什么是真正意义上的人？人工意义上的人是不是真正意义上的人？新的历史条件下伦理共识的形成，以回应这一类问题并把握人的各种可能形态为前提。

从价值层面看，问题不仅涉及价值取向、价值立场，等等，而且关乎价值态度。布兰顿曾区分了规范状态（normative statuses）与规范态度（normative attitude），①宽泛而言，价值取向和价值立场与"规范状态"相一致，价值态度则近于"规范态度"，具有规范性，其具体意义在于引导人们在价值领域做合理的选择和沟通。就伦理共识而言，价值态度具体表现为求同而存异。求同存异的价值态度与中国传统儒学所说的"道并行而不悖"具有一致性。这里的"道"以不同的价值

①　Robert Brandom, *Making It Explicit: Reasoning, Representing, and Discursive Commitment*, Harvard University Press, 1994, p.33.

理想、价值取向为内容，所谓"道并行而不悖"，意味着这些不同的价值理想、价值取向可以彼此共存而不相互排斥。与之相近的"求同存异"，同样是在承认多样性的前提之下，达到观念层面的共识和一致。在价值和伦理的领域，正是通过求同而存异的过程，社会共同体中的不同成员逐渐走向伦理的共识。不难看到，在价值态度方面，达到共识所需要的是兼容，而不是排他。

进而言之，伦理共识同时涉及理性的对话和讨论。以求同存异的价值态度为视域，则不同观点、价值取向和价值原则之间，便需要通过相互对话和讨论，以达到彼此之间的理解和沟通。这里的重要之点在于说理或讲理。说理或讲理既要求持不同价值立场并具有不同价值取向的社会成员表达各自价值取向及其意义、提供所以可能的根据，也需要其给出接受或主张相关价值原则的理由：说理总是既要求合乎逻辑的准则和规范，又意味着基于实然与当然而提供相关的理由。这种理性的讨论过程，同时蕴含着程序层面的条件，包括保证具有理性能力的人都能够参加讨论，凡参加讨论者都有权利表达自己的意见，等等。在实质性的层面，价值领域的理性讨论同时应当排除理性之外的权力、金钱（资本）等等的干预，亦即既需要在外在层面防范以势压人，也应在内在层面避免以自我意见和观念迎合权力和金钱。从更为内在的方面看，这里涉及哈贝马斯所提到的真实性、可理解性、正当性、真诚性等要求。宽泛而言，真实性意味着相关意见与实然或真实状况具有一致性，正当性表明这种意见合乎一定社会时期普遍接受的规范，真诚性以如实地表达自己的观念、意愿为指向，可理解性意味着所说内容能够为共同体其他成员所理解。以上方面可以看作是对话、讨论合理而有效展开的形式之维或程序性的要求。

与理性层面的以上讨论相关联的，是认同和承认之间的统一。

所谓承认,也就是对差异的容忍和宽容;所谓认同,则是对普遍性的肯定和接受。从前述共同体成员之间的对话和讨论这一角度看,对话和讨论不仅仅限于理解:理解仅仅是对话的阶段性结果,对话在更实质的层面指向承认和认同。这一意义上的承认意味着视相关看法为多元中的一元,也就是将其作为观念的"他者"而平等地对待,所谓"对差异的容忍和宽容",也以此为内容。认同则意味着接受相关观念或将其纳入自身所认可的观念系统,亦即以王阳明所说的"自家准则"来看待相关观念,所谓"对普遍性的肯定和接受",同时以此为前提。真正的共识,意味着由理解走向承认、由承认又进一步趋向于认同。广而言之,这里涉及个体的自觉以及个体间在此基础上的互动,包括不断提升个体自身的理性认识,在知与行的互动中深化对普遍伦理原则的理解,由此逐渐趋向不同个体之间对相关问题的共识。对差异的容忍和对普遍性的肯定,从不同方面构成了达到伦理共识所以可能的条件。

当然,需要注意的是,走向伦理共识并非仅仅建立在语言和观念层面上的相互理解和沟通:单纯关注于语言或观念之域的相互理解和讨论对于达到伦理共识是不够的。哈贝马斯等哲学家将语言层面的讨论、理解、对话视为达到一致所以可能的主要条件,似乎过于强化基于语言的沟通,这一进路既呈现片面的趋向,也游离于现实而表现出某种抽象性。

在语言层面的理解和沟通之外,存在着历史发展所提供的更为现实的基础。从现实的层面看,当历史尚未进入世界历史之时,不同的文化传统往往处于各自相对独立发展的形态,由此相应地形成了不同的文化历史背景以及多样的价值原则和伦理原则。随着历史走向近代,真正意义上的世界历史开始逐渐形成。马克思曾指出:随着资本主义生产方式的发展,"人们的世界历史性的而不是地域性的存在同时已经是经验的存在了。"①在近代以前,不同的文化传统之间更多地表现为空间上的并存关系,而没有完全融入世界历史意义上的文化发展进程。近代以后,世界范围内的文化互动逐渐展开,不同文化传统开始彼此相遇并在政治、经济、文化层面上逐渐走向相互之间的交往、关联和沟通。在世界历史业已形成这一大背景之下,人类发展过程中的经济、政治、文化层面的相近和相通这一面也逐渐呈现出来,这种相近和相通同时为一定层面上达到具有普遍意义的伦理共识和价值共识提供了现实的可能,随着全球化进程的展开,如上趋向也越发突显。与世界在各个方面日益紧密的联系相应,经济的盛衰、生态的平衡、环境的保护、社会的稳定与安全,等等,愈来愈超越地域、民族、国家之域而成为全球性的问题,人类的命运也由此越来越紧密地联系在一起。普遍伦理、全球正义等观念和理论的提出,既从不同的方面体现了普遍的价值关切,也为人类在伦理层面形成共识提供了现实的前提。相对于语言层面上的对话沟通,世界历史的以上演进,无疑为伦理共识提供了更为深沉的根据和基础。

从广义的社会背景看,一定社会形态之中宽松的思想空间、良好的社会风尚、健全的伦理机制的形成,对达到伦理的共识同样不可或缺。宽松的思想空间与前面提到的"道并行而不悖"相联系,表现为对不同观念的兼容,良好的社会风尚和健全的伦理机制则包括社会舆论的正面引导、以道德谴责为形式的道德制裁,等等,这种引导和制裁既在肯定的意义上表现为对合乎道德原则的行为的赞扬,也在否定的意义上体现于对违背一般普遍道德原则的行为之抨击。就其现实作用而言,以上伦理机制主要从社会精神氛围的层面,为伦理共识的形成提供了现实的前提。不难注意到,宽松的思想空间,良好的

---

① 《马克思恩格斯选集》第一卷,北京:人民出版社,1972年,第39页。

社会风尚,健全的社会伦理机制,对于达到一定层面上的社会伦理共识都有着不可忽视的意义。

伦理共识同时涉及普遍原则与个体选择之间的关系。伦理共识所侧重的主要是价值取向上的统一性和普遍性,然而,人的伦理实践所由展开的具体情景以及伦理实践本身往往具有多样性,普遍的伦理原则无法穷尽存在于不同时空中的特殊情境,它们与多样的道德行为之间也常常存在某种距离。一方面,为避免道德相对主义和虚无主义,道德行为需要基于普遍的伦理原则,与之相联系,应当对伦理共识给予重视:否认伦理领域中具有普遍意义的共识,便容易滑向道德相对主义和虚无主义。另一方面,过分强调伦理共识,仅仅追求价值取向上的一致,也可能走向权威主义或道德独断论。历史地看,在人伦关系上强化"三纲"等价值原则,曾使传统社会在一定程度上引向了道德权威主义,今天同样也需要对此给予充分警惕。从总体上看,在注重伦理共识的同时,不能完全排斥道德主体的个体选择,对伦理共识和道德主体的个体选择,需要予以双重的关注。中国哲学中的经权之辩、理一分殊之说,已在某种意义上涉及普遍的道德原则与个体的自主选择及多样行为情景之间的沟通问题。"经"与"理一"关乎普遍的伦理原则,其中蕴含着对宽泛意义上伦理共识的肯定;"权"和"分殊"则与道德实践情境的多样性、差异性相联系,其中包含着对个体权衡和选择的确认。在此意义上,"经"与"权"以及"理一"与"分殊"的相合,对应于伦理共识与个体选择的统一,后一意义上的统一,则进一步使我们在防范道德相对主义同时,又避免走向道德权威主义。

（原载《探索与争鸣》2019 年第 2 期）

信任及其伦理意蕴

　　随着社会的变迁,人与人之间的交往形式也发生了多重变化。一方面,从经济活动到日常往来,主体之间的彼此诚信都构成了其重要前提;另一方面,现实中诚信缺失、互信阙如等现象又时有所见。从理论的层面看,这里所涉及的,乃是信任的问题。宽泛而言,信任是主体在社会交往过程中的一种观念取向,它既形成于主体间的彼此互动,又对主体间的这种互动过程产生多方面的影响。作为人与人之间的关联形式,信任同时呈现伦理的意义,并制约着社会运行的过程。信任关系本身的建立,则既涉及个体的德性和人格,也关乎普遍的社会规范和制度。

一

作为观念或精神的一种形态，信任包含多重方面。与随意的偏好不同，信任首先与认识相联系，涉及对相关的人、事的了解和把握。在认识论上，知识往往被视为经过辩护或得到确证的真信念（justified true belief），在相近的意义上，信任可以视为基于理性认识的肯定性观念形态。

以对事与理的把握为依据，信任不同于盲从或无根据的相信。《论语》中曾有如下记载："宰我问曰：'仁者，虽告之曰：井有仁焉，其从之也？'子曰：'何为其然也？君子可逝也，不可陷也；可欺也，不可罔也。'"①孔子以仁智统一为主体的理想人格，"仁者"在宽泛意义上便可以理解为仁智统一的行为主体，"欺"基于虚假的"事实"，虚假的"事实"在形式上仍是"事实"，就此而言，人之被欺，并非完全无所据，这一意义上的"可欺"，也不同于盲从。"罔"则以无根据的接受为前提，与之相对的"不可罔"，则意味着不盲目相信。在引申的意义上，主体（仁者）以信任之心对待人，但这种信任不同于无根据的相信。

不过，与单纯认知意义上的相信不同，信任以人和关乎人的事为指向，并相应地包含着某种价值的意向。从最一般的意义上说，信任的对象总是具有可靠性或可信赖性，这种可靠性与可信赖性既呈现为某种事实层面的特点，也包含着价值的意蕴：它意味着对于一定的价值目的而言，相关对象具有积极或正面的作用。引申而言，信任往往与主体的价值观念或价值取向相关联：从正面看，坚持正义、仁道等价值原则的主体，对具有相关品格的对象便会形成信赖感，并由此

. ① 《论语·雍也》。

进而给予信任,而对持相反价值取向的人和事,则难以产生信任之感。在此意义上,也可以说,信任基于一定的价值信念。

作为对待人和事的观念取向,信任的内在特点之一在于不仅关乎当下,而且与未来相涉。当主体对相关的人物形成信任之心时,他并不仅仅对其当下的言与行加以接受,而且也同时肯定了其未来言与行的可信性。在此意义上,信任包含着对被信任对象未来言行的正面预期,并相应地具有某种持续性。从现实的形态看,如果仅仅对当下的行为予以接受和肯定,则这种肯定便类似基于直接观察而引出结论。信任虽然关乎经验的确证,但不同于基于直接观察的经验确证,信任本身的意义,也需要通过其中包含的预期或期望而得到体现。如果单纯限于当下行为,则信任对主体未来的选择和行动,便失去了实质的意义。

信任以人与事为指向,它本身也基于主体间的交往,在此意义上,信任并不仅仅表现为个体的抽象意识,而是自始便关联着现实的社会生活中人与人之间的相互作用。无论是宽泛意义上的个体间互动,抑或经济、政治、教育、文化等领域的活动;不管是商品流通过程中的交易双方,还是就医治疗过程中的医患之间,信任体现于不同的社会关系。与信任相涉的人与人的关系可以有不同的形式,而关系中的人所具有的可信赖、真诚等品格,则同时具有伦理的意义。从伦理学的视域看,信任既涉及道德规范,也关乎道德品格。事实上,前面提及的真诚性、可信赖性,便内含道德的意蕴。在信任的发生和形成过程中,无论是信任的对象,还是信任的主体,都以不同的方式关联着广义的道德规定:就对象而言,如前所述,其内含的真诚、可信赖等品格具有道德的意义;就主体而言,以什么为信任的对象(信任什么),也关乎道德的立场:若以危害社会、敌视人类者为信任的对象,便表明该主体与相关的对象具有同样或类似的道德趋向。具有道德意义的规范和品格,与信任所涉及的价值取向和价值观念呈现一致性,不妨说,内含于信任之中的道德规范和品格,从一个方面将信任所涉及的价值取向和价值观念具体化了。

二

信任既是一种在社会中形成和发生的观念取向,也是社会本身运行、发展的条件。从本体论上看,相信人生活于其间的世界具有实在性,是人生存于世的基本前提。如果一个人对满足其衣食住行等生存需要的各种对象都持怀疑的态度,那么,他就无法运用相关的现实资源来维持自身的生存。进而言之,如果对足之所履、身之所触的一切对象之真切实在性缺乏必要的确信,则人的整个存在本身也将趋于虚无化。怀疑论者固然可以在观念上质疑世界的实在性,但如果将这种态度运用于现实生活,则他自身的存在便会发生问题,从而,其怀疑过程也失去了本体论的前提。

从社会的层面看,人与人之间基于理性认知和一定价值原则的相互信任,是社会秩序所以可能的条件。康德曾对说谎无法普遍化的问题作了分析,①其中也涉及诚信及广义的信任问题。一旦说谎成为普遍的言说方式,则任何人所说的话都无法为他人所信,如此,则说谎本身也失去了意义。尽管在康德那里,说谎无法普遍化的分析侧重于形式层面的逻辑推论,但形式的分析背后不难注意到实质的关联:说谎的普遍化导致的是信任的普遍缺失,后者又将使社会生活无法正常展开。这一关系从反面表明:社会秩序的建立、社会生活的

---

① Kant, *Grounding for the Metaphysics of Morals*, Hackett Publishing Company, 1993, pp.14－15.

常规运行,难以离开人与人之间的社会信任。从正面看,在相互信任的条件下,不同的个体往往更能够彼此交流、沟通,并克服可能的分歧、形成相互协作的关系,由此进而建立和谐、有序的社会共同体。

如前所述,信任内含预期或期望。预期不同于当下的态度和取向,而是具有未来的指向性,这种未来指向涉及的是社会信念的延续性或持续性。与之相联系,包含预期的信任,同时关联着社会秩序的持续性和稳定性。社会由具体的个体构成,社会秩序的形成,也离不开个体之间的交往和联系。作为个体交往的一种形式,信任无疑通过确立比较稳定的个体间关系,为社会秩序的建立和延续,提供了某种担保。

在观念的层面,信任既与一定的知识经验、价值观念相涉,又构成了进一步接受已有知识经验、价值观念的前提。个体之间的社会交往过程,往往涉及知识经验的掌握和积累,信任在这一过程中有其不可忽视的作用:以信任为前提,个体对他人所提供的知识经验,常常更容易接受。知识经验的这种传授过程,可以使个体无需重复相关的认识过程。同样,对相关个体的信任,也会兼及其价值取向和价值观念,并相应地倾向于对这种价值观念持肯定或正面的态度。

信任同时具有实践的指向,其意义也在不同形式的社会实践中得到体现。从经济、政治、军事领域,到教育、文化等领域,实践参与者之间的互信,对于相关社会实践的有效展开,具有不可忽视的作用。从积极的方面看,个体对其他实践参与者的信任,有助于彼此之间的协调、合作,在做什么、如何做等方面形成共识,这种协调和共识从一个方面为实践活动的成功提供了担保。伯纳德·威廉斯曾以信任为社会合作的前提:"合作活动的一个必要条件是信任。"①这一看

---

① 〔英〕伯纳德·威廉斯:《真理与真诚》,徐向东译,上海:上海译文出版社,2013年,第113页。

法无疑也有见于以上关系。就消极的方面而言,参与者之间的互信,可以防止不必要的误解或误判,由此进一步避免对实践活动产生消极影响。在市场经济的背景下,个体之间的相互信任,可以通过降低交易成本、减少违约风险,等等,而使商品流通过程顺利展开。

就个体而言,信任构成了其行为系统的重要环节。在行为目标的确定、行为方式的选择等方面,信任对个体的影响都渗入于其中。按其现实形态,个体的行为总是发生并展开于社会共同体之中,其行为过程也以不同的形式受到共同体的制约。这里既有认知意义上的相信,也有评价意义上的信任;前者主要指向事,后者则关联着人。现代行动理论常常以意欲加相信来解释行动的理由,根据这一观点,则当行动者形成了某种意欲,同时又相信通过某种方式可以满足此意欲,则行动便会发生。这种行动解释模式是否确当无疑可以进一步讨论,但它肯定相信在引发行为中的作用,显然不无所见。行为过程不仅涉及事,而且关乎人,后者与信任有着更为切近的联系。接受某种行动建议、参与一定共同体的实践过程,通常都基于对相关主体的信任。可以看到,认知层面的相信与评价层面的信任,从不同的方面影响着个体的行为选择。

从个体与社会的关系看,信任内含信赖,对他人的信任,以他人的可信性和可依赖性为前提,他人的这种可信性和可依赖性,同时赋予个体以存在的安全感。前面曾提及,在本体论的意义上,对世界实在性的确信,是人存在于世的前提,不过,这种本体论意义上的信任,还具有形而上的性质。社会领域的信任,则体现了人与人之间的现实关系,它扬弃了个体面向他人时的不确定性,使人能够相互走近并在一定程度上跨越彼此之间的距离感,从而既赋予个体存在以现实的形态,又使这种存在形态不同于"他人即地狱"的异己性。当然,基于信任的这种主体间关系,并不意味着消解个体的自主性和独立性,如上所述,以理性认知为前提,信任不同于随波逐流式的盲从,这一意义上的信任与个体自身的独立判断相联系,既具有自觉品格,也体现了个体的自主性。

三

作为社会本身运行、发展的条件,人与人之间的信任关系如何建立? 这里既涉及信任主体,也关乎信任对象;既与社会规范和体制相涉,也与主体人格和德性相关。

在信任问题上,个体总是涉及二个方面,即为人所信与信任他人。就前一方面而言,如何形成诚信的品格,无疑是首先面临的问题。《论语·阳货》中有如下记载:"子张问仁于孔子。孔子曰:'能行五者于天下为仁矣。''请问之。'曰:'恭、宽、信、敏、惠。恭则不侮,宽则得众,信则人任焉。敏则有功,惠则足以使人。'"这里可暂不讨论恭、宽、敏、惠,而集中关注其中的"信"。这里的"信",主要表现为守信或诚信,所谓"信则人任焉",意味着如果真正具有诚信的品格,便能够为人所信并得到任用。也正是在同样的意义上,孔子强调"与朋友交言而有信",①孟子则进而将"朋友有信"②规定为人伦的基本要求之一。儒家视域中的朋友,可以视为家庭亲缘之外的社会领域中人与人之间的一般关系,在引申的意义上,这种关系具有普遍的社会意义。与朋友的这种社会意义相应,"朋友有信"也意味着将诚信和守信视为人伦的普遍规范。在有序的社会交往结构中,以诚相待和言而有信,既是这种交往秩序所以可能的条件,也是交往双方应尽的

---

① 《论语·学而》。
② 《孟子·滕文公》。

基本责任,一旦个体置身于这种交往关系,则同时意味着承诺了这种责任。

就个体自身而言,作为信任条件的诚信关乎内在德性或人格。中国哲学对"信"与德性及人格的关系很早就予以较多的关注,儒家提出成人(成就理想人格)的学说,这种理想人格便以实有诸己(自我真正具有)为特点。孟子强调"有诸己之谓信"①,信与诚相通,有诸己即真实地具有某种德性。《中庸》进而将"诚"视为核心的范畴,以诚为人格的基本规定。《大学》同样提出了"诚"的要求,把"诚意"规定为修身的基本环节。与德性培养相联系的"信"、"诚",首先意味着将道德规范内化于主体,使之成为主体真实的品格。这种真实的德性、真诚的人格,为人与人之间交往过程中达到诚信,提供了内在的担保。

当然,儒家对仅仅执着于信,也曾有所批评。孔子便指出:"言必信、行必果,硁硁然,小人也。"②从形式上看,将"言必信"与小人联系起来,似乎对"信"表现出贬抑之意。然而,以上批评的前提在于将"信"与"必"关联起来,而此所谓"必",则与绝对化、凝固化而不知变通相涉。"信"本身是一种正面的品格,但一旦被凝固化,则可能走向反面。以现实生活中可能出现的情形而言,如果一名歹徒试图追杀一位无辜的人士并向知情者询问后者的去向时,如果该知情者拘守"信"的原则而向歹徒如实地提供有关的事实,便很可能酿成一场悲剧。当孔子将"言必信"与小人联系起来,其中的"必"便类似以上情形。

伦理意义上的信任,体现于人与人之间的关系。从关系的层面

---

① 《孟子·尽心下》。
② 《论语·子路》。

看,信任以对象的可信性为前提。前面提及的"信则人任焉"中的"信",也蕴含着可信性。信任固然表现为主体的一种观念取向,但这种取向的形成,本身关乎对象。在消极的意义上,当对象缺乏可信的品格时,便难以使人产生信任之感,老子所谓"信不足,焉有不信焉"①,便表明了这一点。尽管老子的以上论述首先涉及统治者与民众的关系,但"信不足"与"不信"的对应性,并不仅仅限于上述政治领域。在积极的意义上,如果相关对象的所作所为都始终诚信如一,那么,人们对其后续的行为,也将抱有信任之心。对象的可信性与信任的以上关系表明,信任并非仅仅源于主体心理,而是同时具有与对象、环境相关的客观根据。

在商业活动中,人们常常以"货真价实"来表示某种商品的可信性,它构成了商业活动经营者取信于人的条件。从否定的方面看,经商过程中的这种诚信,还表现在不欺诈:商业活动中的欺诈行为,总是受到普遍的谴责,而这种活动所推崇的正面原则之一,便是以诚信的态度对待一切人。直到今天,反对假、冒、伪、劣仍是商业活动的基本要求,而与"假"、"伪"相对的,则是真实可信。从形式上看,假、冒、伪、劣似乎主要与物(商品)相关,但在物的背后,乃是人:产品的伪劣、商品的假冒,折射的是人格的低劣、诚信的阙如,而商业活动中诚信的缺乏,则将导致这一领域中信任的危机。

前文曾提及,信任既涉及为人所信,也关乎信任他人,前者意味着个体自身具有可信性,后者则表现为给可信者以信任。就个体而言,在与人交往的过程中形成并展现可信的品格,这是可以通过自身的努力而达到的,但他人是否信任自己,则无法由个体自身所决定。

---

① 《老子·第十七章》。

荀子已注意到这一点："能为可信,不能使人必信己。"①不过,从信任关系的角度看,他人是否信任自己,固然无法由具有可信品格的个体自身所左右,但对可信的他人予以信任,则是个体自身可以决定的。孔子曾指出："君子不逆诈,不亿不信。"②依此,则一个有德性的人(君子)既不应无条件的预测他人为欺诈之徒,也不可无根据地妄疑(臆想)他人不可信。在这里,同一个体处于双重位置:作为信任关系中的对象,他无法支配他人如何对待自己;作为信任关系中的主体,他则可以自主地决定如何对待他人。更具体地看,以理性意识为内在规定,信任不同于无根据的盲从,但在对象的可信品格已得到确证、从而可以有充分的根据予以信任的条件下,却依然拒绝信任,这种态度便走向了与盲从相对的另一极端。从伦理学上说,妄疑一切、无端臆测他人的不诚,并对可信的对象始终缺乏信任感,这同样也是一种道德的偏向。这种偏向不仅常常伴随着过强的怀疑意识,而且在片面发展之下,容易引向"宁我负人"的异化形态,从而既使人与人之间的日常沟通成为问题,也使社会领域中的信任关系难以建立。

从更广的社会层面看,社会成员之间的互信,并不仅仅基于个体的德性和人格。韦伯在谈到信任问题时,曾认为,中国传统的信任以血缘性共同体为基础,建立在个人关系或亲族关系之上,而新教背景中的信任则基于信仰、伦理共同体,后者超越了血缘性共同体,并在后来逐渐以理性的法律、契约制度为保障。③ 韦伯对中国传统信任形式的具体判断是否确当,无疑可以讨论,但以上看法所涉及的信任与

---

① 《荀子·非十二子》。

② 《论语·宪问》。

③ 〔德〕马克斯·韦伯:《儒教与道教》,王容芳译,北京:商务印书馆,1995年,第289—296页。

制度的联系,则值得注意。历史地看,儒家所说的"信",事实上便与礼相联系,在仁、义、礼、智、信的观念中,即不难注意到这一点,而其中的礼则既表现为一种普遍的规范系统,又涉及政治、伦理的体制。在此意义上,广义之"信"已与体制相关联。近代以来,制度或体制在社会交往过程中的作用,得到了更多的关注。从现实的存在形态看,信任关系的建立固然有助于人们之间的沟通、协调、合作,并由此担保实践活动的有效和成功;但在某些情况下,失信也会给失信者带来益处,并使之趋向于作出与失信相关的选择,后一行为如果缺乏必要的制衡,将引向社会交往过程的无序化。在这里,公共领域中的制度便展现了其不可或缺的作用。以一定的程序和规范为形式,制度既为人的行为提供了引导,也对人的行为构成某种约束。就信任关系而言,通过契约、信用等制度的建立,失信便不再是无风险的行为,相反,失信者将为自己的相关行为付出沉重代价。在这方面,相关制度无疑展现了一定的惩戒和震慑作用。如果说,个体的人格和德性从内在的方面为社会信任关系的建立提供了某种担保,那么,公共领域的制度建设则在外在的方面构成了信任关系形成的现实根据;考察社会领域中的信任问题,需要同时关注以上两者的相互关联。

(原载《中国社会科学》2018 年第 4 期)

伦理学视域中的
共同体、心态、真假

一、共同体的伦理意义

共同体伦理关乎共同体的伦理意义。这里所说的共同体,在宽泛意义上可以是集体、集团或团体。以上视域中的共同体既不同于个体,也有别于一般的人群;既不同于传统的天下之人,也有别于现代意义上的公民:后两者虽有基于情理(天下之人)与基于法理(公民)之别,但同时又主要表现为空间上共在的群体。比较而言,共同体包含更具体的规定。

从其自身存在形态来看,人总是既以个体方式存在,又处于一定社会关系之中,共同体从一个方面突显了人的社会性的品格。在较为严格的意义上,共同体可以看作是一种有组织的人群,其中的成员之间具有多样的关系,包括纵向层面上下之间的关系,横向层面相关成员之间的关联。作为有组织的人群,共同体包括政党、军队、企业,以及宽泛意义上的学术团体、文化协会,等等。在现代社会中,军队便往往被视为执行政治任务的武装集团(特定的共同体)。从更为内在的层面看,共同体中的成员总是具有共同或相近的价值取向、利益关切,没有共同或相近的价值取向和利益关切,便很难构成有组织的群体。

从伦理学上说,行为的主体常常表现为个体。在什么意义上,共同体可以成为道德行为的主体? 这一问题当然可以从不同的角度考察,而从社会实体与社会主体的关联这一角度理解共同体,则是其中一种可能的思路。从现实的层面看,共同体承担着行动主体的功能。作为伦理的存在,共同体既与 agency 相关,也与 agent 相涉,agency 可理解为机构、组织这一类社会实体,agent 则是行动的实施者或行动主体,而在共同体中,agency 和 agent 似乎融为一体,它从一个方面体现了社会实体与社会主体之间的统一:仅仅关注其中一个方面,都不足以把握它的本然形态。正是社会实体与社会主体的统一,从一个方面赋予共同体以行为主体的品格。

进一步看,社会实体与社会主体,本身在不同意义上涉及不同的社会关系:无论是社会实体,抑或社会主体,都是关系中的存在。以机构、组织这一类社会实体而言,作为一定的共同体,它们既面临自身不同成员之间的相互作用,又彼此之间存在多样的关联。同样,以共同体形式呈现的行动实施者或行动主体,也在行动过程中涉及不同的社会关系,后者以动态的形式具体表现为参与者之间的彼此协调、行动主体与作用对象的互动,等等。可以说,正是这种现实的社会关联,为共同体融合社会实体与社会主体提供了前提。

社会行动与社会责任相互关联。作为行为主体,共同体同时又是责任的承担者。不过,与单一的行为主体不同,共同体作为涉及多重关系的有组织的群体,包含着不同的成员和个体,这些不同成员和个体在共同体行动中的作用并不完全相同,所承担的责任也相应地各有差异。考察共同体的责任,尤其需要关注共同体行动的一般参与者和共同体行动的主导者之间的区分,二者的分别与具体成员在共同体中的不同地位具有某种对应性。如后文将进一步提及的,作出以上区分,对于评价共同体的伦理行为十分重要。

共同体及其行动同时涉及多样的关系。道德主体总是需要面对不同的伦理关系,在共同体的层面,具体而言,涉及集团与集团之间,如政党之间、企业之间、文化团体之间、军队之间等关系。共同体是具有共同的价值取向、相同的利益关切、相似的行动方式、一定的责任承担的群体,共同体与共同体关系的背后,蕴含以上的不同内涵,而共同体之间的关联,则表现为具有共同的价值取向、共同的利益、相近的行为方式的有组织人群之间的交往和互动。共同体同时涉及与共同体之外的个体的关系,如作为共同体的政府机构与这些机构之外的社会成员之间的关系,具有社会服务功能的这些机构是否为不同的社会成员提供良好的服务,直接关系机构之后的政府形象。在更广意义上,还可以看到共同体与社会之间的关系,如企业和消费群体之间的关系,便具有宽泛的社会意义,假冒伪劣产品危害消费者的权益,所涉及的便是共同体和社会之间的关系,其影响所及,往往关乎社会秩序及稳定发展。

在共同体内部,存在着共同体成员(个体)和共同体之间的关系。一方面,个体总是被要求服从于共同体、忠诚于共同体、维护共同体利益和共同体的形象。宽泛而言,从企业中的上下协力、爱厂如家,到更普遍意义上的爱国情怀、社会担当,实质上都关乎个体与共同体之间的一致。共同体是通过个体呈现出来的,离开了一个一个的个体,共同体就是抽象的。作为共同体的成员,个体需要注意维护共同体的形象、保持对共同体的认同。另一方面,就共同体对于个体的关系而言,重要的是对个体的自主性、独立性的尊重,避免将个体湮没于共同体之中,或者说,防止使个体趋向于普遍化。

从伦理的角度看,共同体所要处理的问题,主要是不同的关系,包括共同体与共同体之间、共同体与共同体之外的个体等关系。在交往和互动过程中,需要遵循普遍的伦理原则,如相互尊重、公平公正、互惠互利,等等。从共同体内部来看,应当关注认同与承认的统一。一方面,共同体的成员或共同体之中的个体对共同体应形成认同意识,将自身融入于共同体,形成对于共同体的归属观念,注重维护共同体的形象,等等。另一方面,就共同体与个体之间的关系而言,则需要对个体的权利、个体的多样存在形态予以承认,警惕个体的大我化、普遍化以及忽略个体的自主性、独立性。质言之,不能以共同体消解个体。

在社会发展的过程中,个体的社会担当、家国情怀所体现的主要是认同意识,以奉献精神、爱国情操等为具体的表现形式,这种意识对于社会的凝聚不可或缺。与之相辅相成,共同体对个体的承认,则需要通过切实地提高个体在经济、政治、文化等各个方面的存在境遇,使之与社会的发展同步地形成某种具体的"获得感",由此进一步深化对共同体的归属意识。

认同与承认同时关乎共同体与个体更为深层的关系,后者首先体现于避免共同体的个体化。在经济层面,共同体的个体化意味着把共同体、共同体的利益变成个体的私利,以个人侵吞或占有整个共同体的利益,等等。在政治方面,这种个体化则表现为通过不当手段实现对共同体的个人化控制,使共同体成为被个人或少数人所支配的工具。对共同体的以上理解和利用,本质上同样是缺乏对共同体的认同:它所引向的,不是对共同体的肯定和维护,而是对其消解和架空。对于共同体之中的一般成员来说,认同主要表现为对共同体的忠诚和服从,而对于共同体的主导性人物来说,认同则同时体现于避免对共同体的过度控制,防止共同体的个体化。

进一步看,这里同时关乎责任问题。共同体中的不同成员对于共同体的责任往往也存在差异,共同体的一般成员与共同体的主导者对于共同体的行为需要承担不同的责任。相对于共同体行为的一般参与者,共同体的主导者对共同体的行为及其结果应当承担更多的责任。这里,重点在于不能以共同体来掩盖共同体一般成员以及主导人物的不同责任,如二战时期纳粹对犹太人的屠杀活动,其中既有一般的参与者,也有为首或主导的人物,对其后果,一般参与者应当承担责任,主导者更应负责,既不应将账仅仅算在某一为首者之上,也不能为主导人物随意开脱,而在更一般的意义上,则不能单纯关注共同体(如纳粹组织)的过失而忽略其中不同个体的责任。

以上主要侧重于从消极的方面,即避免利用共同体来掩盖个体的责任。与之相反相成的是在积极的意义上承认个体在共同体中的不同贡献,避免无视共同体之中的个体成员在具体作用方面的差异。这一点在科学研究等活动中体现得尤为明显。科学研究需要集体攻关,但在一定的科学共同体中,个体在探索、解决问题方面,往往扮演不同的角色,其中的核心或领军人物,在科学探索的方向、途径、方式等方面,每每展现独特的视域,后者同时具有引导性,如实地肯定科学家在科学探索活动中的不同作用,不仅是对事实的正视,而且也体现了对科学家个体的尊重。以青蒿素的发现过程而言,其中既有研究团队的集体配合与协调,也体现了科学家个体的多样才智和不同贡献。它从一个具体的方面表明,在共同体与个体的关系中,既需要注重个体对共同体的认同,也不能忽视共同体对于个人的承认。

二、作为精神取向的心态

共同体首先与群体相关,从个体的层面看,同时需要关注心态及其伦理意义。以精神取向为其现实内容,心态内在于人的在世过程,并影响着人的行为、制约着个体与社会关系的协调。在社会的变革时期,心态的以上影响和制约,往往显得更为突出。与以上特点相联系,心态既是一个可以从哲学层面加以讨论的问题,也是一个关乎现实的话题。

心态内在于个体,但又具有社会的内涵,就此而言,它既关乎个体的心理,也是一种社会现象。从总体上看,心态可以视为一种综合性的精神形态。

作为综合性的精神形态,心态的内容至少包含以下方面。首先是相关的知识经验。心态的形成,离不开对于外部世界的理解、对人自身处境的把握、对个体与社会、个体与个体之间关系的认识,其中总是包含相关的知识经验。其二是一定的价值取向,包括价值原则、价值理想等等。价值理想关乎什么值得肯定、什么应当追求、什么是好的生活,等等。对于价值原则、价值理想的不同理解,往往制约人的不同心态。单纯的知识经验还不足以形成相关的社会心态,知识经验只有与一定的价值观念相结合,才能生成为具体的社会心态。其三,心态总是和一个个的个体联系在一起,从而,它又与心理层面的个性特点相关联。人的个性具有多样性,有的可能比较内向,有的则也许更趋向于外向;有的比较执着,有的则比较随意,等等,这些差异也会影响个体的心态。如内向者相对于外向者而言,或许更容易引发忧郁甚至悲观的心态。

以知识经验、价值观念以及心理个性为内容,具体的社会心态同时表现为人们对待世界的一种精神取向以及个体独特的生活态度，后者又进一步影响着人们的行为取向和行为方式。

心态属广义之"心"，心态和现实世界之间的关联，也与更广意义上心和世界的关系呈现某种相关性。从宽泛的意义上说，人心和世界之间的关系可以表现为两种形态。首先是认识之维，在这一关系中，人心和世界的关联具体表现为人心适应于世界：认知关系以人把握、认知世界为指向，在如上关系中，认识这个世界构成了具体的目标。尽管在这一过程中，人们同样需要发挥主观能动性，心也会从观念的层面对认识过程发生影响，但其终极的指向是如其所是地把握世界，后者在总体上表现为人心对世界的适应。

人心和世界的关系还涉及实践的层面，在实践层面上，两者关系更多表现为世界适应人心。在实践关系中，人们总是把认识的成果和自身的价值追求、价值理念结合起来，形成一定的理想、计划、蓝图，并通过多样的实践过程使之付诸现实。这是一个改变世界的过程，从宽泛意义上来说，改变世界也就是让世界适应人心。尽管在这一过程中，人也要遵循自然的法则，但从其最后的指向看，则是让世界合乎人的价值追求。

人心与世界的以上关系，也体现于心态和世界之间。宽泛而言，心态既制约自我，也影响世界。作为影响世界的一种精神形态，心态内含价值创造的意向，后者同时隐含着让世界适应人心的趋向。从具体个体来说，让世界适应人心意味着努力地去改变个体的处境和现状，使现实更符合自身的人生追求。心态同时又包含着对世界的把握，包含知识经验，这种知识经验与个体自身的价值观相结合，又会进一步引导人们去进行自我的调节，这种自我调节包括协调人与外部世界的关系，其中隐含着要求人心去适应这个世界：在很多情况下，欲协调好人与外部存在之间的关系，便需要人去适应外部的现实世界。

心态与世界的以上两重关系各有其独特的意义。从创造的意向出发,让世界适应心态所包含的价值要求,意味着积极地从事各种形式的价值创造活动,以改变世界,实现人的理想。从终极的层面看,这种理想的社会表现为马克思所说的为每一个人的自由、全面发展提供前提。通过自我的调节,让人心去适应世界,则可以使人避免走向负面意义上的否定性心理趋向,不断调整和外部世界之间的积极关联。可以看到,广义的心态,并不与通常所说的人心完全相分离,人心和世界的两重关系也同样制约着心态和世界之间的关系。

心态作为对待世界的一种精神趋向,总是表现为人对外部世界、外部现实的相对稳定的精神形态。人对一定时期的现实,包括自己的生活处境的把握和认识,总是包含确定的内容,人的价值趋向,也具有相对稳定性。与之相联系,心态不同于偶然的意念或一时的心理波动,而是呈现比较稳定的特点。

然而,心态又是可以转换、可以改变的。心态转换的根源,可以从两个方面去理解。一是外部现实的变化,这种变化包括自身处境的改变,即在自身的发展过程中,个体自身的境遇得到某种改善,或者相反,变得不如人意。处境的变化,常常会影响个体心态:如果个体处境呈上升形态,则心态往往呈现积极的趋向;反之,则容易走向消极。从更广的意义上来说,公正的社会秩序的存在或阙如,也会影响个体的心态。当外部社会环境体现了公正的社会要求、个体的权利得到充分保障、个人既有发展的机会,也有发展的空间或前景时,个体的心态更容易获得正面的内容,反之,缺乏公平正义的社会环境,则往往对人的心态产生负面的影响。以上事实同时表明,建构公正合理的社会秩序对形成健全的个体心态,具有不可忽视的意义。

心态转换的另一侧面,关乎个体自身精神世界的提升,后者涉及社会教育、个体自身的实践、修养、涵养，等等。在同样的社会境遇中，具有不同精神境界的个体，往往会形成不同的心态。当外部环境不如人意时，一些人可能会形成消沉、不满的心态，另一些人则可能进一步坚定改良社会的信念，与后者相联系的是积极乐观的心态。心态的以上差异，关乎精神境界的高下。与之相联系，如何通过个人的自我涵养、自我修养来不断提升自身的精神世界，由此进一步形成具有正面意义的心态，这是讨论心态问题时难以回避的问题。

心态作为一种社会性的意识，植根于一定社会现实，并相应地涉及多重的社会关系、社会角色。心态的发生首先关乎自我和社会、自我和他人之间的关系。心态总是在与他人的现实交往过程中逐渐地生成起来，其内容与个体自身在社会中所占据的地位难以分开。在社会发展过程中，有些人可能会成为弱势群体，而所谓弱势，便是与一定社会共同体中的其他个体比较而言。当个体在社会中身处以上境域时，常常容易形成某种失落的心态。反之，当个体在一定的社会共同体中的地位优于其他个体时，往往更容易形成所谓成功者的心态。如果缺乏交往、比较的对象，相关的心态便无从形成，这一事实也从一个方面体现了心态的社会意识特点。

个体在社会中的不同处境，大致可以区分为顺境和逆境。对于个体心态来说，在处于以上两种境遇时，都面临如何自我调节的问题。处于顺境之时，从消极方面来说，应当如儒家所说，做到"富而无骄"，亦即防止产生过分的自我优越感或骄横的心态等等；从积极方面来说，则应该有一种"兼济天下"的胸怀。在身处逆境的情况下，心态的调整则面临不同的问题。从正面来说，此时需要有"独善其身"的境界，即虽处于逆境，依然保持积极向上、自我完成、自我提升的精神和志趣；就消极的方面而言，则应避免由失落、不满走向怨恨他人、敌视社会。以上的心态调整与个体适应社会的过程相一致，对社会的和谐与有序发展,都有重要意义。

心态同时涉及利和义的关系。心态包含对现实的感受,这种感受说到底总是关乎名和利。处于逆境中的人容易心怀不满,甚至心理失衡,这种失衡最终也根源于名和利。从心态调整的角度来看,如何合理处理利和义之间的关系,对于个体来说是无法回避的问题。在市场经济的时代,个体的权利常常变得更为突显,维护个体的正当权益,避免侵犯这种权益,是社会实现公平正义的基本要求。但同时,也应避免一味地追逐名利甚或不择手段去谋取个体利益。孔子在肯定"富而可求也;虽执鞭之士,吾亦为之"的同时,又强调"不义而富且贵,于我如浮云"。[①] 这种"富而可求"则为之、"不义而富且贵"则视如浮云的观念背后,蕴含着对待义和利的合理心态。

进一步看,心态问题还涉及淡泊和进取的不同人生取向。淡泊主要表现为儒家所肯定的心态,相关的心态在道家那里呈现为知足,在佛教那里则展现为放下(所谓"一切放下")。与淡泊、知足、放下相对的是进取、不知足、更上一层楼。心态的调节,同样关乎以上不同人生取向的定位。过分强调淡泊、知足、一切放下,常常会抑制进取、奋斗、创造的精神;过分地执着于不知足、强调进取,则在实践上容易以合目的性压倒合法则性:对价值目标的追求,往往导致忽视尊重存在法则的问题。同时,相对于一个人已经取得的成就和达到的成果而言,他的理想目标总是会显得相对遥远,二者之间的距离,往往容易引发个体的失落感。这里,如何在淡泊、知足、一切放下与进取、奋斗、创造的精神之间把握适当的"度",对于形成健全的人生取向和健全的心态,无疑十分重要。

心态问题对个体来说同时涉及开放宽容和现实批判之间的关

---

① 《论语·述而》。

系。开放宽容意味着接受不同的意见，以健康的心态对待他人（包括他人取得的成就）、对待社会（包括社会发展和进步所达到的新的形态），等等；现实批判则意味着拒绝随意地去迎合他人或在生活中随波逐流。开放宽容和现实批判之间的关系，与前面提到的人心与世界的二重关系具有对应性：如果说，开放宽容体现了人心适应世界的这一面，那么，对现实的批判可以看成是改变现实、让世界适应人心的引申。

综合起来看，社会心态既是一种社会意识，又是个体的精神取向。在心态背后，一方面存在着社会现实、社会关系；另一方面，又隐含着个体精神世界、个体精神境界。与此相应，在研究社会心态的过程中，一方面需要考察、把握心态背后多样的社会关系、社会现实，这种考察可以从社会学、心理学、哲学等不同学科的角度加以展开；另一方面，从个体精神世界的角度看，在心态的引导转换过程中，自我的涵养、境界的提升，同样具有不可忽视的意义。

三、伦理意义上的"真"与"假"

由心态进一步考察个体的道德意识，便涉及伦理意义上的"真"与"假"。广而言之，作为一个哲学问题，"真"与"假"的关系可以从不同的方面加以考察。在认识论上，真假关乎知识与事实的关系，命题性知识，便被视为包含真假的陈述；在伦理或价值的层面，真假则常常与诚伪相涉，并具体表现为真诚与作假或伪善之间的关系。比较而言，中国哲学对后者更为关注，以中国哲学中的是非之辩而言，其中固然包含认识论意义上的真假问题，但更多地侧重于价值意义上的正当与不正当或善与恶，后者在广义上关乎真诚（正当、善）与伪善（不正当、恶）之别。

真诚与作假或伪善之间的关系，逻辑上关乎"假装的真诚"与"真诚的假装"二重形式。假装的真诚,属道德上的作假,其性质近于伪善。孔子区分了为己与为人,为己即培养真诚的德性,造就一个真实的自我;为人则是为了获得他人的赞誉而刻意矫饰,其结果往往流于虚伪。从真假之辩的角度看,上述意义上的为人,主要以做给别人看为特点,它在实质上表现为假装认同一定历史时期的道德原则并依此而行,以求获得社会的肯定。这一类假装的真诚,每每被视为伪君子或假道学。

相对于"假装的真诚","真诚的假装"可以区分为二重形式。其一,尽管其依循道德原则的行为主要是"为人"(做给别人看),但又"真切地"希望在这方面装得像一点(给人以似乎"真实"的外观),这一意义上的"真诚的假装",在实质上近于"假装的真诚",从而,与伪善无根本的不同。其二,真实地融入某种所扮演(假装)的角色,力求如其所是地接近于所假装人物的形态。后一意义上的"真诚的假装",既包含真假交融的一面,也在逻辑上包含弄假成真的可能:一个人想扮演(假装)有德性的人,如果其言行确实如同有德性的人,并且保持一生,则在他人的眼中,他与有德性的人便无根本不同。

基于诚的原则,儒家对"伪"意义上的"作假"持否定的态度。在儒家看来,道德以诚为前提,孟子肯定"有诸己之谓信","有诸己"即真正拥有,对孟子而言,德性唯有真正拥有,才是真实的。如上所述,儒家区分为己与为人,并否定缺乏成己的真诚意愿、仅仅形之于外的"为人",也从一个方面体现了以上立场。同样,孔子将作为真诚德性的"仁"与"巧言令色"对立起来:"巧言令色,鲜矣仁。"[1]"巧言"与"令色",都具有刻意矫饰的性质,其中包含作假之维:虽并未在内心真正接受和认同,但却在言词上曲意迎合,即属"巧言";实际并无敬

---

[1] 《论语·学而》。

重等意,却装出敬重等神色,便属"令色"。对"巧言令色"的摒弃,也意味着在道德的层面否定作假。

从个体或自我的侧面看,作假或假装还涉及自欺或欺人。以自欺而言,尽管个体不希望发生的事已经发生,个体也清楚地了解这一点,但他却拒绝承认或不愿相信这一情形,这种明知事情已发生、却依然拒绝承认已发生的事情的现象,通常被归属于自欺。以上的拒绝承认或不愿相信,可以是因为无法接受既成事实,也可以是因为希望事情发生某种转机。从"明知"某种事实已发生、却仍认为它"没有发生"这一角度看,以上情形也似乎近于假装——"真诚的假装"。就此而言,上述形态的所谓"自欺",也相应地涉及假装。

然而,严格而言,以上情形的自欺,还需作进一步的分析。按其实质的内涵,自欺更多地关乎自我的立场和态度。这里需要区分事实性知识与自我的信念。一个人虽已具有某种事实性知识,却想使自己对这种事实处于无知状态,这是试图"自欺",然而,这种自欺通常无法真正实现。某人虽有某种知识,却不愿意相信,这则属另一种情况。后者具有非理性的特点(如受情感等支配而无视事实),在严格意义上,此类现象也与自欺也有所不同:自欺乃是自己无法不信,却试图让自己不去相信,或者自己无法相信,却试图强使自己相信。在以上意义中,作为自我的一种立场或态度,自欺内在地蕴含以下悖论:自觉地(理性地)相信自己在自觉和理性层面无法相信者,或者自觉地(理性地)不信自己在自觉和理性层面不能不信者。与之相对,"欺人"则表现为假装相信自己实际上不相信者或假装不信自己实际相信者。不难看到,自欺关乎自我,欺人则以他人为指向。在严格意义上,自欺的实质不在于作假或假装,唯有欺人才真正涉及作假或假装——如前所述,"真诚的假装"形态的"自欺"虽被视为自欺,但实质上已并非本来意义上的自欺。

伦理学上的形式主义

康德以三大批判展示了对真、善、美的追求,其中,第二批判(《实践理性批判》)主要体现了道德哲学或善的沉思。当然,康德的伦理思想并不限于第二批判,事实上,此前的《道德形而上学原理》及此后的《道德形而上学》,都从不同的方面表现了他对善如何可能的追问。这里将综合这些相关著作,对其中蕴含的形式主义倾向,作一简略考察。

具体的道德行为总是展开于一定的时空关系中,呈现特殊的形态和品格。相对于道德行为,道德原则或道德规范更多地呈现为普遍的规定:它超越特定的时空关系而制约着不同的行为。在道德领域,普遍的原则与规范的形成过程,往往伴随着一个形式化的过程,它抽去了人伦关系的具体内容,将这种关系所规定的义务(特定的"应当"),提升为一般的道德要求。从逻辑上看,形式化是道德原则与规范超越特定的时空关系、获得普遍性品格的前提。

以形式化为条件之一的普遍性,构成了道德原则的基本规定。康德已注意到这一点,在其伦理学著作中,他反复地强调:"仅仅根据这样的准则行动,这种准则同时可以成为普遍的法则(universal law)。"这一要求往往被理解为道德的绝对命令。[1] 道德原则的这种普遍性,为社会成员超越个体的特殊意向、形成共同的道德选择和道德评价标准,提供了基本的依据。即使是主体的道德自律,同样也离不开普遍性的向度。康德在谈到道德自律时,便强调了意志的自我决定与遵循普遍法则之间的一致性。[2] 这种共同的行为准则和评价标准,同时又是社会道德秩序所以可能的前提。当个体仅仅以各自的偏好为选择和评价的标准时,道德怀疑论和道德相对主义便是其逻辑的结果,而社会成员间的道德冲突亦将相应地取代社会的道德秩序。在这里,道德原则的普遍性既为个体超越单纯的经验存在提供了范导,又从一个方面担保了社会共同体中的道德秩序。

道德领域中的形式,往往蕴含着对感性规定的超越。康德一再要求将形式化的道德法则与感性的偏向(inclination)区分开来,并对二者作了严格的划界。感性的偏向往往基于感性的欲望,[3]在这一感性的层面上,人完全属于现象界,并受因果规律的支配,惟有纯粹的(形式的)道德法则,"才使我们意识到自己作为超感性存在(supersensible existence)的崇高性"。[4] 不难看到,道德的形式之维

---

[1] Kant:*Grounding for the Metaphysics of Morals*, Hackett Publishing Company, 1993, p30.

[2] Ibid. p49.

[3] *Grounding for the Metaphysics of Morals*, P24, note3.

[4] Kant:*Critique of Practical Reason*, Cambridge University Press, 1997, p75.

与道德的崇高性在这里被理解为相互关联的两个方面。由此出发，康德进而将道德意志的自律规定为人性尊严（the dignity of human nature）的基础。① 从内在的方面看，意志的自律即意味着摆脱感性的冲动（impulse）、偏向（inclination）等等的影响和限制，仅仅以理性的普遍法则为道德决定的根据。康德将认同形式化的道德法则视为实现存在崇高性的主要方式，当然不免过于抽象，但通过接受扬弃了特殊经验内容的普遍法则，从单纯的感性欲求等偏向中提升出来，确乎也构成了达到人的内在尊严的一个重要方面。在感性欲望的层面，人与其他存在往往相互趋近，如果仅仅以感性欲望的满足为追求的目标，则人固然在"实质"（material）的意义上得到了肯定，但其存在的崇高性往往难以展现，在此，以理性的"形式"（普遍的道德法则），对感性的"实质"作某种扬弃，无疑构成了实现人的尊严和存在价值的前提之一。

与要求扬弃感性的实质相应，康德一再强调道德法则的普遍有效性。在他看来，道德的法则"在任何情况下"（in all cases），对一切理性的存在（rational being）都具有决定作用，②所谓"任何情况"，已蕴含了道德法则作用的无条件性；按照康德的看法，道德法则总是以定言命令为其形式，相对于假言命令的条件性，定言命令则以无条件性为其特点。康德所理解的条件，首先包括具体的感性欲求和功利目的，定言命令意味着排斥一切感性的、功利的考虑。然而，就其与道德法则的关系而言，条件在广义上也涉及法则本身的作用方式，康德在拒斥以条件性为特征的假言命令时，也将道德法则与其作用的

---

① 参见 *Grounding for the Metaphysics of Morals*，p41。

② 参见 Kant：*Critique of Practical Reason*，Cambridge University Press，1997，p23。

条件隔绝开来。

就道德法则与经验领域的关系而言,康德所突出的是道德法则对经验的超越性。在他看来,普遍的道德法则不仅是先验地形成的,而且总是先于并外在于经验而作用于人的意志和行为。以朋友间的真诚友谊而言,即使在现实的经验世界中从来没有真正出现过真诚的朋友,朋友间的真诚性仍是对每一个人的要求,因为这是一种先验的义务,它同时作为先验的根据决定着意志。① 换言之,不管经验世界中是否存在道德法则作用的条件,道德法则都将先验地决定人们的意志和行为。道德法则作为价值理想的体现及具体伦理关系的抽象,无疑具有超越特定时空中经验现象的一面,但这并不意味着这种原则是先验的预设,更不表明其作用过程可以完全与经验领域相分离,康德似乎未能对二者作必要的区分。

就道德行为的内在机制而言,问题总是涉及道德的动力因问题:作为主体性的行为,道德是由什么力量推动的? 康德主要从理性能力与普遍法则的关系上对此加以探讨,在他看来,普遍的道德法则同时构成了这种(道德)"行为的驱动者"(an incentive to this action),行为的动力主要来自认同道德法则:"对道德法则的尊重是唯一的、不容置疑的道德驱动力。"而这种尊重又源于实践理性。② 即使意志的自律,所涉及的也只是与普遍法则相联系的"形式条件"(formal condition)。③ 在其晚年的《道德形而上学》中,康德进而主张"通过沉思内在的纯粹理性法则的尊严及德性的实践,以增强道德的激励力量"(the moral incentive),④道德的激励力量(moral incentive)属于动

---

① 参见 *Grounding for the Metaphysics of Morals*,p20。

② 参见 Kant:*Critique of Practical Reason*,p65,p67。

③ 参见 *Grounding for the Metaphysics of Morals*,p58。

④ 参见 Kant:*The Metaphysics of Morals*,pp158－159。

力因的范畴,但康德却将沉思理性法则视为其主要的来源,这种看法,实际上是以形式因(普遍的理性法则)为道德的动力因。康德从认同普遍法则的角度追寻动力因,无疑注意到了道德动力因中的理性规定,但从总体上看,这主要还是一种形式层面的考察。

作为道德行为的主体,自我或个体是包含多方面规定的具体存在,其中既有理性的因素,也有非理性的因素。就行为的动因而言,它不仅涉及对道德法则的理性认知和接受,而且受到主体的目的、意向、情感、意志等方面的制约,后者往往构成了行为更直接的推动力。价值目标的确立与动机的形成往往联系在一起,它在逻辑上构成了行为所以可能的前提,而目的(动机)的选择,则与主体的意向、境界等等难以分离,其中交织着欲望、情感、意志等作用。道德行为的过程同时要求对行为可能导致的后果加以评价,这种评价构成了确认或拒斥该行为的根据,而评价过程则既涉及理性的权衡,也渗入了情感的认同。此外,从目的、动机向行为的过渡,以及整个行为过程,都离不开意志的决定和定向,这种意志作用并不是如康德所认为的那样,"仅仅是理性的体现",并"完全由道德法则所决定",①作为个体的具体规定,它无疑有自身的作用机制。广而言之,道德法则本身从外在的他律到主体自律的转换,往往也需要通过个体的情感的认同、意志选择等环节来实现,仅仅停留于对道德法则的理性认知,而无行善的热忱和从善的意向,则法则所蕴含的"应当",常常很难化为现实的道德行为。康德以"形式因"为"动力因",似乎忽视了这一点。

当然,从某些方面看,康德在突出道德法则的普遍形式的同时,也注意到了道德的实质规定。首先应当一提的,便是将目的引入道

①　*Grounding for the Metaphysics of Morals*, P23; Critique of Practical Reason, p63.

德领域：在其提出的绝对命令中，便包括："始终将你自己及他人同时作为目的、而绝不仅仅作为手段来对待"，①以人为目的，涉及的是人的存在，其中无疑包含着某种价值的确认，后者已涉及实质的层面。以目的的引入为前提，康德还对伦理学与法权的学说作了区分，认为法权的学说主要涉及选择的形式条件（the formal condition of choice），因而无需导入目的的范畴，而伦理学则与目的相关。② 这一看法所指出的是如下事实：在法理关系的领域，行为只要合乎一般法规即可，而无需再追问该行为的目的；在伦理学领域，行为的性质不仅与是否合乎规范相关，而且涉及行为以什么为目的（以什么为动机）。康德特别强调了目的确立和选择的不可强制性："任何人都可以强迫我去做我并不以之为目的的事，但他并不能迫使我把做这种事作为我自己的目的。"③换言之，别人可以强迫我为他的目的服务，却不能把他的目的变成我自己的目的；主体在目的的选择上具有自由的权能。对目的与道德主体及道德行为关系的如上理解，无疑包含着对人内在存在价值的进一步肯定。这种理解同时又关联着目的与形式条件的区分，从而亦与实质相联系；事实上，康德在此意义上也肯定伦理学涉及实质的层面。④

对准则（maxim）与法则（law）关系的看法，是康德哲学中另一个值得注意的方面。按康德的解释，准则可以看作是普遍的法则在主体之中的体现；在准则的形态下，法则仿佛"成了你的意志的法则"，亦即取得了自我立法的形式。对法则来说，不存在"出乎意愿"的问

---

① *Grounding for the Metaphysics of Morals*，p36.
② *The Metaphysics of Morals*，p146.
③ Ibid. pp146－147.
④ Ibid. p146.

题,但以准则为根据的行为,则可以说是"出乎意愿"的行为。①　在这里,准则似乎构成了从普遍法则到主体行为的中介,事实上,康德亦肯定,法则并不是直接向行为颁布,而是首先向准则颁布。②　对准则的这种关注,显然也注意到了普遍法则如何在个体中具体体现和落实的问题。

康德对普遍性原则与人道原则(人是目的)的确认、对道德行为的目的之维及目的与主体自由关系的肯定、以及试图通过准则来沟通普遍法则与道德主体,等等,在某种意义上表现出对道德领域中形式与实质的双重关注。然而,如前文已提及的,在总的伦理立场上,康德的主导倾向仍是强调道德的形式之维。在他看来,德性的最高原则,乃是普遍性的法则,③而普遍性只能是形式的:"如果理性的存在能将其准则思考为实践的普遍法则,那么,他作如此思考的唯一方式就是将这些准则理解为这样的原则:它们成为决定意志的根据,仅仅在于其形式(form),而并不在于其实质(matter)。"④事实上,在康德那里,普遍与先验性、形式规定往往相互重合;普遍性首先是通过先验、形式来加以保障。

就目的与道德的关系而言,康德在引入目的之时,又一再强调,这种目的同时也是义务。在他看来,伦理学"不能将个人为自己设定的目的作为出发点",与道德行为相关的目的,应当以普遍法则为依据。⑤　离开了普遍道德法则而考察目的,只能导致目的之技艺学说(technical doctrine of end),后者所理解的目的往往与个人的感性冲

---

① 　*The Metaphysics of Morals*, pp152－153.

② 　Ibid. p168.

③ 　参见 *The Metaphysics of Morals*, p157。

④ 　*Critique of Practical Reason*, p24.

⑤ 　参见 *The Metaphysics of Morals*, p147。

动联系在一起,从而是主观的。① 感性的冲动更多地涉及实质的内容,与之相对,以普遍道德法则为依据并同时呈现为义务的目的,则具有形式化的特点:对康德来说,从义务出发,意味着为义务而履行义务,它在某种意义上表现为义务的自我同一;与这种自我同一的义务重合的目的,相应地亦体现了形式的品格。不难看到,在引入目的的同时,又通过以义务界定目的而使之形式化,构成了康德伦理学的特点之一。②

同样,关于准则(maxim),康德在肯定其与个体相关的同时,又反复地强调了其普遍性的规定,所谓"仅仅这样行动:你所遵循的准则(maxim),同时应当能够成为普遍的法则(universal law)"③,便表明了这一点。按照康德的看法,"实践领域一切合法性的基础,客观上就在于规则及普遍的形式(the form of university)"。④ 质言之,普遍的形式构成了准则更根本的方面。不难看到,康德在涉及实质的同时,又在总体上强调形式的主导性和绝对性。

(原载《历史教学问题》2001 年第 4 期)

---

① 参见 *The Metaphysics of Morals*, p149。

② 以人为目的作为价值命题,本来具有实质的意义,但康德却对其作了形式化处理;技术的观点本来与工具的理性有更切近的联系,并相应地具有形式的意义,但康德却将其列入实质的层面,在这种理解中,也表现出对形式的偏重(将内在的价值首先与形式联系起来)。

③ *Grounding for the Metaphysics of Morals*, p30.

④ Ibid. p38.

"学"与"成人"①

　　本文内含两个基本概念,即"学"与"成人"。学以成人的讨论,既涉及如何理解"学"(何为学),也关乎怎样"成就人"(如何完成人自身)。以中西哲学的相关看法为背景,可以注意到以上论域中的不同思维趋向。由此作进一步考察,则不仅可深化对"学"与"成人"关系的理解,而且将在更广意义上推进对如何成就人自身的思考。

一

　　"学"在宽泛意义上既涉及外部对象,又与人相

---

① 本文原载《江汉论坛》,2015 年第 1 期。

关,"成人"则指成就人自身。从"学"与人的相互关联看,其进路又有所不同。首先可以关注的是以认知或认识为侧重之点的"学",在这一向度,"学"主要表现为知人或认识人,其传统可追溯到古希腊。如所周知,在古希腊的德尔菲神庙之上,镌刻着如下箴言,即"认识你自己"(Know yourself)。这里的"你",可以理解为广义上的人,认识人自身,则旨在把握人之为人的特点。在当时的历史背景之下,对人自身特点的把握,一方面意味着把人和动物区别开来,确认人非动物;另一方面也关乎人和神之别:人既不是动物,也不是神。在此意义上,认识人自己,意味着恰当地定位人自身。

差不多同时,古希腊的哲学家苏格拉底提出了其著名的观点,即"美德即知识"。这里的美德主要是指人之为人的基本规定,正是这种规定,使人区别于其他对象。把人之为人的这种规定(美德)和知识联系起来,体现的是认识论的视域。作为与知识相关的存在,人主要被理解为认识的对象。以"美德即知识"为视域,与人相关的"学",也主要展现了狭义的认识论传统和进路。

在近代,对"学"的以上看法,依然得到了某种延续。这里可以简单一提康德的相关问题。康德在哲学上曾提出了四个问题:我可以知道什么?我应该做什么?我能够期望什么?人是什么?最后一个问题("人是什么")具有综合性,涉及对人的总体理解和把握。当然,作为近代哲学家,康德对"人"的理解涵盖多重方面,包括从人类学的角度考察人的规定,以及从价值论的层面把握人的价值内涵,在康德关于人是目的的看法中,即体现了后一视域。然而,从实质的层面看,何为人("人是什么")这种提问的方式,仍然主要以认识人为指向:这里的问题并没有超出对人的理解和认识。就此而言,康德对人的理解基本上承继了古希腊以来"认识你自己"、"美德即知识"的传统。

当然,在康德那里,情况又有其复杂性。如前所述,他同时也提出了"我应该做什么"这一问题。"应该做什么"的提问,意味着把"做"、行动引入进来。但是,从逻辑上看,"我应该做什么",是以人("我")已经成为人作为其前提,在这里,"如何成为人"这样的问题似乎并没有进入其视域。从这方面看,康德所关注的似乎主要还是人的既成形态,而不是"人如何成就"的问题。

除以上传统外,对与人相关之"学"的理解,还存在另一进路。这里,可以基于中国哲学(特别是儒学)的背景,对其作一简略考察。如果回溯儒家的发展脉络,便可注意到其中一种引人注目的现象,即对"学"的自觉关注。先秦儒家的奠基人是孔子,体现其思想的经典是《论语》,《论语》中第一篇则是《学而》,其中所讨论的,首先便是"学"。先秦时代儒家最后一位总结性的人物是荀子,荀子的著作(《荀子》)同样首先涉及"学":其全书第一篇即为《劝学》。从这种著作的系列中,便不难注意到儒家对"学"的注重。就"学"的内涵而言,儒家的理解较之单纯的认知进路,展现了更广的视野,后者具体表现为对"知人"(认识人)与"成人"(成就人)的沟通:在儒家的论域中,"学"既涉及"知人",也关乎"成人",从而表现为知人和成人的统一。这种理解,同时也体现了中国哲学关于"学"的主流看法。

理解人的以上视域,在中国哲学中首先与人禽之辨相联系。人禽之辨发端于先秦,其内在旨趣在于把握人区别于动物的根本所在,事实上,"人禽之辨"所指向的,即是"人禽之别"。就其以人之为人的根本规定为关切之点而言,"人禽之辨"所要解决的,也就是"人是什么"的问题。历史地看,中国古代的哲学家,也主要是从这一角度展开人禽之辨。孔子曾指出:"鸟兽不可与同群,吾非斯人之徒与而谁与?"[1]在这

---

[1] 《论语·微子》。

里,他首先把人和鸟兽区别开来：鸟兽作为动物,是人之外的另一类存在,人无法与不同类的鸟兽共同生活,而只能与人类同伴(斯人之徒)交往。"人禽之辨"在此便侧重于人和动物(鸟兽)之间的分别。

人禽之辨关乎对人的认识,在中国哲学中,这种认识也就是与"成人"相联系的"知人"。孔子的学生曾一再地追问何为"仁"、何为"知"。关于何为"知",孔子的回答便十分直截了当,即"知人"。在孔子看来,"知"的内涵首先就体现于"知人"。这里的"知人"既涉及前文所说的人禽之辨,又在引申的意义上关乎人伦关系的把握。人伦(人与人之间的关系)展开于不同的层面,从家庭之中的亲子(父母和子女)、兄弟,到社会领域的君臣、朋友,等等,都体现为广义的人伦,"知人"一方面需要理解人不同于禽兽的根本之所在,另一方面则应把握基本的人伦关系。

作为人禽之辨的引申并与成人过程相联系的"知人",在中国哲学中常常又与"为己之学"联系在一起。这里又涉及"学"的问题。孔子曾区分了"为己之学"与"为人之学"："古之学者为己,今之学者为人。"①这里的"古""今"不仅仅是时间概念,在更内在的层面,二者展现的是理想形态和现实形态之别："古"在此便指理想或完美的社会形态,其特点在于注重并践行"为己之学"。此所谓"为己",并不是在利益的关系上追逐个人私利,而是以人格上的自我完成、自我充实、自我提升为指向。质言之,这一意义上的"学",旨在提升自我、完成自我,可以视为成己之学或成就人自身之学。与此相对的"为人",则是为获得他人的赞誉而"学",也就是说,其言与行都形之于外,主要做给别人看。不难看到,在区分"为人之学"与"为己之学"的背后,是对成就人自身的关注。

---

① 《论语·宪问》。

以"为己"、"成己"为目标的"学",在中国哲学中同时被赋予过程的性质。在《劝学》中,荀子开宗明义便指出:"学不可以已"。"不可以已",意味着"学"是不断延续、没有止境的过程。作为过程,"学"又展开为不同阶段,与之相应的是人成就自身的不同目标。荀子对此也作了具体的考察。他曾自设问答:"学恶乎始? 恶乎终?""其义则始乎为士,终乎为圣人。"[①]这里,荀子区分了学以成人的两种形态,其一是士,其二为圣人,学的过程则具体表现为从成就"士"出发,走向成就"圣人"。作为"学"之初始目标的"士",关乎一定的社会身份、文化修养:所谓"士",也就是具有相当文化修养和知识积累的社会阶层。从人的发展看,具有知识积累、文化修养,意味着已经超越了蒙昧或自然的状态,达到了自觉或文明化的存在形态。如所周知,中国传统文化中有所谓"文野之别"。这里的"野"即前文明的状态,"文"则指文明化的形态。中国哲学,特别是儒家,所追求的就是由"野"而"文"。荀子所谓"始乎为士"中的"士",首先便可以理解为由"野"而"文"的存在形态:对荀子而言,"学"以成人的第一步,便是从前文明("野")走向文明化("文")。"士"在此具有某种象征的意义:作为受过教育、具有文化修养和知识积累的社会成员,他同时体现了人由"野"而"文"的转换。

与"始乎为士"相联系的是"终乎为圣",后者构成了学以成人更根本的目标。相对于"士","圣"的特点在于不仅仅具有一定的文化修养和知识结构,而且已达到道德上的完美形态。正是道德上的完美性,使圣人成为"学"最后所指向的目标。在这一意义上,中国哲学中的"人禽之辨"同时涉及"圣凡之别":"人禽之辨"主要在于人和其他动物的区分,"圣凡之别"则关乎常人(包括"士")与道德上的完美

---

① 《荀子·劝学》。

人格(圣人)之间的分别。从内在的理论旨趣看,以"圣人"为"学"的终极目标,意味着学以成人不仅仅在于获得知识经验或达到文化方面的修养,而且应进而达到道德上的完美性。当然,与肯定"学不可以已"相联系,所谓"终乎为圣人",并不是说人可以一蹴而就地成为圣人。事实上,从孔子开始,儒家便强调成圣过程的无止境性,在这一过程中,圣人始终作为范导性的目标,不断地引导人们趋向于圣人之境。

从另一方面看,无论"士",抑或"圣",其共同特点都在于已超越了自然或前文明("野")的状态,取得了文明化的存在形态。无独有偶,在西方思想史上,黑格尔也曾提出过类似的观点。黑格尔在谈到教育时曾指出:"教育的绝对规定就是解放",这种解放"反对情欲的直接性"。① "绝对规定"是其特有的思辨用语,"情欲"则表现为一种自然的趋向,与之相对的"解放",意味着使人从自然的形态或趋向中解脱出来。在这里,黑格尔似乎也把教育看作是人发展过程中超越自然的环节。"教"与"学"不可分,谈教育,同时也从一个侧面涉及"学"。不难看到,黑格尔的以上观念在逻辑上包含着肯定广义之"学"与超越自然的关联。

在中国思想传统中,由"野"而"文"、超越自然状态的成人的过程,同时离不开"礼"的制约。自殷周开始,中国文化便非常注重礼。"礼"涉及多重维度,从基本的方面看,它主要表现为一套文明的规范系统,其作用体现于实质和形式两重向度。在实质的层面,"礼"的作用又具体展开于两个方面:就肯定或积极的方面而言,礼告诉人们应该做什么、应该如何做;作为规范,"礼"总是具有引导的作用,后者体

---

① [德]黑格尔:《法哲学原理》,范扬等译,北京:商务印书馆,1982 年,第202 页。

现于对应该做什么与应该如何做的规定。从否定的方面来说，"礼"的作用则表现为限制，即规定人不能做什么或不能以某种方式去做。在形式的层面，礼的作用之一在于对行为的文饰。中国早期的经典《礼记》在谈到礼的作用时曾指出："礼者，因人之情而为之节文，以为民坊者也。"[1]这里的"节"主要表现为节制，亦即实质层面的调节和规范，"文"则是形式层面的文饰。通过依礼而行，人的言行举止、交往的方式便逐渐地取得文明化的形态，这种文明的行为方式、交往形式，体现了礼的文饰作用。从"学"与"礼"的联系看，学以成人即意味着基于礼之"节文"，使人逐渐地超越前文明的状态、走向文明的形态。

荀子对"学"与"礼"的以上关联给予了特别的关注。在前面提到的《劝学》中，荀子强调：学只有臻于"礼"，才可以说达到了最高的境界，所谓"学至乎礼而止矣"。这样，一方面，如前所述，荀子认为学"终乎为圣人"，另一方面，他又在此处肯定"学至乎礼而止"。在荀子那里，上述两个方面事实上难以分离：从为学目标上说，圣人构成了"学"的终极指向；从为学过程或为学方式看，这一过程又离不开礼的引导。学"终乎为圣人"和"学至乎礼而止"相互关联，从不同方面制约着为学过程。

与礼相联系的"学"，在中国哲学的传统中又与"做"、行动紧密联系在一起。在礼的引导之下展开的成人过程，同时也表现为按照礼的要求去具体的践行。《论语》开宗明义便指出："学而时习之，不亦说乎？"[2]这里，"学"和"习"即联系在一起，而"习"则既关乎温习，也包含习行之意，后者亦即人的践履。从"习行"的角度看，所谓"学而时习之"，也就是在通过"学"而掌握了一定的道理、知识之后，进一步

---

① 《礼记·坊记》。
② 《论语·学而》。

付诸于实行,使之在行动中得到确认和深化,由此提升"学"的境界。

"学"的以上含义,在中国哲学中一再得到肯定。孔子的学生子夏在谈到何为"学"时,曾指出:"贤贤易色;事父母,能竭其力。事君,能致其身。与朋友交,言而有信。虽曰未学,吾必谓之学矣。"①这里所涉及的,是如何理解"学"的问题。"事父母"即孝敬父母,属道德领域的践行;"事君",属当时历史条件下政治领域的践行;"与朋友交",则涉及社会领域的日常交往行动。在此,"学"包括道德实践、政治实践,以及日常的社会交往。按照子夏的看法,如果个体实际地进行了以上活动,那么,即便他认为自己没有从事于"学",也应当肯定他事实上已经在"学"了。根据这一理解,则"学"即体现于"做"或践行的过程之中。孔子也曾经表达了类似的看法:"君子食无求饱,居无求安,敏于事而慎于言,就有道而正焉,可谓好学矣。"②这里涉及如何确认"好学"的问题。何为"好学"?孔子提出的判断标准便是:从消极的方面看,避免在日常生活中过度追求安逸,从积极的方面着眼,则是勤于做事、慎于言说("敏于事而慎于言"),在积极践行的基础上,进一步向有道之士请教。在这里,"好学"主要不是抽象地了解知识、道理,而是首先体现于日用常行、勤于做事的过程。

荀子对学的以上意义作了更简要的概述。在《劝学》中,荀子指出:"为之,人也;舍之,禽兽也。""为之",即实际的践行,"舍之",则是放弃践行。这里的"为",也就是以"终乎为圣人"为指向、以礼为引导的践行。在荀子看来,如果依礼而行("为之"),便可以成为真正意义上的人;反之,不按照礼的要求去做("舍之"),那就落入禽兽之域、走向人的反面。这里再一次提到了人禽之辨,

---

① 《论语·学而》。
② 《论域·学而》。

而此所谓"人禽之辨",已经不仅仅限于从观念的形态去区分人不同于禽兽的特征,而是以是否依礼而行为判断的准则:唯有切实地按照礼的要求去做,才可视为真正的人,悖离于此,则只能归入禽兽之列。在此,实际的践行("为之")构成了区分人与禽兽的重要之点。

广而言之,在中国文化中,为学和为人、做人和做事往往难以相分。为学一方面以成人为指向,另一方面又具体地体现于为人过程。前面提到的道德实践、政治实践、社会交往,都同时表现为具体的为人过程,人的文明修养,也总是体现于为人处事的多样活动。同样,做人也非仅仅停留于观念、言说的层面,而是与实际地做事联系在一起。在以上方面,"学"与"做"都无法分离。

二

前文一再提及,在中国哲学尤其是儒学中,对"学"的理解首先与人禽之辨联系在一起。从狭义上说,"人禽之辨"主要涉及人与动物之别,在引申的意义上,"人禽之辨"则同时关乎对人自身的理解,后者具体表现为区分本然意义上的人和真正意义上的人。本然意义上的人,也就是人刚刚来到这一世界时的存在形态,在这一存在形态中,人更多地呈现为生物学意义上的对象,而尚未展现出与其他动物的根本不同。这种生物学意义上的存在,还不能被视为真正意义上的人。要而言之,这里可以看到两重意义的区分:其一,人与动物之别,亦即狭义上的人禽之辨;其二,人自身的分别,即本然形态的人与真正意义上的人之分。

从历史上看,中国哲学上不同的人物、学派不仅关注人禽之别,而且对后一意义的区分也有比较自觉的意识。以先秦而言,孟子和荀子是孔子之后儒家的两个重要代表人物,两者在思想观点上固然存在重要差异,有些方面甚至彼此相左,然而,在区分本然意义上的人和真正意义上的人这一点上,却有相通之处。孟子的核心理论之一是性善说,后者肯定人一开始即具有善端,这种"善端"为人成就圣人提供了前提或可能。但同时,孟子又提出"扩而充之"之说,认为"善端"作为萌芽,不同于已经完成了的形态,只有经过扩而充之的过程,人才能够真正成为他所理解的完美存在。所谓"扩而充之",也就是扩展、充实,它具体展开为一个人自身努力的过程。从逻辑上看,这里包含对人自身存在形态的如下区分:扩而充之以前的存在形态与扩而充之以后的存在形态。扩而充之以前的人,还只是本然意义上的人,只有经过扩而充之的过程,人才能成为真正意义上的人。在荀子那里,也有类似的分别,当然,两者的出发点又有所不同。在荀子看来,人的本然之性具有恶的趋向,只有经过"化性"而"起伪"的过程,才能够成为合乎礼义的存在。所谓"化性",也就是改变恶的人性趋向,"伪"则是人的作用或人的努力过程。总起来,"化性起伪"也就是经过人自身的努力以改变人的本然趋向,使之走向真正意义上的人——合乎礼义之人。在此,化性起伪之前的人和化性起伪之后的人,同样表现为人自身的不同存在形态。上述观念在先秦之后依然得到延续。明代的王阳明提出了"良知"和"致良知"之说,一方面,他肯定凡人都先天地具有良知,另一方面,又强调这种良知最初还处于本然状态,在这种本然状态之下,人还没有达到对其内在良知的自觉把握,从而"虽有而若无"。只有经过致良知的过程,才可能对这种本然具有的良知获得自觉意识,由此进而成为合乎儒家道德规范的、真正意义上的人。这里,致良知之前的人与致良知之后的人,也相应于本然的存在形态与真正的存在形态之分。

类似的观念,也存在于西方的一些重要哲学家之中,黑格尔便曾指出:"人间(Mensch)最高贵的事就是成为人(Person)。"①所谓"成为人",意味着个体一开始还未真正达到"人"的形态,只有经过"成"的过程,个体才成其为人。从逻辑上看,这里也隐含着"成为人"之前的个体与"成为人"之后的个体之分别。从以上方面看,中国哲学与西方哲学在对人的理解上,有理论上的相通之处。

本然意义上的人一方面尚不能归入真正意义上的人,但另一方面又包含着成为真正意义上的人的可能。儒家肯定"人皆可以为尧舜",所谓"人皆可以为尧舜",便是指每一个人都具有成为圣人(尧舜)的可能性,这种可能性即隐含在人的本然形态中,正是这样可能,构成了人成为真正意义上的人的内在的根据。进而言之,可能既为成人提供了内在根据,也使之区别于现实的形态,并使后天的作用成为必要:唯有通过这种后天作用,本然所蕴含的可能才会向现实转化。

真正意义上的人,也就是应当成为的人。作为"应当"达到的目标,真正意义上的人同时具有理想的形态。理想的特点在于"当然"而未然,从而不同于实际的存在形态。这样,一方面,本然不同于当然,本然形态的人也不同于理想形态的人,但这种本然形态之中又隐含着当然:本然之人具有走向当然(理想)的可能性。另一方面,当然又不同于实然(实际的存在):作为理想形态,当然只有经过人的努力过程,才能化为实际的存在。这里可以看到本然、当然、实然之间的关联,学以成人的过程,具体便展开于本然、当然、实然之间的互动:本然隐含当然,当然通过人自身的努力过程进而化为实然。此所谓本然隐含当然,具有本体论或形而上的意义:每一个人都包含着可以成为圣人的根据,这是从存在形态(本体论意义)上说的。与之相关

①　[德]黑格尔:《法哲学原理》,范扬等译,北京:商务印书馆,1982年,第46页。

的化当然为实然,则侧重于理想形态向实际存在形态的转换,这一转换包含价值的内容。与以上内涵相应,本然、当然、实然之间的互动,同时体现了本体论与价值论的统一。学以成人(成为真正意义上的人),具体表现为以上不同方面的相互作用,在这一互动过程中,价值论的内涵和本体论的内涵彼此关联,赋予成人过程以多方面的意义。

从中国哲学的角度看,成人的以上的过程同时又与本体与工夫的互动联系在一起。作为中国哲学的重要范畴,"工夫"和"本体"的具体内涵可以从不同角度去理解。前面提到,本然蕴含当然,这里的本然,也就是最原初的存在,其中包含达到当然(理想形态)的可能性。在中国哲学中,"本体"往往与以上视域中的本然存在相联系,其直接的涵义即本然之体或本然状态(original state)。这一意义上的"本体"没有任何神秘之处,它的具体所指,就是内在于本然之中的最初可能。对中国哲学而言,正是这种可能,为人的进一步成长提供了内在的根据。以本体(内在于本然之中的可能)为根据,意味着成就人过程既不表现为外在强加,也非依赖于外在灌输,而是基于个体自身可能而展开的过程。

在中国哲学中,"本体"同时被用以指称人的内在的精神结构、观念世界或意识系统。人的知、行活动的展开过程,往往与人的内在精神结构以及意识、观念系统相联系。这种精神结构大致包含两方面的内容,其一,价值层面的观念取向,其二,认知意义上的知识系统。成人的过程既关乎"成就什么",也涉及"如何成就",前者与发展方向、目标选择相联系,后者则关乎达到目标的方式、目标。比较而言,精神世界中的价值之维,更多地从发展方向、目标选择(成就什么)等方面制约着成人的过程;精神世界中的认知之维,则主要从方式、目标(如何成就)等方面,为成人过程提供了内在的引导。

与"成人"相关之"学"既涉及认识活动,也关乎德性涵养,作为精神结构的本体相应地从不同方面制约着以上活动。从"知"(认识)这一角度看,认识过程并不是从无开始,将心灵视为白板,是经验主义者(如洛克)的抽象预设。就现实的形态而言,在认识活动展开之时,认识主体固然对将要认识的对象缺乏充分的认识,但总是已经积累、拥有了某些其他方面的知识,后者构成了认识活动展开的观念背景。这种以知识系统为内容的观念背景,构成了精神本体的认知之维,而现实的认识活动,即以此为具体的出发点。同样,德性的涵养也离不开内在的根据。在走向完美人格的过程中,已有的道德意识构成了德性进一步发展的出发点和根据。作为道德意识发展的根据,这种业已形成的道德意识,具体呈现为精神本体的价值之维。

以知识、德性等观念系统为具体内容,以上本体既非先天形成,也非凝固不变,而是在人的成长过程中,逐渐地生成、发展和丰富。关于这一点,明清之际的重要思想家黄宗羲曾做了言简意赅的概述:"心无本体,工夫所至,即其本体。"[1]精神形态意义上的本体并非人心所固有,而是形成于知、行工夫的展开过程。在知行工夫的展开过程中所形成、发展和丰富的本体,反过来又影响、制约着知行活动的进一步展开。在这一意义上,精神本体具有动态的性质。

与本体相联系的是工夫。从学以成人的视域看,工夫展开于人从可能走向现实、化当然(理想)为实然(实际的存在形态)的过程之中,其具体形式态也包含多重方面。大致而言,上述视域中的工夫可以概括为两个方面。其一为观念形态的工夫,亦即中国哲学所理解的广义之"知",其二,实践形态的工夫,亦即中国哲学所理解的"行","知"和"行"构成了工夫的两个相关方面。事实上,如前所述,广义之"学"便不仅体现于"知",而且也包含"行"("做"),对于后一意义上

---

[1] 黄宗羲:《明儒学案·序》,沈芝盈点校,北京:中华书局,1985年,第7页。

的工夫（"行"），中国传统哲学同样给予了相当的关注。以明代哲学家王阳明而言，作为心学的重要代表，他首先以心立说，然而，在关注心性的同时，王阳明对实际践行意义上的行，也给予了高度重视。他特别强调要"事上磨练"，"事上磨练"即践行的过程，后者同时被理解为工夫的重要内容。

践行意义上的工夫，具体展开为两个方面。首先是天人关系上人与自然的互动。在这一层面，人从一定的价值目的和理想出发，不断地运用自身的知识、能力作用于自然，使本然意义上的自然对象，逐渐地合乎人的需要和理想。在这一过程中，一方面，自然对象发生了改变：本来与人没有关联的自然之物逐渐被打上人的印记，成为合乎人的理想、需要的存在；另一方面，在人与自然的互动中，人自身的德性和能力也得到了提升。从以上方面看，以天人互动为内容的"行"或工夫，同样也与成人的过程密切相关：通过作用于自然，人不仅改变对象，而且也改变自身、成就自己。

工夫（"行"）的另一重形式，体现于人与人之间的互动过程，后者具体展开为政治、经济、伦理、法律等社会领域中多样的践行活动。在社会领域中，个体总是要与他人打交道，并参与多样的社会活动。这种活动，也可以视为"做"的过程，它对人的成长并非无关紧要，而是具有密切的关联。事实上，"是什么"（成为什么样的人）与"做什么"（从事何种实践活动），往往无法相分。以道德领域而言，人正是在伦理、道德的实践（包括儒学所说的"事亲"、"敬长"等等）过程中，成为伦理领域中的道德主体。在这里，"是什么"和"做什么"紧密相关。广而言之，正是在社会领域展开的多样活动中，人逐渐成为多样化的社会存在。

要而言之，"学"既涉及本体，又和工夫相联系。如中国传统哲学所强调的，"学"应有所"本"，这里的"本"既指本然存在中所蕴含的成人可能,也指内在的精神世界、观念系统。"学"有所"本"则相应地既意味着以人具有的内在可能为学以成人根据,也指"本于"内在的精神世界而展开"为学"过程。在学以成人的过程中,一方面,"学"有所"本",人的自我成就离不开内在的根据和背景,另一方面,"本"又不断在工夫展开的过程中得到丰富,并且以新的形态进一步引导工夫的推进。本体和工夫的以上互动,构成了学以成人的具体内容。

当然,从哲学史上看,对本体和工夫的关系,往往存在理解上的偏差。以禅宗而言,其理论上趋向之一是"以作用为性",理学家曾一再对此提出批评。"性"这一概念在中国哲学中蕴含本质之意,引申为本体(性体),所谓"作用",则指人的偶然意念和举动,如行住坐卧、担水砍柴,等等。在禅宗看来,人的偶然意念、日常之举,都构成了"性",由此,本质层面的"性"亦被等同于偶然意念和活动。这种观点的要害在于消解了作为精神世界、观念系统的本体(性体)。理学家批评禅宗以作用为性,显然已注意到这种观点将导致性体的虚无化。从当代哲学看,实用主义也表现出类似的倾向。实用主义的重要特点在于重视具体问题和情境,它在某种意义上将"学"的过程理解为在特定情境中解决特定问题的过程,对于概念、理论这种涉及普遍本体或内在精神结构的方面,实用主义往往也持消解的态度。就此而言,实用主义也表现出将本体虚无化的倾向。

另一方面,在工夫的理解方面,也存在不同偏向。王门后学中,有所谓"现成良知"说。前面曾提到,在王阳明那里,良知和致良知相互关联:本然的良知还不是真正意义上的良知,唯有经过"致"的工夫,良知才能达到自觉的形态。然而,他的一些后学,如王畿、泰州学派,往往仅仅强调良知的先天性,略去"致"良知的过程,将先天良知等同于现成良知或见在良知。所谓"现成良知"或"见在良知",意味着先天具有的良知,同时已达到自觉地形态,从而,不需要通过工夫过程以走向自觉,这一看法最终将引向否定工夫的意义。从学以成人的现实过程看,工夫和本体这两者都不可以偏废,人的自我成就,乃是在工夫和本体的动态互动中逐渐实现的。

三

作为本体和工夫的统一,"学"所要成就的,是什么样的人? 从现实的方面看,人当然具有多样的形态、不同的个性。然而,在多样的存在形态中,又有人之为人的共通方面。概括而言,这些共通方面可以从两个方面去理解,其一是内在德性,其二为现实能力。中国古代哲学曾一再提到贤能,所谓"选贤与能",亦即将贤和能放在非常重要的地位。这里的"贤"主要与德性相联系,"能"则和能力相关。不难看到,在中国古代哲学中,内在德性和能力已被理解为人的两个重要规定。从学以成人的角度看,德性和能力更多地从目标上,制约着人的自我成就。

上述意义上的德性,首先表现为人在价值取向层面上所具有的内在品格,它关乎成人过程的价值导向和价值目标,并从总的价值方向上,展现了人之为人的内在规定。与德性相关的能力,则主要是表现为人在价值创造意义上的内在的力量。人不同于动物的重要之点,在于能够改变世界、改变人自身,后者同时表现为价值创造的过程,作为人的内在规定之能力,也就是人在价值创造层面所具有的现实力量。在中国哲学所理解的圣人这一理想人格中,也可以看到德性和能力的统一。孔子对圣人有一简要的界说,认为其根本特点在于:"博施于民而能济众。"[①]一方面,这里蕴含着对民众的价值关切,

---

① 《论语·雍也》。

后者所体现的是圣人的内在德性；另一方面，博施于民、济众，又意味着实际地施惠于民众，这种实际的作用即基于价值创造的内在能力。根据以上看法，在圣人那里，价值关切意义上的德性和价值创造意义上的能力，也具有相互关联性。圣人一般被视为理想的人格形态，对圣人的这种理解，从理想的人格目标上，肯定了德性和能力的统一。

德性与能力的相互关联所指向的，是健全的人格。人的能力如果离开了内在的德性，便往往缺乏价值层面的引导，从而容易趋向于工具化和与手段化，与之相关的人格，则将由此失去价值方向。另一方面，人的德性一旦离开了人的能力及其实际的作用过程，则常常导向抽象化与玄虚化，由此形成的人格，也将缺乏现实的创造力量。唯有达到德性与能力的统一，"学"所成之人，才能避免片面化。

从学以成人的角度看，这里同时涉及德性是否可教的问题。早在古希腊，哲学家们已经开始自觉地关注并讨论这一问题。在柏拉图的《普罗泰戈拉》和《美诺篇》中，德性是否可教便已成为一个论题。在这方面，柏拉图的观点似乎有含混之处，就某种意义而言，甚至存在不一致。一方面，他不赞同当时智者的看法，后者认为德性是可教的。柏拉图则借苏格拉底之口对此提出质疑："我不相信美德可以教。"[1]另一方面，按照前面提到的所谓"美德即知识"这一观点，则美德又是可教的：知识具有可教性，美德既然是一种知识，也应归入可教之列。事实上，柏拉图也认为，假定美德作为一个整体是知识，那么，"如果它不可教，那就是最令人惊异的"。[2] 以上两种看法，显然存在内在的不一致。从总的趋向看，柏拉图主要试图由此引出德性的

① Plato, *Protagora* 320b, *The Collected Dialogues of Plato*, Princeton University Press, 1961, p320.

② Plato, *Protagora* 361b, *The Collected Dialogues of Plato*, Princeton University Press, 1961, p351.

神授说：美德既不是天生的，也不是靠教育获得，只能通过神的施赐而来。① 从逻辑上看，"教"与"学"相关，不可"教"，至少意味着与"教"相对应意义上的"学"无法实现。这里的"教"包括传授、给予，与之相对应的"学"则关乎获得、接受。德性既不可通过"教"而传授、给予，也就难以借助"学"而获得和接受。

以上观点与柏拉图的认识论立场具有一致性。如所周知，在认识论上，柏拉图的基本观点是将认识活动理解为回忆的过程。对柏拉图而言，认识既不是完全发端于无知，也不能完全从有知开始：若人一开始就已有知识，则任何新的认识就成为多余的。反之，如果人一开始就完全处于无知状态，那么，他甚至无法确认认识的对象。由此，他提出了回忆说，即人的灵魂在来到这一世界之前已经有知识了，认识无非是在后天的各种触发之下，回忆灵魂中已有的知识。柏拉图关于德性不可教而来自神赐的观点，与认识论上的回忆说无疑具有相应性。

较之柏拉图，中国哲学对上述问题具有不同看法。按中国哲学的理解，不管德性，抑或能力，都既存在不可教或不可学的一面，也具有可教、可学性。中国哲学对这一问题的理解，以"性"和"习"之说为其前提。从孔子开始，中国哲学便开始讨论"性"和"习"的关系，孔子对此的基本看法是："性相近也，习相远也。"② 这里所说的"性"，主要是指人的本性（nature）以及这种本性所隐含的各种可能。所谓"性相近"，也就是肯定凡人都具有相近的普遍本性，这种本性同时包含着人成为人的可能性。作为人在本体论意义上的存在形态，"性"是不

① Plato, *Meno*100b, *The Collected Dialogues of Plato*, Princeton University Press, 1961, p384.

② 《论语·阳货》。

可教的：它非形成于"教"或"学"的过程，而是表现为人这种存在所具有的内在规定；人来到这一世界，就已有这种存在规定。所谓人禽之辩，从最初的形态看，就在于二者具有相异的存在规定（本然之性）以及与之相应的不同发展可能和根据。与"性"相对的是"习"，从个体的层面看，"习"的具体内涵在广义上包括知和行，这一意义上的"习"与前面提到的工夫相联系，既可"教"，也可"学"：无论是"知"，抑或"行"，都具有可以教、可以学的一面。

可以看到，中国哲学对"性"和"习"的以上理解，展现了更广的理论视野。一方面，中国哲学注意到人在本体论意义上的规定，包括其中蕴含的发展可能、根据，具有不可教、不可学的性质；另一方面，中国哲学又肯定与人的后天努力相关的"习"既可以教，也可以学。这种看法在确认学以成人需要基于内在存在规定的同时，又有见于这一过程离不开人的知与行。以先天根据和后天努力的统一为视域，中国哲学对学以成人的理解，无疑展现了更合乎现实过程的进路。

学以成人不仅关乎价值取向意义上的德性，而且涉及价值创造层面的内在能力。从能力这一角度看，同样涉及可教、可学与不可教、不可学的问题。与德性一样，人的能力既有其形成的内在根据，又离不开后天的工夫过程，两者对能力的发展都不可或缺。王夫之曾以感知和思维能力的形成为例，对此作了简要的阐述："夫天与之目力，必竭而后明焉；天与之耳力，必竭而后聪焉；天与之心思，必竭而后睿焉；天与之正气，必竭而后强以贞焉。可竭者天也，竭之者人焉。"[1]目可视（不可听）、耳可听（不可视），心能思（不可感知），这一类机能属"性"，它们构成了感知、思维能力形成的根据，作为存在的

---

① 王夫之：《续春秋左氏传博议》卷下，《船山全书》第 5 册，长沙：岳麓书社，1996 年，第 617 页。

规定,这种根据不可教、不可学,所谓"天与之",突出的便是这一方面。"竭"则表现为人的努力过程(习行过程),这一过程具有可教、可学的性质。从视觉、听觉、思维的层面看,"目力"、"耳力"、"心思",还只是人所具有的听、看、思等机能,作为"天与之"的先天禀赋,它们无法教、无法学;"明"、"聪"、"睿"则是真正意义上的感知和思维能力,这种能力唯有通过"竭"的努力过程才能形成。这里区分了两个方面,首先是"目力"、"耳力"、"心思"等先天的禀赋,这种禀赋属于"性相近"意义上的"性",它构成了能力形成和发展的根据,这种根据非通过教与学而存在。其次是"竭"的工夫,这种工夫构成了"习"的具体内容,其展开过程伴随着教和学的过程。中国哲学对能力形成过程以上理解,同样注意到了内在根据与后天工夫的统一。

以德性和能力的形成为视域,学以成人具体表现为"性"和"习"的互动,这种互动过程,与前面提到的本体和工夫的互动,具有一致性,二者从不同方面构成了学以成人的相关内容。当然,如前所述,人的现实形态具有多样性,人的个性、社会身份、角色等等也存在差异。然而,从核心的层面看,真实的人格总是包含德性和能力的统一,后者构成了人之为人的内在规定,并在一定意义上成为自由人格的表现形式。要而言之,一方面,学以成人以德性和能力的形成和发展为指向,另一方面,作为德性与能力统一的真实人格又体现于人的多样存在形态之中。

人文研究的进路①

　　无论是人文学科，抑或其他研究领域，都不仅涉及"什么"（研究指向"什么"），而且也关乎"如何"（研究"如何"展开），后者内在地蕴含着方法论问题。这里不拟对方法论作严格的逻辑界定和说明，而主要就人文领域研究中与"如何"相关的问题，作若干考察。

一

　　首先需要关注的是理论和方法的关系。方法往往

————————

① 本文基于作者 2015 年 9 月在华东师范大学思勉人文高研院研究生班的讲座，由研究生根据讲座录音记录，原载《杭州师范大学学报》2016 年第 1 期。

被看作是与思想或理论相对的形态。然而,如果我们对两者关系作进一步的考察,便可以注意到,理论和方法之间并不如通常所想象的那样界限分明。按其内在本性,方法并非单纯表现为某种程序、手段、步骤,若仅仅作此理解,则人文学科的方法便可能失去其本来的意义。在其现实性上,方法和理论具有难以分离的关系。从宽泛的层面看,理论可以理解为对现实世界和观念世界或其中的某个方面或领域的系统性理解和解释。以哲学而言,其实质的内容即关于整个世界(包括人的存在和对象世界)的理解和解释。哲学之外的不同学科的理论,则是对相关领域或对象的理解和说明。作为对世界和人自身的把握,理论本身可以被应用于对世界和人的进一步研究,并具体地影响研究目标的确立、研究过程的展开、研究结果的解释,在这一过程中,理论同时就具有了方法论的意义。

理论和方法的这种相关性,与理论和方法本身的内涵有着紧密联系。如前所述,理论是对世界和人自身的系统性理解和解释,而方法则表现为我们把握世界的方式。以把握人和世界为指向,理论和方法之间往往很难截然划分出一道鸿沟。理论需要载体,理论性的著作即构成了理论的载体。作为创造性理论的依托,理论著作本身总是内在的隐含着相关的方法。以哲学之域而言,康德是具有创造性的哲学家,他对于认识论、形而上学、道德哲学、美学的思考则集中体现在《纯粹理性批判》、《实践理性批判》、《判断力批判》等著作中,如欲了解康德如何探索哲学问题、进行哲学思考,便需要具体地考察以上著作。可以说,康德提出问题、解决问题的方法,具体而微地体现在他的著作之中。在这里,作为理论凝结的著作,与探索对象的方法密切相关。从哲学层面上看,要把握哲学思维的方法、真正了解如何进行哲学的思维,除了认真研究历史上的重要哲学著作之外,别无他法。凝结理论的著作,内在地渗入了形成理论的方法;不同哲学家传世的不同哲学著作,则同时展现了他们把握世界、理解世界的不同哲学方法。在这一意义上,研究理论著作,同时也是掌握形成理论的思维方法。

理论与方法的以上关联不仅体现在哲学领域中,而且也内在于其他学科,如史学。十九世纪德国的兰克学派是近代历史学中比较著名的学派,该学派注重事实的搜集和把握,其历史的研究即以此为前提。兰克学派的基本观点之一是所谓"据事直书",即根据事实来书写历史。按其实质而言,这样的观点可以看作是实证主义理论在史学研究中的具体化。实证主义理论与历史研究方法之间的联系,在中国史学的研究中也得到了体现,如中国现代史学家傅斯年,便对兰克学派极为推崇,他在历史研究中提出"上穷碧落下黄泉,动手动脚找东西",这样的史学方法既折射了兰克学派的特点,也可以在更广意义上视为实证主义理论在史学方法上的体现。

可以看到,解释、理解世界的理论在运用于研究领域的过程,便具体转化为研究世界的方法。不同的学科,诸如历史学、哲学、文学,等等,都有各自的理论系统,这些理论系统一旦被运用于相关领域的研究过程,便将同时取得方法论的意义。在人文学科的领域中,方法的把握和理论的洞悉无法截然相分,如果对相关领域理论缺乏具体的了解,仅仅孤立地强调方法,那么,这种所谓"方法"便可能流于抽象、空洞的形式。

二

宽泛而言,人文学科的特点在于以观念的形式把握世界,由此进一步涉及思想和存在的关系。思想以观念为表现形式,存在则包括外部世界、人类自身的存在,以及人所创造的文化成果,后者表现为打上了人的印记的实在。思想和存在的关系既可以从形而上学、本体论的维度加以论析,也可以从方法论的层面作具体考察。

从方法论的角度看,在人文研究的过程中,首先应该立足于现实存在,避免流于抽象的思与辨。按其性质,方法可以被理解为"得自现实,还治现实"的观念形态,也就是说,方法的根据来自于现实存在,但同时又能作用于现实本身。以关于人和自然或天人关系的理解而言,其中便有一个是否基于现实的问题。时下经常可以看到这样一种观念:中国文化注重天人合一,西方文化突出天人相分。这种断论的背后,包含如下价值前提:"合"具有正面或积极的意义,"分"则是负面或消极的,从而应该予以否定和拒斥。概要言之,即"凡分皆坏,凡合皆好。"这种论点,显然具有抽象的性质。从现实形态看,天人关系首先表现为天与人在历史中的互动过程,理解这一互动过程,需要区分不同意义的合一。简要而言,天人之间既可以表现为原初意义上、未经分化的合一,也可以展现为经过分化、通过重建而回归的天人合一。以上两种合一的含义并不相同。在"凡分皆坏,凡合皆好"的观念下,往往将导致一味地崇尚"合",甚至讴歌原初形态的合一(未分化的前现代意义上的合一),这种思维趋向远离了人类历史的实际发展过程,仅仅表现为一种浪漫、空幻的抽象推绎。事实上,立足于人类历史的现实演进,便可以看到,在天人关系的早期形态下,人的行为与自然的运行主要处于原初意义上的相关性之中,所谓"日出而作,日落而息",便表现了这一点。经过近代以来的分化过程,天人之间逐渐趋向于扬弃人对于自然的单向征服、支配、利用而导致的分化状态,重建两者的统一。今天谈天人关系,无疑应着眼于后一意义上的统一(即经过分化而重建的统一),如果离开历史现实,一味地从分和合的抽象观念出发,往往很难避免空幻的思想推绎。以上事实同时也表明,基于现实,是真实地把握对象世界以及人与世界关系的前提,它同时构成了方法论的基本原则之一。

在人文学科中,往往涉及不同的文献材料。从文献材料和人文研究的关系来说,基于现实存在的原则具体便表现为立足真实的文本(包括传世文献与考古发现的地下文献),以此为理解历史的根据,并进而通过对文献的切实研究,引出相关的理解和观念。对于人文学科来说,从可靠的文献出发,可以看作是广义上的基于现实。

思想和存在关系除了基于现实之外,还面临如何理解现实的问题。也就是说,人文研究应当避免仅仅流于对现实的单纯描述,而应进一步提供对于现实的说明。从方法论上看,后者同样是思想和存在关系的一个重要方面。如果仅仅停留在单纯地描述和再现对象,那么,人文科学的研究将失去其应有的意义。

在方法论上,前面提到的兰克学派的内在问题之一,便在于偏重于对材料的搜集和描述,而未能进一步追求对于材料的理论说明。在人文学科的研究中,解释和说明无疑是不可忽视的方面,思想和存在的关系,也涉及这一方面。作为把握世界和人自身存在的重要方面,人文学科需要提供解释世界的不同框架和模式。如所周知,在自然科学中,对于自然现象的理解常常伴随着不同的解释模式,这种模式每每具体表现为研究模型。人文学科固然不能如自然科学那样运用实证意义上的模型来解释世界,但它也可以提供对于历史现象、思想现象、文化现象的解释模式。一种有价值的人文研究,往往在于其提供了一种适当的解释模式。从中国现代思想史来看,在解释近代,尤其是五四以来的中国思想衍化的过程时,"救亡压倒启蒙"曾被表述为解释这段思想衍化的模式,按照这一解释模式,近代以来,一方面西学东渐,思想启蒙成为时代的要求,另一方面,民族存亡又成为突出问题,在民族面临危亡的背景下,思想启蒙问题渐渐退居第二位。对此种解释模式是否确当,当然可以讨论,但它确乎提供了对中国思想衍化的一种独特说明。一般而言,比较好的研究,总是离不开对于相关现象具有说服力或解释力的理论模式。引申而言,人文学科的研究过程中,一个具有美感意义的解释模式,也可以被称为好的模式:能将相关历史现象串联起来,给出一个融通的解释,便既体现了理论的力量,也给人以广义的美感,而其实质内容则在于对世界的说明。

可以看到,从思想和实在的关系看,人文研究既需要基于现实,也不能忘却对现实的理解和解释,仅仅关注一端,便很难避免偏失。

三

在方法论上,与思想与存在之辩相关的,是实证与思辨的关系。宽泛而言,思辨可以有两种形式,即抽象的思辨与具体的思辨。抽象的思辨往往脱离形下或经验之域,仅仅在形上的层面作超验的玄思,具体的思辨则以形上与形下的互动为前提,表现为对相关对象的逻辑分析、理论把握。这里所说的实证主要涉及对材料的把握和考察,与实证相对的思辨,则主要指具体的思辨。

从中国学术的发展来看,实证和思辨的关系问题,古已有之。以历史上的汉学与宋学之争而言,汉学偏重于实证,当然,在汉学内部又有古文经学与今文经学之分,两者相比,今文经学较多地关注义理分析,注重所谓"微言大义",而古文经学则偏重于实证研究。与宋学相对的汉学,更多地指古文经学。宋学则以理学作为代表,理学以对理气、心性等关系的辨析为主要指向,对理论的分疏与把握相应地在其中占主导的方面。可以看到,汉学与宋学之争背后,实质上是实证和思辨之间的分别。

清代学者更具体地区分了虚会和实证,清初著名的考据学家阎若璩曾著《尚书古文疏证》，其中比较明确地提到了以上区分："事有实证，有虚会。"①虚会关乎逻辑的分析，其形式之一是根据前后是否贯通，推断某种记载或观点的真伪。实证则是依靠实际的文献材料，以此作为某种结论的根据。这一意义上的虚会和实证，也体现了思辨和实证的关系问题。

从当代学术的演进看，20世纪90年代有所谓思想和学术的分野，一些学者将那一时期的特点概括为"思想淡出，学术凸显"。思想和学术之间的关系，事实上也涉及思辨和实证的问题。学术侧重于实证，相对来说，思想则更多地与逻辑的论析、理论的阐释等等相联系。以儒学研究或经学研究而言，从学术的层面看，首先便涉及实证意义上对文献的考察，而思想之维的研究，则关乎其中所蕴含义理的阐发。

从现实的形态看，在人文研究领域，实证和思辨都不可或缺。无论是以外部世界为对象的研究，还是关于历史文献方面的考察，都既应基于现实材料，避免"游谈无根"，又需注重理论的阐释和逻辑的分析，以此对相关的对象和材料作切实而深入的说明。材料是研究的基础，但材料本身又只有通过人的思和辨，才能获得生命力，并进而成为解释和理解世界的根据。

当然，在具体的研究过程中，实证与思辨又可以有不同的侧重。从人文学科的角度来看，不同的个人可以根据自己的学术背景、学术兴趣，或主要关注实证之维，或着重于理论的思与辨。引申而言，不仅人文学科，而且更广意义上的社会科学领域，也可看到不同的侧重。以近代以来的社会学理论来说，一些社会学家较多地侧重实证

---

① 阎若璩：《尚书古文疏证》，《中国经学史基本丛书》，朱维铮主编，上海：上海书店出版社，2012年，第107页。

的研究方式,包括田野调查、统计、数学分析等等;另一些研究者的考察则更多地指向理论层面:从韦伯到哈贝马斯,其社会理论便都以理论的思辨为主导的趋向。不过,就整体而言,无论是人文学科,还是社会科学、不管是对外部世界的考察,还是对思想现象的把握,实证和思辨都应予以关注。

四

从更为内在的层面看,实证与思辨都涉及不同的考察视域,后者在方法论上以知性思维和辩证思维为其具体形态。知性思维的概念源于德国古典哲学中感性、知性、理性概念的区分,其特点表现在或者把具体的对象分解为不同的方面,或者将事物的发展过程截断为一个一个的片段。与以上进路相联系,知性思维侧重于划界。停留于分解,常常会引发对事物的片面、抽象理解;限定于截流,则容易导致将过程静止化,并趋向静态的、非过程的考察方式。相对于此,辩证思维的特点在于跨越界限,将被知性所分解的不同方面重新整合为整体,使被知性截断的一个个横断面重新回归统一的过程。

在理解世界和理解社会文化的过程中,知性思维和辩证思维都有其意义。无论是考察外部事物,还是研究思想史上的现象,如果不做清晰的分梳、划界,对象往往将处于混沌未分的状态,从而难以被真正的理解。进而言之,人文的研究应注重逻辑的分析,包括对概念作清晰的界定、对论点作严密的论证,而不能仅仅停留在个体的感受、体验之上。如果缺乏对概念的明确界定、完全以个体的感受为立论的基础而不作逻辑的论证,往往将导向抽象的玄思或独断的思辨。另一方面,如果仅仅停留在一个一个的方面、一段一段的横截面上,满足于对事物的划界,那么,我们所把握的依然只是事物的某些片段,而不是其真实形态。在被知性的方法划界之前,事物本来是以过程、整体的形态存在,若限定于分解,则将使其失去真实的形态。为了回归对象的真实形态,便需要超越、扬弃知性考察事物的方式,运用辩证的思维使分解后的不同方面重归于整体。对于理解事物的现实形态而言,知性思维和辩证思维都不可忽视。

然而,以上方面在人文学科中往往未能得到充分的关注。特别值得注意的是,人文领域中对事物的考察,常常只是停留在知性的层面,而未能真正跨越知性的界限达到辩证的思维,由此每每导致非此即彼式的断论。以前面提及的关于"天人关系"的理解而言,"凡分皆坏,凡合皆好",便是一种基于知性思维的结论。这种观念未能注意到,天与人的"分"与"合"在历史中并非截然对立的,天人之"分"本身既以原初的"合"为出发点,同时又为达到更高层面的"合"提供了前提。与天人之辩上的以上观念类似,在中西之学的关系上,随着民族文化认同意识的增强,一些论者表现出一种趋向,即要求以中释中、剔除西方的思想和概念。这一趋向背后所蕴含的观念,便是中学与西学彼此对峙、无法相合:"以中释中",即以中和西的判然划界为前提。事实上,在历史已经进入世界历史的时代,执着于中西之分的观念已经与历史进程相悖离。从内容上说,历史中形成的中西文化都是世界文化之源,今天进行创造性的学术研究,仅仅执着于西方的思想资源或仅仅限定于中国思想资源,都难以摆脱历史的局限。就现代中国文化而言,两者的关联性,深深地渗入我们今天运用的语言之中。作为现代中国人交流、书写的基本手段,现代汉语包含着大量包括西方语言的外来语。语言并不是单纯的形式符号,而总是包含着思想负载。当外来语进入汉语系统之时,它所承载的思想内涵也相应地融入于现代中国思想。在这一背景之下,试图完全剔除西方思想,显然无法做到。从方法论角度来看,中西对峙、以中释中的立场,基本上还停留在知性的层面。

以扬弃"知性"的方式、走向辩证的思维为视域,我们不仅要注意康德,而且同样需要关注黑格尔。黑格尔时下几乎完全被遗忘,他的辩证法思想也似乎早已被冷落,但事实上,从研究的方式来看,为黑格尔所系统化的辩证思维,对于克服知性思维具有重要的意义。人文研究的对象本身是具体的,历史上的文化和思想形态,也具有多方面性。唯有注重对象本身的多方面性及过程性,才能再现文化和思想的真实形态,而辩证思维的基本要求之一,便在于从整体及过程的视域考察对象,以对其加以全面地把握。从这方面看,关注知性的方式而又不限定于知性思维,是人文学科把握对象的方法论前提之一。

五

人文学科面对的对象总是以多样、特殊的形态出现,理解和把握这些对象,需要经过某种逻辑的重建,包括归类。这里所说的"类"具有逻辑的意义,表现为涵盖不同个体的逻辑形态。以中国思想史的考察来说,我们首先接触的是思想史上诸多的人物、学派、著作,在做研究的时候,便需要对它们进行归类。把握先秦诸子,便意味着将其归入不同的学派,诸如儒家、道家、名家、阴阳家,等等。相对于作为个体的诸子而言,这里的"家"所代表的便是逻辑意义上的类或逻辑的形态。广而言之,在人文学科中,总是会面对诸多的个体,需要通过逻辑重构赋予这些个体以逻辑的形态。

人文学科的对象,同时包含着时间的维度,并经历了或长或短的历史衍化过程。对这一变迁过程,不能仅仅停留在材料的罗列排梳之上,做流水账式的记录,而需要进一步去揭示其中的逻辑脉络。这里所谓逻辑脉络,主要指思想衍化过程的内在条理。人文研究需要展示包含内在条理的思想过程。要而言之,在人文思想的研究中,从静态的角度来看,应把握思想的逻辑形态;就动态的角度而言,则应进一步揭示思想衍化的逻辑脉络。

另一方面,历史本身有其复杂性,思想也非纯然单一。思想的逻辑形态和逻辑脉络,与历史的形态和历史的衍化,往往并非简单重合。由此,便涉及历史和逻辑的关系问题。

从现实形态来看,人文研究所面对的一个一个的具体个体,常常包含多重方面,非某种单一的逻辑形态所能完全涵盖。以中国思想史中的孟子而言,孟子讲"从其大体",注重"心之官",这些观念与理性主义原则具有一致性;相对于墨家将感性经验看作第一原理的哲学进路,孟子确乎更多地表现出理性主义的趋向,他也由此通常被归为理性主义者。但若进一步考察孟子思想的具体内容,便可以注意到,其思想并非理性主义所能简单涵盖,其中包含更为丰富的内容。孟子注重恻隐之心,以此为仁之端,而恻隐之心本身首先表现为人的情感。孟子对于情感的这种注重,与理性主义显然不同:从理论层面看,注重情感往往与经验主义结合在一起。由此,不难注意到逻辑的类型与实际的思想形态之间的张力。

同样,荀子通常被看作是儒家的代表人物,而儒家则在学派的层面,构成了思想的类型(逻辑形态)。但是,在具体考察荀子思想时,便会发现:其中包含很多近于法家的内容。荀子在注重礼的同时也留意于法,并吸纳了法家的相关观念,这一点也体现于尔后思想的发展:荀子的学生韩非,便进而成为法家的集大成者,这一事实从历史的传承方面折射了荀子与法家的联系。与之相应,如果我们仅仅用"儒家"这一思想形态来概括荀子的哲学,往往便不足以展现其思想的丰富性。可以看到,在进行逻辑的分类、赋予研究对象以某种逻辑形态的同时,不能忽视对象本身的历史复杂性。

与思想的逻辑形态相关的,是思想演化的逻辑脉络。逻辑的脉络主要关乎思想衍化的内在条理,把握逻辑的脉络,意味着把握思想衍化的内在主线。然而,在思想衍化的实际过程中,除了逻辑脉络所代表的主线之外,又包含历史衍化的多重侧面。以清代学术而言,其主流是乾嘉学派,它发端于清初,极盛于乾嘉两朝,其余绪则一直延伸到晚清。梁启超在写《清代学术概论》时,对此着墨甚多。但是如果更具体地考察清代学术发展,便可以注意到,其中存在着复杂性和多样性。乾嘉学派本身"派中有派":它在总体上注重文献考证、实证研究,但其中又有所谓吴派和皖派之分。吴派以惠栋为代表,主要特点是推崇汉人的经学研究,甚至唯汉是从,同时,又注重训诂、典章制度的研究。皖派以戴震为代表,注重从音韵、小学入手去研究文献材料,并重视三礼的研究,其重要特点在于同时注重思想的探索。乾嘉学派的主流确实关注考据,但在戴震这样具体的思想家那里,哲学思想又构成了其重要的关注点。戴震的《孟子字义疏证》在形式上固然涉及字词的训释,但又并非仅仅限于简单的文献考证,而是包含了独特的哲学理论,并涉及对宋明理学的批判。皖派中的如上趋向,既表现了乾嘉学派的复杂性,也体现了清代学术的多样性。进一步看,除了主流的乾嘉学派之外,清代不仅还有像章学诚这样具有独特学术性格的学人,而且今文经学也在这一时期逐渐复兴,以庄存与、刘逢禄等为代表的常州学派的出现即体现了这一点。到了道光时期,常州学派所代表的今文经学进一步兴盛,并继而绵延至晚清,它从另一侧面体现了清代学术的多重品格、多样形态。此外,清代学术中,对科学技术的关注,也构成了其重要的方面,梅文鼎在天文学和数学上便有很深的造诣,戴震对于数学和天文学也有所研究。我们从中不难看出历史现象的复杂性和多面性。总之,乾嘉学派的形成和衍化构成了清代学术的主要脉络,但在这一脉络中又有多样的现象和不同形态。在回到历史本身之时,对历史的复杂性和多样性应予以高度关注,否则,理论考察所展现的可能只是一种抽象的思想图景。

综合而论,在人文研究过程中,一方面,需要注重逻辑脉络的揭示,避免使整个思想衍化仅仅表现为一种现象的杂陈;另一方面,对于思想本身的复杂性、多样性应同样给予关注,以避免思想的贫乏化、抽象化。以上二重视域,具体便表现为逻辑的形态和历史的形态、逻辑的脉络和历史的复杂性之间的错综交融。

六

近代以前,世界的不同文明形态基本上在彼此独立的历史条件下发展,然而,近代以后,这种状况有了实质性的改变。就中国而言,自身之外的思想和文化传统,首先是西方的思想传统开始进入中国。在这样的背景之下,要真切地从人文层面理解人和世界,便不能仅仅限定在单一的思想传统上,而应该具有开放的视野。事实上,在人文研究的领域,任何一种创造性的思考都不能从无开始,它总是基于以往文明发展和思想衍化的成果,从今天看,这种文明成果既与中国文化传统相关,也与西方传统相涉。王国维在 20 世纪初曾提出"学无中西"的观念,在学术研究中,"学无中西"意味着超越中西之间的对峙,形成广义的世界文化视域。

从更宽泛的层面看,思想的发展,总是在不同意见的相互争论过程中实现的,在中西思想相遇的背景下,这种对话、讨论不能仅仅限于某一传统之中,这一思想格局从另一侧面要求以开放的视野对待不同的观念和传统。然而,历史地看,西方思想对于非西方的思想传统往往未能给予充分的关注,直到今日,其思想仍每每限于单一的西方传统,这同时也限定了其思想之源。以中国而言,如前所述,随着自身文化认同的增强,在文化学术的研究方面也逐渐形成了如下偏向,即过度执着于中西学术之分,甚而要求"以中释中",这种立场在另一重意义上囿于自身的单一传统。在以上趋向中,不同学术传统之间的对话,显然难以展开。任何传统中的思想家都会有自己的内在局限,在历史已经走向世界历史的背景之下,人文研究应该形成在世界范围之内可以相互理解、相互讨论的形态,并通过彼此的对话,以超越可能的限定。

人文研究的世界意义与人文研究的个性特点并非截然对立,相反,真正具有世界意义的研究总是同时带有个性特征。从形上的层面看,真实的世界对人来说是共同的,然而,世界的意义却因人的视域的不同而呈现多样形态。就人文学术的研究而言,对于同一对象或问题,具有不同文化背景的学者往往会形成不同的理解,这种差异赋予学术思想以个性形态。学术思想的世界性与个体性将在世界范围的对话、互动中达到内在的统一,而人文研究本身也将由此不断达到新的深度和广度。

天人之辩的人道之维①

　　以中国哲学为视域,天人关系的讨论可以追溯到先秦。作为哲学论题,天人之辩既包含历史的内涵,又在思想的衍化中不断被赋予新的意义。事实上,哲学的问题总是古老而常新,对它的理解,也具有历史性,在这方面,天人关系的讨论并不例外。从具体的内容看,天人之辩涉及不同方面,包括形上层面的天道观与价值层面的人道观,这里的考察,主要以价值观为视域。

一

　　自从人走出自然,成为自然的"他者"或与自然相

---

① 本文系作者 2014 年 8 月在嵩山论坛的演讲记录稿,原载《华东师范大学学报》2014 年第 6 期。

对的另一方之后,天与人之间就开始了漫长的互动过程,天人之辩即以这一互动过程为背景。从以上角度讨论天人之辩,"天"和"人"的涵义分别涉及两个方面:其一,人自身的存在,其二,人与对象之间的关系。从人自身存在这一层面看,所谓"天"主要指人的天性,"人"则更多地与德性相关联。这里所说的天性涉及人在自然意义上的相关规定。人首先呈现为有血有肉的具体形态,作为真实具体的存在,人既有生物意义上的各种自然属性,包括新陈代谢等等,也有与这种规定相关联的自然意义上的精神趋向,如饥而欲食、渴而欲饮、寒而欲衣,等等,这种自然趋向通常即被称为天性。与天性相对的德性不仅仅是指狭义上的道德或伦理意义的规定,而且在更广意义上指人的文化性、社会性的品格。在人的存在这一层面,天人之辩涉及天性与广义德性之间的关系。

从人和对象世界的关系这一层面看,"天"首先指人之外的外部存在,如山川草木等自然对象,"人"则与人的人文性的活动相联系,后者既包括对自然对象的变革,也包括人在社会领域展开的多样活动,二者构成了人和对象世界关系意义上天人互动的具体内容。

首先可以把关注之点放在人的存在之上。在这一层面,哲学家们对天和人的关系往往有不同的理解,这里着重以儒道两家为对象,对此作一简要的考察。就人的存在所涉及的天人之辩而言,儒家的基本观念是化天性为德性,他们强调人不能停留于自然意义的存在形态之上,而是应该提升到德性的层面。尽管儒家的不同人物对狭义上的人性有不同的理解,如孟子谈性善,荀子则论性恶,但从最后的目标指向来看,两者都要求化天性为德性。就肯定性善的孟子来说,其基本看法是:人应该从先天的善端出发,经过扩而充之的过程,逐渐形成具有现实意义的德性,这一过程即广义的化天性为德性。以性恶为出发点的荀子,则强调化性起伪,这里作为起点的"性"更多地和人的自然趋向相联系。在荀子看来,应当改变人的自然趋向,使之合乎礼义规范,这种合乎礼义规范的存在形态,同样属广义上的德性。这样,在儒家这一系统中,尽管对人性的具体理解存在差异,但在以德性的形成为目标这一点上,又具有相通之处。

化天性为德性这一进路背后所隐含的意义,首先在于确认人之为人的本质,突显人所具有的内在价值,把握人不同于外部自然对象的根本之点。在儒家那里,这一意义上的化天性为德性往往与人禽之辨相联系。顾名思义,人禽之辨旨在区分人和人之外的动物(禽兽),揭示人不同于禽兽的内在本质。换言之,人禽之辨所关注的实际上也就是人禽之别。在这一意义上,人禽之辨与化天性为德性,在天人之辩的论域中无疑展现了一致的取向。

当然,如果更具体地考察儒家在这一意义上对天人关系的考察,便不难发现问题的复杂性。如前所述,从总的路向来说,儒家注重化天性为德性,但这并不是说,儒家,尤其是早期儒家或原始儒家,完全拒斥、否定一切天性和自然规定。如果回溯早期儒家的思想,便不难发现,在儒学中同样也存在对自然规定的关注和肯定。儒家的基本观念之一是"仁",而在儒家那里,仁的内在本源往往被理解为人的最自然、最原初的情感,后者同时表现为自然的心理趋向。这种自然情感本身源于原初意义上的人伦关系(如亲子关系),作为基本的人伦,亲子之间的关系既有社会意义,也具有自然亲缘的一面,对儒家而言,亲子之情等基本的精神趋向,即基于这种包含自然之维的人伦关系,二者从不同方面构成了仁的本源和出发点。在这里,仁和自然趋向(如亲子之情)之间并非彼此相分离。另外,儒家在论证仁、孝等基本观念时,往往诉诸人的自然情感。以孝而言,孔子的门人曾对三年之孝提出质疑:为什么父母去世要守三年之丧?孔子的论证即根据人的自然心理趋向而展开。在他看来,父母去世后,子女往往饮食而不觉味美("食旨不甘"),闻乐而不觉悦耳("闻乐不乐"),这是思念父母之情感的自然流露,而三年之丧便是基于这种自然的心理情感。孝可以视为仁的具体体现,在此,孔子事实上从心理情感的层面上,对仁道观念与自然观念作了沟通。以"食旨不甘","闻乐不乐"等形式表现出来的心理情感固然并不能完全与自然的本性等而同之,因为它在一定意义上已或多或少被"人化"了,然而,不能否认,其中确实包含着某种出乎天性(自然)的成分。事实上,即使是情感中的人化因素,也常常是以一种自然(第二自然)的方式表现出来。

对自然的关注,在"吾与点也"的表述中也得到了具体的体现。按《论语·先进》的记载,孔子曾和门人子路、冉有、公西华、曾皙一起讨论有关人的志向问题,其中三位弟子,即子路、冉有、公西华所谈的都是社会、政治方面的抱负和理想,唯有曾皙与众人不同,将其志向具体概述为:"暮春者,春服既成,冠者五六人,童子六七人,浴乎沂,风乎舞雩,咏而归。"这种人生旨趣蕴含走进自然、回归自然的趋向,而孔子最后的回应是:"吾与点也。"其中包含对走向自然的赞赏。从以上方面不难看到,尽管儒家总的进路是化天性为德性,但并未由此完全拒斥自然的规定。换言之,在人与自然的关系上,儒家同时包含着肯定自然的趋向。在某种意义上也可以说,以上进路是在主张人化的前提下,追求天和人的统一。

与儒家不同,道家把人的天性本身看作是完美的规定,与天性相对的各种社会规范,则被视为对人性的压抑和束缚。在道家看来,如果以这种社会规范去约束人,其结果就会导致人性的扭曲。道家对社会规范主要持批评、责难的态度。与此相联系,人的理想选择不外乎两个方面:当人的天性没有受到破坏的时候,应维护天性;当人的天性发生改变、偏离原来形态时,则应当回归天性。可以说,维护和回归天性,构成了道家在人的存在这一层面上的基本取向。

当然,与儒家类似,道家的情况也有其复杂性。从总的进路来看,道家崇尚天性,把人的天性加以完美化,并以维护和回归天性为取向,但这并不意味着道家对人性完全持否定的态度。事实上,从老子到庄子,早期道家一再表现出对人性的关注。庄子即趋向于将真正意义上的人性和外在之物加以区分,并一再批评"以物易性",亦即反对以外在之物改变人性。他所说的"物",就是人性之外的各种名、利。按庄子的理解,名利对人来说乃是身外之物,它和真正意义上的人性无法相容,如果以追逐名利作为全部的人生目的,那么真正意义上的人性就不复存在。这里不难注意到道家对他们所理解的人性化存在的追求:在内在的意义上,道家同样也希望达到在他们看来真正合乎人性的存在。当然,对道家而言,所谓合乎人性,归根到底也就是合乎天性或合乎自然,真正完美的人性总是与自然为一。从这一意义上,也可以说,道家是在肯定天性的前提下追求天和人的合一。

关于天性和人性的讨论,有其内在的理论涵义。天性作为饥而欲食、渴而欲饮的自然趋向,往往更多地体现了人和其他存在的相通性。事实上,在自然的规定这一层面,人和动物的差别是非常有限的,如果仅仅停留于此或过分强调人的天性,那就不仅无法真正把人和人之外的动物区分开来,而且可能导致人的尊严、人的内在价值的失落。与之相对,儒家之明于人禽之辨,其实质的意义即表现在对人的尊严、人的内在价值的维护。

另一方面,天性同时与人的内在意愿相联系,而德性首先与广义的社会规范相关联:德性本身可以被看作是社会规范的内化。天性作为人的自然趋向,同时也在最原初的意义上展现了人的内在意愿,前面提到的饥而欲食、渴而欲饮、寒而欲衣,都可以视为人的自然意愿,就此而言,天性和人的内在意愿存在着天然的关联。从理论层面看,在对人加以引导、约束的过程中,如果完全离开天性,就可能导致忽视人的内在意愿而仅仅强化外在的社会规范,这种强化的结果往往是社会规范的外在化、形式化甚至权威化。社会规范一旦取得形式化、外在化的形态,则遵循这种规范常常就会流于迎合外在社会规范以获得他人赞誉,与之相关的是儒家一再批评的"为人之学"。事实上,规范的外在化、形式化的结果就是由"为己之学"走向"为人之学"。"为己之学"视域中的一切努力都以人自身的完成、提升为内在目的,与"为人之学"相关的所作所为则仅仅示之于外,做给别人看。在后一情况下,德性将同时趋向异化:以"为人之学"为指向,德性实际上失去了其真正的道德内涵而呈现异化的性质。进而言之,当社会规范取得权威形式时,它往往被同时赋予某种强制的性质,在强制的形态下,个体选择合乎规范的行为往往不是出于内在意愿,而是呈现勉强或被迫的特点,这种行为不是真正意义上的自由行为。宋明时期,理学家每每把仁、礼、孝等规范看作是"天之所以命我,而不能不然之事"①,作为天之所命,这种规范在某种意义上取得了权威化、强制化的形式,个体对其除了服从之外,别无选择。

可以看到,儒道两家对天性和德性各有不同侧重,这种侧重既有其所见,也蕴含自身的问题,合理的取向在于扬弃儒道两家在天人之辩上的偏向,这种扬弃在人自身存在这一层面,具体即体现于超越天性和德性之间的对峙和分离,它的深层意义,则在于一方面确认人之为人的本质,凸显人不同于动物的内在价值,另一方面又避免社会规范的形式化、外在化、权威化,克服德性的异化。

二

就人和外部对象的关系而言,在人类历史的早期,人与天之间往

---

① 朱熹:《论语或问》卷一,《朱子全书》第 6 册,朱杰人,严佐之,刘永翔主编,上海:上海古籍出版社/合肥:安徽教育出版社,2002 年,第 613 页。

往处于原始或原初的统一关系之中。先民时代的采集、狩猎等生产和生活方式,诚然也展现了人与天(自然)互动,但人的这种活动同时又参与了自然自身的循环过程,与之相应,天和人之间在相当程度上处于具有本然意义的合一状态。

对于天人之间的以上合一形态,道家更多地予以肯定和赞美。在某种意义上,这种赞美也意味着将原初意义上的合一状态加以理想化。如前所述,在人的存在这一层面,道家将天性完美化,在人和对象的关系上,道家则趋向于将自然状态理想化,这两者似乎相互呼应。从自然状态即理想状态这一预设出发,道家提出两个基本主张。首先是"无以人灭天"。庄子说:"牛马四足,是谓天;落马首,穿牛鼻,是谓人。"①牛马有四条腿,这是自然的,给牛马套上缰绳,则是人为之事。对"人"和"天"的以上界说,意味着反对用人的意图和目的去改变自然、破坏对象的本然状态,"无以人灭天"的基本涵义,也体现于此。道家的第二个主张是"道法自然"。所谓"道法自然",一方面包含着尊重自然法则的观念,另一方面又隐含着顺应自然的要求:人对自然的态度主要不是改变它,而是顺应它。在价值观上,"无以人灭天"、"道法自然"构成了道家所主张的自然原则的基本内涵。

道家所主张的自然原则,包含着对天人统一的某种肯定。"无以人灭天"亦即不破坏自然状态,其内在含义即是使人和自然之间保持原始意义上的合一关系,如上所述,在人类的早期,人和自然便处于这种原初意义上的统一状态中。不难注意到,天和人之间的这种合一,是在天和人之间未经分化的原始形态下的统一。道家在"无以人灭天"、"道法自然"的观念下,肯定天人之间的合一,或多或少趋向于维护这种未经分化的统一。庄子后来表达的理想社会形态,便是这

---

① 《庄子·秋水》。

种人和自然彼此不分的原初统一形态。庄子说："夫至德之世,同与禽兽居,族与万物并。"①至德之世也就是最完美、最理想的社会,在庄子看来,这一社会的特点就在于人和动物之间合而不分。这种"合",体现的即是天人之间未经分化的统一。

在人和外部对象关系方面,儒家的立场与道家有所不同。就这一层面的天人关系而言,儒家首先提出了"赞天地之化育"、"制天命而用之"的观念。"赞天地之化育"的前提是区分人之外的本然世界与人生活于其间的现实世界,其直接涵义,则是肯定现实世界的形成过程包含人的参与。也就是说,人生活于其间的这一世界并不是本然世界,而是人参与其形成的现实世界:人通过作用于自然、作用于外部对象的过程,使本然的对象成为我们今天生活于其中的具体存在。"制天命而用之"更进一步肯定了人对自然的作用,即人可以基于对存在法则的把握,变革世界。

另一方面,儒家又主张"仁民而爱物"②。按其内涵,"仁民而爱物"包括相互关联的两个方面。首先是以仁道的原则对待所有人类共同体中的成员,这也就是所谓"仁民";与之相关的"爱物"则意味着赋予仁道原则以更普遍的内涵,将其进一步引用于外部自然或外部对象,由此展现对自然的爱护、珍惜。从"仁民而爱物"的观念出发,儒家确实多方面地表现出对外部对象或外部自然的保护意识。如所周知,《礼记》中已提出了"树木以时伐"的观念,孟子也主张"斧斤以时入山林",即砍伐树木要按照其自然生成的法则,而不是一味地从人的目的出发。从今天来看,这里体现的便是一种注重生态、尊重自然的意识。儒家所谓"爱物",即内含以上观念。

---

① 《庄子·马蹄》。
② 《孟子·尽心上》。

从天人之辩看,"赞天地之化育"、"制天命而用之"与"仁民爱物"分别突出了天人关系的不同方面。所谓"赞天地之化育"、"制天命而用之",体现的主要是一种天人相分的观念。人通过对自然的作用以及对外部世界的变革,以形成人生活于其间的现实世界,这种作用过程本身以肯定人与自然的区分为前提,因为唯有承认天人之分,才谈得上人对天(自然)的作用问题。同时,经过"赞天地之化育"、"制天命而用之"而形成的现实世界,也已不同于本然的对象。另一方面,"仁民而爱物"则确认了天人之间的相合:对人之外的对象的爱护、珍惜,从一个方面体现了人和对象之间的相互关联、相互统一。事实上,在后来儒家关于"仁者以天地万物一体"、"民胞物与"等等思想中,我们确实可以看到注重人和外部世界相互融合、相互统一的一面。可以看到,就人和外部世界的关系而言,儒家的天人之辩包含以上两重性。

在肯定人和外部自然具有统一性这一方面,儒家的立场和道家有相通之处,但相通之中又包含着相异。前面提到,在道家那里,天人之间的相合,是没有经过人作用于外部对象的过程而形成的原初意义上的合一。换言之,这是未经分化的合一。与之有所不同,儒家所追求的天人合一,是以"赞天地之化育"、"制天命而用之"为前提的合一,这是某种经过分化的合一。要而言之,在相似的合一形态中,一个未经分化,一个经过分化,这是儒道两家在对待人和外部世界关系问题上的重要差异之所在。当然,儒家所肯定的人和对象之间的分化,或者说人和外部世界的互动,同时又是一种未经充分发展的分化和未经充分发展的互动:较之原始的合一,儒家诚然有见于天人之间的分化和互动,但这种分化和互动从历史的角度看,又未经充分发展。

就总体而言,儒道两家对人和外部对象关系的理解,以历史尚处于前近代或前现代为前提。相对于这种前现代意义上的天人关系，近代以来，人和对象之间的互动，开始以一种不同以往的形态展开。基于近代科技、工具的不断进步和完善，人对自然的作用无论是在深度上还是在广度上都达到了前现代无法比拟的程度，与之相联系，人与自然的互动也得到了空前的发展。在反省和批判现代性的过程中，往往可以看到对近代以来天人相分的责难。就其注意到近代以来对自然的片面征服、控制所带来的消极后果而言，这种责难显然不无所见，但如果由此完全否定近代以来人和自然互动的这种发展，这则是非历史的。应该看到，较之前现代天人互动的未发展或未充分发展而言，人对自然作用的深化和扩展，无疑是一种历史的进步，对此不能简单地加以否定。但同时，如前所述，以上发展过程中确实也形成了现代性的某种偏向，这种偏向从天人关系来看，即表现为人道原则的片面发展。在天人关系中，人道原则的片面化意味着以狭隘或极端的功利主义态度来对待自然。具体而言，也就是仅仅从人的目的、需要出发去支配、征服自然，而且，这里涉及的目的和需要主要与一时一地的局部之人相关，而不是基于人类总体、人类的世代发展。仅仅从一时一地的人的需要出发对自然片面地加以征服、占有、控制，往往很难避免天人失衡。近代以来，环境的破坏、生态的恶化，影响所及，从天空到大地、从河流到海洋，几乎无一幸免。可以看到，由人道原则片面发展而形成的现代性的偏向，已经逐渐威胁到人自身的生存，这种状况同时也把重新思考天人关系问题的严峻性提到了人们面前。

在重新审视人和自然的关系问题时，人们所面对的问题具体而言就是：如何在天人互动充分发展的前提下，在更高的历史阶段重建天人之间的统一？这一意义上天人关系的重建，面临三重超越或三重扬弃。

首先,超越前现代的视域。前面已提到,在前现代的背景之下,人对自然的作用还没有得到充分的发展,这一意义上的天人相合,往往是本然意义上或原初意义上的合一。与此相联系,超越这种前现代的天人合一意味着扬弃原始状态下的天人合一,也就是说,避免回到庄子所描述的"同与禽兽居,族与万物并"那种形态。仅仅以回到原初的合一为解决生态问题的出路,无疑是一种历史的倒退。值得注意的是,今天在讨论天人关系之时,人们往往忽视了这一点,这就使超越前现代的视域变得尤为重要。

其次,超越片面的现代性视域。这种超越具体而言就是避免以极端或狭隘的功利主义的态度对待自然。从天人关系看,以过强的功利主义对待自然,同时也表现为人道原则的片面发展,这种片面发展同样需要加以扬弃。在前现代视域中,天与人呈现为原始意义上的相合;在片面的现代性视域中,天与人之间的关系处于过度的分化形态,二者虽有"合"与"分"之别,但在未能达到天人之间的合理关系上,又有相通之处。扬弃以上二重视域,意味着重建天人之间的统一。

相应于扬弃片面的现代性视域,与狭隘的人类中心主义观念也需要保持距离。这里特别应区分两种人类中心主义:一种是广义的人类中心主义,另一种是狭隘的人类中心主义。广义上的人类中心主义也可以理解为广义的"以人观之",按其实质,要求解决生态问题、主张重建天人之间的统一,这些都是从人的角度考察世界:重建生态环境最终就是要给人类提供更完美的生存环境。就考察视域和目标指向而言,这种观念归根到底是广义的"以人观之"。这一意义上的"以人观之",即使现代环境主义、生态伦理学也都无法避免。以上视域中的人类中心主义是广义上的人类中心主义,与此相对的则是狭隘的人类中心主义,其特点在于以局部或一时的人类利益为出发点,片面地对自然加以征服、控制、利用。广义上的人类中心主义无法超越,狭隘的人类中心主义则需要加以扬弃和拒斥。这种狭隘的人类中心主义,同时可以视为片面的现代性视域在天人关系中的具体表现形态,从而,超越狭隘的人类中心主义与超越片面的现代性视域,具有内在的一致性。

最后,超越后现代主义视域。后现代主义注意到了现代性中的很多问题,并且对现代性蕴含的弊端提出了种种批评,这种批评对认识现代性偏向无疑具有启发意义。然而,后现代主义由此往往走向了另一极端,即疏离理性、拒斥现代性,从反对所谓主客两分或天人相分出发,后现代主义常常拒绝人对自然的作用。这种观念似乎要求重新回到原始的天人合一形态,事实上,在后现代主义那里,后现代视域和前现代视域之间往往具有某种重合性,批判现代性与赞美、缅怀前现代性也每每交错在一起,由此展现了一种独特的思想景观。在扬弃前现代性视域与片面的现代性视域的同时,对上述意义上的后现代主义,同样需要加以超越。

天人关系上的以上三重超越或三重扬弃,主要侧重于否定的意义。从正面或肯定之维看,对天人关系的理解,需要有一种历史主义的观念。时下人们谈到天人关系、主客关系,动辄就称西方如何趋向"分",中国怎样注重"合",而"合"又被无条件地视为理想、完美的形态,"分"则一再被否定、批判。这种观念可以概括为:"凡合皆好,凡分皆坏",其简单化、抽象化的性质是显而易见的。从历史主义的立场看待人和外部世界关系,首先意味着拒斥以上的抽象观点。

具体而言,需要对天人合一的不同形态做一个区分。前面提到,天和人之间曾在天人互动没有充分发展的背景之下呈现"合一"的形态,这种"合一"是一种原初或原始意义上的合一。与之相异的是天人之间经过分化、天人互动经过充分发展之后重建的统一,后者乃是在更高历史阶段之下所达到的统一。在历史主义的视域下考察天人关系,首先便需要划分天人合一的以上二重形态。今天追求"天人合一",显然不能简单地回到天人之间未经分化的原始统一,而是应当在天人之间的互动经过充分发展的前提下,在更高历史阶段重建二者的统一。逻辑地看,对现代性的扬弃可以有两种可能的趋向:其一是回到原始的、未分化的统一,这种趋向走向极端便是以"同与禽兽居,族与万物并"为目标;其二是在更高的历史阶段之上重建天人之间的统一。唯有后者,才构成了天人互动的合理走向。

可以看到,天人之间的统一具有过程性,需要从动态的角度去理解。如何在历史的发展进程中、在天和人互动的过程中不断地重建天人的统一,是今天审视天人关系时无法回避的问题。把原初的合一凝固化或将一定阶段的相分绝对化,都是非历史的。天人关系上历史主义观点的实质内涵,就在于以过程或动态的观点看待天人之间的统一。

三

以上考察主要侧重于历史的过程,与历史考察相辅相成的是理论的反思。从理论层面看,天人之辩背后隐含着不同的价值观念,如前面已提及的,后者主要便表现为人道原则和自然原则的分野。事实上,在天人之辩上,价值取向的不同主要便体现于以上二重原则。如果说,注重天性、强调"无以人灭天"、主张"道法自然",体现的主要是自然原则,那么,注重德性、要求通过人对自然的作用来实现人的理想,则从不同角度体现了人道原则。与天人之辩本身展开于人自身的存在和人作用于外部对象这两个方面相应,自然原则和人道原则作为天人之辩所涉及的价值原则,也有不同的体现形式。

在人自身的存在这一层面,自然原则和人道原则的区分首先涉及感性和理性、个体性和社会性的关系。在这一视域中,所谓"天"内在地体现了人的感性规定,前面提到的"饥而欲食"、"渴而欲饮"、"寒而欲衣"等最原初的天性,同时便关乎人的感性规定:正是基于有血有肉的感性存在,才形成"饥而欲食"、"渴而欲饮"等自然趋向,可以说,这一意义上的天性和人的感性存在无法相离。与之相对,所谓"人"则更多地体现了人的理性要求:无论是德性的追求,还是对人的本质的肯定、对人的内在价值的维护,等等,都基于人的理性规定。在以上方面,天人之间的互动,与感性和理性之间的相互作用无疑具有内在关联。进一步看,这一视域中的所谓"天"同时与人的个体性规定相涉:以天性的形式呈现出来的"人",往往体现了人的个体性意愿、个体性的要求,所谓"饥而欲食"、"渴而欲饮"、"寒而欲衣"等等,可以说在最自然、最原初的意义上体现了个体的意愿。相对来说,与理性的规定相关的"人",则比较多地表现为社会性的规范:它蕴含着社会对个体的要求。在中国哲学中,我们可以注意到,天人之辩往往和群己之辩相联系。这种关联也体现了天人关系同时涉及个体性与社会性之间的关系。

从人道原则与自然原则的关系看,前面曾提到规范的外在化、形式化、权威化以及德性本身的异化,等等,可以视为在人的存在这一层面上人道原则的片面发展。以社会规范的外在化、形式化、权威化以及德性的异化等为形式,人道原则的片面发展同时意味着过度地强化人的理性的品格和社会性的规定。另一方面,把天性加以完美化,将人的自然状态加以理想化,等等,这种观念则可以看作是自然原则的片面发展:以无条件地推崇自然为形式,人的感性规定和个体性品格,常常被不适当地突出。从价值观的角度看,天人关系上的以上偏向,都未能合理地定位自然原则和人道原则。与之相对,在人的存在这一层面,天和人的统一具体即表现为价值观上自然原则和人道原则的统一,而这种统一同时又以感性规定和理性品格、个体性和社会性的统一为内容,其中包含着既尊重人的内在意愿,又合乎社会的普遍规范的价值取向。

进而言之,自然原则和人道原则的互融以及与之相关的感性规定和理性品格、尊重个体意愿与合乎社会普遍规范的统一,包含更为深层的意蕴。首先,从人的存在来看,以上统一意味着人自身走向真实的、具体的存在。从现实形态看,人并不是抽象的对象,而是包含多方面规定的具体存在,人所具有的感性规定和理性品格、个体性取向和社会性的规定,等等,从不同方面体现了人的这种具体性。当我们从价值观层面肯定人道原则和自然原则统一之时,也就同时承诺了人的这种真实、具体的品格。

就人的行为过程或实践过程而言,以上统一又涉及行为过程中合乎内在意愿和合乎普遍法则的一致,后者同时意味着赋予人的行为以自由的性质。在仅仅本于天性之时,人的行为常常带有自发的形态,反之,如果单纯地注重外在规范的约束,则人的行为往往缺乏自愿的性质,在以上情况下,人的行为都未达到自由的层面。就人的行为而言,自然原则和人道原则的一致具体便表现为出于个体内在意愿和合乎社会普遍规范的统一,而人的行为则将由此真正获得自由的品格。

以上是在人的存在这一层面上,价值观意义上的人道原则和自然原则统一所蕴含的具体价值内涵。从对象世界这一层面来看,自然原则和人道原则的关系则涉及合目的性与合法则性的相关性。这一意义上的"天"更多地关乎自然本身的法则,而"人"则与人的目的性以及价值追求相联系。在天和人的互动过程中,一方面,人无法停留在自然状态之中:人总是不断追求自身的目的,努力实现不同的价值理想。另一方面,在实现自身目的、追求自身价值理想的过程中,人又必须尊重自然本身的法则，而不能将自然法则消解于人自身的目的性。

历史地看，在以上方面，哲学家们往往存在不同的偏向。以道家而言，在价值观上，其特点常常表现为对人的目的性的弱化甚至消解。庄子对"天"的界定之一即"无为为之"，所谓"无为为之之谓天"①，"无为为之"也就是排除任何目的性，具体而言，即"动不知所为，行不知所之"，行动不知道目的究竟在哪里，行走不知道方向到底在何处，这就是庄子所理解的合乎自然的行为方式。在庄子看来，这种不包含目的性的活动，即属"天"。对"天"的以上理解，隐含着对目的性的消解，在人和自然或外部对象的关系上，这种消解可以视为自然原则的片面发展。与之相对，在近代以来那种对待自然的狭隘功利主义的取向中，则表现出另一种偏向。对待自然的狭隘的、极端的功利主义原则所突出的是人的目的，亦即前面提到的从一时一地局部的人类目的出发，片面地对自然加以征服、控制。目的性涉及的是人道的原则，但在离开自然法则的前提之下对人的目的过于强化，则表现为对人道原则的片面发展。如果说，道家在人与外部自然关系上片面强化了自然原则，那么，极端的功利主义则表现为在人和外部自然关系上片面地突出人道原则。克服以上二重趋向的实质意义，在于实现自然原则和人道原则的统一，后者的具体内容则表现为合目的性与合法则性的统一。质言之，在人和外部对象的关系这一层面，人道原则和自然原则统一所指向的是合目的性与合法则性的统一，这种统一从另一方面构成了天人互动的合理取向。

---

① 《庄子·天地》。

历史中的理想及其多重向度

理想一方面尚未成为现实，另一方面又包含人们所追求和向往的目标。就理想本身而言，其形态又涉及多重方面。历史地看，对理想的多方面追求在中国历史上源远流长。早在先秦，孔子就提出了"志于道"的观念。作为中国文化的重要范畴，"道"包含不同向度。从天道的层面看，"道"呈现为存在的根据和法则；就人道的层面而言，"道"则涉及普遍的理想，包括文化理想、社会理想、道德理想，等等。"志于道"以后一意义的"道"为指向，其实质的意义表现为对广义理想的追求。历史中所追求的这种理想，在今天既得到了某种延续，又获得了新的内涵。

在中国的传统文化中，理想具体地展现于不同的方面。首先是个体的层面。在这一层面，理想首先与个体自身的成长、完善以及人格的提升相联系，其具体内涵包括"仁、智、勇"等要求和目标。"仁"包含情感的内涵，早期儒家已肯定："恻隐之心，仁之端也。"①恻隐之心即同情心，属情感之域，这种同情心同时被理解为仁的开端，在这一意义上，"仁"更多地与情感相联系。"智"与理性相关，所谓"是非之心，智之端"②，是非判断属于理性的活动。"勇"则更多地与坚毅的意志相关联，所谓"三军可夺帅也，匹夫不可夺志"③，便以意志的坚定性体现了"勇"的气概。从另一个方面看，"仁、智、勇"的交融又在人格追求上体现了"知、情、意"的统一，而在"知、情、意"统一的背后，则蕴含着对"真、善、美"的追求。

对中国人而言，个人不仅仅要追求自身的完善，而且同时应努力实现社会的完善和广义的群体价值。孔子曾提出"修己以安人"，"修己"指向自我的完善，"安人"则涉及社会价值的实现。随着历史的发展，中国文化中逐渐形成了"先天下之忧而忧，后天下之乐而乐"这样一种群体的意识与胸怀，其中内在地包含了对社会的关切以及对社会理想、社会价值的追求。在中国历史中，不仅存在观念层面的理想追求，而且包含政治层面的具体构想，先秦的儒家便基于仁道而提出了"仁政"的政治理想。在孟子那里，"仁政"一方面要求"制民以恒

---

① 《孟子·公孙丑上》。
② 《孟子·公孙丑上》。
③ 《论语·子罕》。

产",给每一个社会成员以一定的生产资源(如土地),使他们上足以赡养父母,下足以抚养子女;另一方面则是以德治国,由此达到人人安居乐业,彼此和谐相处。

在更广的意义上,中国人还提出了"天下"观念以及与"天下"观念相联系的"大同"思想,所谓"大道之行,天下为公"。从先秦到近代,与天下相关的"大同"理想,成为绵绵相续的追求目标。"天下"观念的一个重要方面是不限定于某种特定的界限之中,而是超越地域性等限定,展现更广的视野。与"天下"观念相联系的"大同"思想,也体现了这样一种宽广的视域。近代思想家康有为曾著《大同书》,他在谈到"大同"的时候,便特别提到要破除"界",包括"国界"、"族界",甚至"家界",其中体现的也是一种超越界限的思想。"大同"理想同时包含了多方面的具体内容,按《礼记》的描述,其中包括:社会中人与人之间应当相互关心、彼此关切("不独亲其亲,不独子其子"),不同的社会成员都能各得其所,能够在社会之中找到自己合适的位置("老有所终,壮有所用,幼有所长")。所有的社会成员,包括孤独、残疾之人,都有充分的社会保障("矜寡孤独废疾者,皆有所养"),整个社会平安有序("盗窃乱贼而不作,夜不闭户"),如此等等。这种社会图景,便被视为大同社会:"是谓大同"。

以上的社会理想在文学家那里得到了更生动和形象的描述,如陶渊明的《桃花源记》便刻画了这样一种理想的社会图景。在他的笔下,作为理想之境的桃花源土地肥沃、环境优美:"土地平旷,屋舍俨然,有良田美池桑竹之属。"所有的居民都安居乐业。这一社会中最重要的特点是"黄发垂髫,并怡然自乐",即老少都有幸福、快乐的感受。以上图景虽然带有浪漫的、乌托邦的色彩,但是从另一个角度看,它也构成了中国人早先的生活理想,体现了他们对更好生活形态的追求。

在民族和国家的层面上,理想也有其特定的表现形式。从民族、国家自身来看,这一理想首先体现在对统一性、独立性的维护。当统一性、独立性受到了破坏之时,则以重建统一作为民族、国家的理想。北宋末期,靖康之变后,宋失去了北方的大片国土,偏安于南方。此后,对南宋广大知识分子来说,恢复中原便成为他们的一种理想,诗人陆游的诗句"王师北定中原日,家祭无忘告乃翁",即以恢复中原、重建统一为其理想,这同时这也是他那一代人的共同意愿。

从国家与国家之间的关系来看,理想则体现在"协和万邦"①、"悦近来远"等方面。所谓"协和万邦"、"悦近来远",意味着不同的国家之间能够和平相处、和谐交往。反之,在中国历史中,以暴力的方式来处理国与国的关系,则一再受到批评和谴责。中国人很早就区分了"王道"和"霸道","霸道"就是以暴力、强权为原则,并以此种方式来处理社会之中的各种关系,包括国与国之间的关系。与之相对,"王道"则要求以非暴力的、和平的方式来处理社会之中的各种关系,包括国与国之间的关系。王道在一定意义上体现了民族、国家层面的社会理想。与此相联系,中国人还提出了"得道多助,失道寡助"的观念,这里的"道"是指正义的原则,在中国人看来,能够按照正义原则去做,就会得到天下人的拥护和拥戴,反之就会被天下人所唾弃。这种观念的影响一直绵延至现代,毛泽东便曾以"失道寡助"批评国际关系中的霸权主义。

在国家、民族以及国家之间的关系这一层面,中国人同时还有一种更为恒久、更为宏大的追求,即所谓"为万世开太平",后者所蕴含的理想追求,与近代视域中的永久和平有相通之处。德国哲学家康

---

① 《尚书·尧典》。

德曾经思考和讨论过类似问题,他的名篇《论永久和平》便指向这一论题。"为万世开太平"的观念当然是在更普遍的意义上涉及相关问题,但从"协和万邦"的角度看,其中无疑包含追求天下永久和平的理想。

从文化、思想的层面上来看,中国人很早就表现出宽广的胸怀以及兼容并包的气象。《中庸》中已提出:"万物并育而不相害,道并行而不悖。"所谓"万物并育而不相害",是指不管是在自然领域还是在社会之中,所有的事物、对象都可以并存于这一世界之中,彼此之间并不相互排斥。"道并行而不悖"中的"道",广而言之是指不同的理想、学说、理论。理想、学说固然可以具有多样性,这些观念、价值之间也可以有争论,但根据"道并行而不悖"的观念,这种差异、争论并不意味着一定导向相互之间的排除、否定。历史地看,汉代思想家董仲舒曾提出了"罢黜百家,独尊儒术"的著名主张,从形式上看,这似乎是把百家的思想都排除在外,仅仅尊崇儒家一派。但事实上,如果具体地考察董仲舒的思想,就可注意到,他对先秦诸子百家如法家、墨家、阴阳家、名家等各家的思想都作了不同的吸纳,并将其中的某些思想包含在他自己的体系中。这一事实表明,即使在提出"独尊儒术"这种主张的思想家那里,也依然可以看到一种包容各家、吞吐各家的气象。这种包容性、涵盖性在文化层面上体现了中国传统文化的理想追求。

中国人对待印度佛教的态度,从另一侧面体现了同样的趋向。佛教作为从印度传过来的宗教,属外来文化。它传到中国之后,自然会与中国已有文化之间形成某种文化张力并引发相关的文化争论。然而,这种张力和争论并没有导致对这种外来的宗教文化的绝对拒斥。相反,随着时间的推移,佛教这一外来文化逐渐被融入于中国已有的文化之中。更值得一提的是,经过了一千多年的消化、融合过程之后,在中国形成了一种独特的佛教形态,即禅宗。禅宗是中国化的佛教宗派,从最终的思想来源来说,它当然源于印度佛教,但它又非印度佛教的简单重复,而是融合了中国已有的传统文化而形成的佛教宗派。作为不同于印度佛教的本土化佛教,禅宗可以被视为文化融合的某种产物。如果说,汉代思想家对先秦思想的吸纳,主要表现为中国固有思想之间的互动,那么,佛教的中国化,则从不同文化形态之间的关系上,展现了中国文化的包容性。它们从不同的方面体现了"道并行而不相悖"的文化理想。

上述个人、社会、国家与民族、国家之间以及文化思想等层面,都是与人相关的领域。除了这些方面,中国文化对理想的追求还涉及天与人之间的关系。天人关系的涵义之一,是人与自然的关系,中国传统哲学中的天人之辩,便以讨论人与自然的关系为重要内容。一方面,人总是要求改变自然并使之满足人的需要、符合人的理想。儒家所说的"赞天地之化育",便指通过人的努力,使人之外的对象逐渐变得合乎人的理想。但另一方面,人对自然的作用,并不意味着仅仅将自然作为占有、征服、支配的对象,而是以天人之间(人与自然之间)建立和谐的关系为目标。儒家提出"亲亲而仁民,仁民而爱物"的观念,其中"亲亲"主要涉及家庭成员之间(首先是亲子之间)的关系,对儒家而言,处理家庭成员(亲子之间)的关系主要是以"亲"为原则;"仁民"是对一般社会成员的要求,亦即以仁爱之心对待他人;"爱物"主要是就人与对象(首先是自然对象)的关系而言,这里的"爱"包含爱护、珍惜等等涵义。"爱物",意味着以珍惜爱护之心对待自然和人之外的对象。这种"爱物"之心的实质含义,就是肯定自然本身有它的存在价值,承认自然具有与人共同存在于这一世界的独特地位。道家从另一个角度考察人与自然的关系,并提出了相关的原则,这种原则主要体现于道家的基本观念——"道法自然"。"道法自然"的实质内涵就是尊重自然、顺应自然的法则。与之相联系,道家主张"为无为",所谓"为无为",并不是一无所为,而是以"无为"的方式去"为",这是一种独特的"为"的形式。具体而言,什么是以"无为"的方式去"为"? 这里重要的是尊重自然本身的内在法则,而不是单方面地从人的目标出发去利用自然、征服自然。换言之,人的行为过程应同时合乎自然法则而不是单纯地合乎人的目的。可以看到,儒家和道家从不同的方面体现了对待自然的态度:前者侧重于以人观之,从人的角度出发、以珍惜和爱护之心去对待自然;后者则要求从尊重自然、顺应自然的法则的角度去对待自然。两者从不同维度体现了人和自然之间应当建立起和谐共处的关系的理想。

二

以上简要地从历史的角度考察了传统文化在个体、社会、民族国家和天人关系等层面所蕴含的理想,以及它们的不同内涵和形式。作为一个源远流长的过程,中国人对理想的追求在今天并没有终结。一方面,每一时代的理想具有历史的延续性,今天的追求与过去的理想之间,也并非截然相分;另一方面,理想在不同的时代又具有不同的历史形态,其内容需要进行历史的转换。

与历史的延续性相联系,今天谈理想,同样也涉及前面提到的不同的层面。从个体的层面来说,今天所追求的理想首先表现为达到自由、完美的人格。具体而言,这里包括两个方面,一个是内在品格,它主要从价值取向上规定了正确的人生方向;另一个是现实的能力,亦即人认识世界、改变世界的内在力量。人并不是现成地接受对象,而是要用自己的力量、通过自己的实践过程变革对象,使之合乎人的理想与需要,这一过程乃是通过人的内在能力体现出来的。从完美的人格这一角度看，实现品格与能力之间的统一，便从内在方面构成了个体的理想。从外部的角度来看，人的理想同时表现为对多样的人生目标的追求。广而言之，现代社会为不同的个体提供了多样的选择可能，人生各种选择的空间，也已经大大地拓展：人们已有可能来选择自己不同的生活目标，形成经济上、政治上、文化上多样的人生理想，并在社会中找到适合自己的位置。从个体层面来说，那就是要根据个体"性之所近"以及社会所提供的各种现实可能，确立自己具体的人生目标，追求自己独特的人生理想。

从国家和民族这一层面来说，近代以来，独立、富强始终是中国人追求的理想。经过一百多年的努力，独立的理想已成为现实。在实现了这一理想之后，进一步的追求，便是国家的富强。事实上，今天中国人的理想，往往和国家强盛的向往联系在一起：如何达到国家和民族的真正强盛，构成了当下中国人在国家和民族这一层面的具体理想。

如前所述，中国人很早就有一种天下的观念。与天下观念相联系的是兼容并包的胸怀。在文化的层面，这种天下的观念在今天具体表现为世界文化的意识。在世界文化的视野之下，中华民族几千年发展过程中所积累的成果无疑是建构当代文化的重要方面，同样，中国文化之外世界其他民族所形成的优秀文化成果，也构成了发展当代文化的重要的资源。中国历史上已经有过一个接受、消化、融合外来文化的成功先例，那就是前面提到的对印度佛教文化的接纳、消化、转换。今天，在面对包括西方文化在内的外来文化之时，中国人也将表现出同样的气度。中国人消化吸收印度佛教文化差不多历时一千多年，比较而言，近代西学东渐以来，中西文化的相遇还不到二百年，较之对印度佛教文化的消化，中国文化对西方文化的理解、消化还处于比较短的时期,历史要求我们以更为宽容、宏大的胸怀来对待西方文化。以世界文化的视野和观念发展当代文化,同时也是在新的历史条件下延续和重建中华民族的文化,这种重建既要利用中国文化自身的传统资源,也需要这一传统之外的文化资源。由此进而建构既具有世界意义,又具有独特个性的当代中国文化形态,则可以视为今天中国人的文化理想。

前面已提到,与社会、文化层面相对的是天人之间的关系。如何处理天人关系,这一问题古已有之。当然,天人之辩在今天同时获得了新的内涵,那就是它与生态问题更紧密地联系在一起。一方面,在社会发展的过程中需要尊重自然,通过变革自然使本来与人并没有直接相关性的对象世界逐渐变得合乎人的理想与需要。肯定这一过程,意味着人不能仅仅停留在本然的存在之上。另一方面,对人自身需要的满足,又不能无视自然的法则。在满足人自身需要的过程中,我们需要充分地尊重自然。在这里,传统思想中已有的观念,包括对待天人关系的不同原则、进路,在今天看来依然有其重要的意义。前面提到,儒家更多地呈现出"仁民爱物"的情怀,"爱物"意味着对自然的关切、珍视。这种关切、珍视在某种意义上可以看作是人应具有的责任意识,其中包含着伦理或道德的意义。另一方面,在道家那里,对待自然的态度往往展现出审美的视野。道家很早就提到"天地有大美而不言",即天地(自然)本身就包含美的向度。天与人、人与自然的关系所涉及的,并不仅仅是一个伦理的问题,而是同时具有审美意义。一种土地污染、河流混浊、天空雾霾笼罩的环境不仅对人的发展不具有正面的价值意义,而且也缺少内在的美感。相反,清澈的河流、蔚蓝的天空、绿荫覆盖的大地,则既是对人的生存具有正面意义的环境,也具有审美的意义。在此意义上,生态问题既与伦理相关(涉及人对自然的责任),也关乎审美的视域。从根本上说,天人关系的协调最终在于为人类的可持续发展提供前提。在人类的这种可持续的发展过程中,人自身的完美和自然的完美呈现统一的形态,这种统一的形态,具体呈现为天人共美。可以说,天人共美就是今天中国人在生态领域中的理想。

"四重"之界与"两重"世界
——冯契先生"四重"之界说再思考

一

与熊十力、金岳霖、冯友兰等现代哲学家有所不同，冯契先生没有建构一般思辨意义上的本体论。他曾明确表示，其哲学兴趣"不在于构造一个本体论的体系"。① 然而，以本然界、事实界、可能界、价值界作为基本范畴，冯契先生的智慧说无疑包含着关于本体论问题的思考。

按冯契先生的理解，自在之物在未进入认识领域前，属于本然界，在认识过程中，人通过作用于客观实

---

① 冯契：《认识世界和认识自己》，上海：华东师范大学出版社，1996年，第311页。

在,在感性直观中获得所与,基于所与,进一步形成抽象概念,而后以得自所与还治所与,由此使本然界化为事实界:"知识经验化本然界为事实界,事实总是为我之物,是人所认识到、经验到的对象和内容。"①质言之,事实界是已被认识的本然界。

从认识世界的角度看,在本然界中,存在尚未分化,事实界则分别呈现为不同的对象,作为分化了的现实,事实同时展现了对象的多样性。不同的事实既占有特殊的时空位置,又彼此相互联系,其间具有内在的秩序。冯先生考察了事实界最一般的秩序,并将其概括为两条:其一是现实并行不悖,其二为现实矛盾发展。现实并行不悖既表明在现实世界中,事实之间不存在逻辑的矛盾,也意味着事实之间存在着自然的均衡或动态的平衡,这种均衡使事实界在运动变化过程中始终保持有序状态。按冯契的理解,事实界这种并行不悖的秩序不仅为理性地把握世界提供了前提,而且也构成了形式逻辑的客观基础:形式逻辑规律以及归纳演绎的秩序与现实并行不悖的秩序具有一致性。

与现实并行不悖相反而相成的另一事实界秩序是矛盾发展。事实界的对象、过程本身都包含着差异、矛盾,因而现实既并行不悖,又矛盾发展。冯契一再指出,只有把现实并行不悖与现实矛盾发展结合起来,才能完整地表述现实原则。如果只讲并行不悖而不谈矛盾发展,"那便只是描绘运动、变化,而未曾揭示运动的根据"②。正如事实界中以并行和均衡的形式表现出来的秩序构成了形式逻辑的根据一样,以矛盾运动的形式表现出来的秩序为辩证逻辑提供了客观基础。

---

① 冯契:《认识世界和认识自己》,上海:华东师范大学出版社,1996年,第321页。

② 冯契:《认识世界和认识自己》,上海:华东师范大学出版社,1996年,第327页。

事实界既有一般的秩序,又有特殊的秩序,这种秩序体现了事实间的联系,是内在于事的理。事与理相互联系:事实界的规律性联系依存于事实界,而事实之间又无不处于联系之中,没有脱离理性秩序的事实。冯契上承金岳霖并肯定:理与事的相互联系,使人们可以由事求理,亦可以由理求事,换言之,内在于事的理既为思维的逻辑提供了客观基础,又使理性地把握现实成为可能。

对冯契而言,思维的内容并不限于事与理,它总是超出事实界而指向可能界。从最一般的意义上看,可能界的特点在于排除逻辑矛盾,即凡是没有逻辑矛盾的,便都是可能的。同时,可能界又是一个有意义的领域,它排除一切无意义者。二者相结合,可能的领域便是一个可以思议的领域。冯契强调,可能界并不是一个超验的形而上学世界,它总是依存于现实世界。"成为可能的条件就在于与事实界有并行不悖的联系。"①可以说,可能界以事实界为根据。

进而言之,事实界中事物间的联系呈现为多样的形式,有本质的联系与非本质的联系,必然的联系与偶然的联系,等等,与之相应,事实界提供的可能也是多种多样的。在冯契看来,从认识论的角度看,要重视本质的、规律性的联系及其所提供的可能,后者即构成了现实的可能性。现实的可能与现实事物有本质的联系,并能够合乎规律地转化为现实。可能的实现是个过程,其间有着内在秩序。从可能到现实的转化既是势无必至,亦即有其偶然的、不可完全预知的方面,又存在必然的规定,因而人们可以在"势之必然处见理"。可能与现实的关系本来具有本体论意义,然而,与事实界的考察一样,冯先生对可能界的理解,也以认识过程的展开为前提:本体论意义上的考

---

① 冯契:《认识世界和认识自己》,上海:华东师范大学出版社,1996年,第337页。

察,始终基于认识世界的过程。

事实界的联系提供了多种可能,不同的可能对人具有不同的意义。现实的可能性与人的需要相结合,便构成了目的,人们以合理的目的来指导行动,改造自然,使自然人化,从而创造价值。按冯契的看法,事实界的必然联系所提供的现实可能(对人有价值的可能),通过人的实践活动而得到实现,便转化为价值界,价值界也可以看作是人化的自然:"价值界就是经过人的劳作、活动(社会实践)而改变了面貌的自然界。"①价值界作为人化的自然,当然仍是一种客观实在,但其形成离不开对现实可能及人自身需要的把握。在创造价值的过程中,人道(当然之则)与天道(自然的秩序)相互统一,而价值界的形成则意味着人通过化自在之物为为我之物的实践而获得了自由。

以上考察无疑具有本体论意义,然而,它不同于思辨意义上的本体论,其目标不是去构造一个形而上学的宇宙模式或描绘一个世界图景,而是以认识世界为主线来说明如何在实践基础上以"得自现实之道还治现实",从而化本然界为事实界。通过把握事实所提供的可能来创造价值,在自然的人化和理想世界的实现中不断达到自由。这一考察进路的特点在于基于认识过程来把握天道,并把这一过程与通过价值创造而走向自由联系起来,其中体现了本体论、认识论、价值论的统一。

二

然而,从形而上的视域看,对存在的以上理解同时包含需要进一

---

① 冯契:《认识世界和认识自己》,上海:华东师范大学出版社,1996 年,第344 页。

步思考的方面。在本然界、事实界、可能界、价值界的表述中,首先值得注意的是:事实界和价值界被分别列为不同之"界"。尽管冯契先生肯定从本然界到事实界、可能界、价值界的进展表现为一个相互关联的过程,但是,从逻辑上说,"界"表征着本体论上的存在境域。与之相应,在事实"界"、价值"界"的论说中,事实和价值似乎呈现为本体论上的不同存在形态。就其现实性而言,当对象从本然之"在"转换为现实之"在"时,存在的现实形态或现实形态的世界不仅包含事实,而且也渗入了价值:在现实世界中,既看不到纯粹以"事实界"形式呈现的存在形态,也难以见到单纯以"价值界"形式表现出来的存在形态。以"水"而言,从事实层面来说,"水"的化学构成表现为二个氢原子以及一个氧原子(H_2O),但这并没有包括"水"的全部内涵。对水的更具体的把握,还涉及"水是生存的条件"、"水可以用于灌溉"、"水可以降温"等方面,后者(维持生存、灌溉、降温)展现了"水"的价值意义,它们同时从不同的方面展示了水所具有的功能和属性。水由两个氢原子及一个氧原子(H_2O)构成,无疑属于事实,但在这种单纯的事实形态下,事物往往呈现抽象的性质:它略去了事物所涉及的多重关系以及关系所赋予事物的多重规定,而仅仅展示了事物自我同一的形态,从而使之片面化、抽象化。从现实的形态看,前述维持生存、灌溉、降温等同时表现为"水"所内含的具体属性,后者作为价值的规定并不是外在或主观的附加。在现实世界中,对象既有事实层面的属性,也有价值层面的规定,两者并非相互分离,事物本身的具体性,便在于二者的统一。

作为与本然世界相对的存在形态,现实世界具有综合性。在这种具有综合品格的世界中,存在的可能趋向以及事实和价值更多地呈现彼此融合的形态,而并非以独立之"界"的形式相继而起或彼此并列。与之相对,把事实界、可能界、价值界等存在形态理解为具有独立意义（或相对独立意义）的存在之"界"，至少在逻辑上隐含着将其分离的可能：当事实界和价值界前后相继或并列而在时，事实和价值不仅很难以相互交融的形式呈现，而且容易在分属不同界域的同时趋于彼此相分。

在认识论上，冯契先生以广义认识论为视域。广义认识论的重要特点之一，是肯定认知和评价无法分离。从具体内涵看，认知主要指向事物自身的存在形态，其内在趋向在于以"如其所是"的方式把握对象，与之相应的是对事实的把握。评价则以善或恶、利或害、好或坏等判定为内容，所涉及的是对象对于人所具有的不同价值意义。按冯契先生的理解，认识过程既包含认知，也关乎评价，认知与评价在广义的认识过程中相互统一。从形而上的层面看，广义认识过程中认知与评价的如上统一，乃是基于现实世界中事实和价值的相互关联，与之相联系，以认识过程的广义理解为视域，便很难把"事实"这一存在形态和"价值"这一存在规定看作是两种相继或并列之"界"，而应当更合理地将它们视为现实世界的相关方面。

以上是就"四界"并列的提法可能隐含的事实和价值之间的并列和分离而言。"四重"之界不仅涉及事实和价值，而且同时包含"可能界"。按照冯契先生的理解，"可能"可以从两个角度加以理解：其一，实在所隐含的可能趋向或可能性；其二，从逻辑的角度理解的可能，这一意义上的可能在于不包含矛盾：凡是不包含矛盾的都可以说是可能的。在其现实性上，前一种"可能"固然为现实存在所蕴含，从而有其客观根据，却不同于实际的存在形态：作为可能的趋向，它尚未成为占有特定时间和空间的现实存在，就此而言，可能与本然以及事实显然并非处于同一存在序列。后一意义的"可能"（逻辑上的可能）则可以成为模态逻辑讨论的对象，作为逻辑论域中的模态，可能与必然、偶然等处于同一逻辑序列。在逻辑的层面，可以假设在现实世界之外还存在多个可能的世界,从莱布尼茨开始,哲学家们就对此作了多方面的讨论。可能的世界作为一种逻辑设定,同样不占有实际的时空,从而也有别于现实世界。

冯契先生曾肯定了可能与现实之间的关联,强调:"可能性依存于现实,是由现实事物之间的联系所提供的。"[①]然而,在本然界、事实界、可能界、价值界相继而起又彼此并列的表述中,"可能界"似乎也成为一种与本然、事实和价值处于同一序列的存在。就存在形态而言,"可能"与"本然"、"事实"和"价值"无法等量齐观。"可能"首先不同于"本然","本然"固然意味着存在尚未进入人的知、行领域,还没有与人发生实际的关联,不过,这种存在形态在具有实在性这一点上,与现实世界又具有相通性。"事实"作为进入人的知、行领域的存在,已取得"为人"的形态并与人发生多样的关系;以占有具体的时、空位置等等为特点,"事实"同时呈现实在的形态。相形之下,"可能"在存在形态上既不同于"本然",又有别于"事实":无论是作为现实所隐含的存在趋向的"可能",还是作为无逻辑矛盾意义上的"可能",都不占有具体的时空,从而不具有本然世界和现实世界所内含的实在性。尽管冯契先生并未忽视"可能"的以上特点,但"四重"之界的表述,却似乎难以完全避免将相关之"界"引向并列的存在序列。

从逻辑上看,将上述在本体论意义上彼此相分的存在形态视为相继或并列之"界",同时容易导致"可能"的实体化,后者又将进而引发理论上的诸种问题。首先是"可能"的存在形态和"现实"的存在形态之间界限的模糊:当"可能"与"本然"、"事实"被并列为存在之"界"时,它似乎也开始取得某种与"本然"、"事实"类似的实际存在

---

① 冯契:《认识世界和认识自己》,上海:华东师范大学出版社,1996 年,第337 页。

规定。由此，"可能"便不再是可"然"而"未然"或将"然"而"未然"，它与现实存在之间的区分，因而也难以具体把握。进一步看，以"界"的形式将"可能"与"本然"、"事实"表述为同一序列，在逻辑上包含着将"可能"凝固化的趋向。在实质的层面，"可能"与未来的时间之维有着更为切近的关系，唯有将其放在面向未来的发展过程，它才会获得实际的意义，事实上，谈到"可能"，人们总是着眼于对象在未来的衍化和发展趋向，一旦"可能"与"本然"、"事实"同属存在之"界"，则"可能"与过程的关联便容易被消解或忽视。

　　进一步看，冯契先生所提到的"本然界"、"事实界"、"价值界"同时都包含着不同意义上的"可能"。以"本然界"而言，它固然尚未进入人的知、行领域，也没有与人形成实际的关联，却包含着进入人的知、行领域、与人发生各种关系的"可能"。在认识论和本体论上，"本然界"都存在向事实界或事实转化的可能。荀子曾指出："可以知，物之理也。"①此所谓"可以知"，是指物（包括本然之物）包含能够为人所认识的内在规定。当这种规定尚未被人认识时，它处于可能被知的形态，通过知行过程的具体展开，可能被知的规定便转化为现实的认识内容，亦即取得多样的认识成果的形态。"本然界"也可以包含与人的需要相关的价值规定，这种规定在尚未实际地满足人的需要之时，主要表现为一种可能的趋向，以人实际地作用于对象为前提，"本然界"所包含的可以满足人需要的规定便由可能的形态化为现实，并成为价值意义上的现实存在形态。从以上方面看，"本然界"本身无疑同时在不同意义包含着"可能"。

　　同样，冯契先生所提及的"事实界"也涉及多种"可能"趋向。引申而言，现实世界在形成之后，总是包含进一步发展的"可能"，后者

---

　　①　《荀子·解蔽》。

既关乎事实之维,也与价值规定相涉。在认识论上,现实世界蕴含被更深入理解的"可能",在价值之维,现实世界则"可能"在更广意义上满足人的需要。这样,从过程的角度看,不仅本然的存在形态包含不同的"可能"趋向,而且在本然存在转化为现实的存在之后,现实存在形态本身也包含新的可能性。然而,当"可能界"与"本然界"、"事实界"以及"价值界"并列为不同的存在之"界"时,"可能"在多重意义上为"本然界"、"事实界"、"价值界"所蕴含这一本体论的事实,似乎便容易被掩蔽。

由以上所述进一步思考,则可以看到,相对于"本然界"、"事实界"、"可能界"、"价值界"等"四重"之界的并立,更需要关注的是本然世界和现实世界这"两重"之界的互动。前文已提及,本然世界也就是尚未进入人的知行之域、也没有与人发生任何认识和评价关系的存在,现实世界则是一种具有综合意义的存在形态,它包含价值、事实等不同规定,也兼涉多样的发展可能。从人与世界的关系看,本然世界和现实世界的区分具有更为实质的意义,如上文分析所表明的,"本然界"、"事实界"、"可能界"、"价值界"等"四重"之界,事实上即内含于本然世界和现实世界这"两重"世界之中。

需要指出的是,从终极的层面看,只有一个实在的世界,所谓本然世界和现实世界,可以视为同一实在相对于人而言的不同呈现形式:如前所述,当实在尚未进入人的知行之域、没有与人发生实质关联时,它以本然形式呈现,一旦人以不同的形式作用于实在并使之与人形成多重联系,则实在便开始取得现实的形态。从人与世界的关系看,人通过知行活动化本然世界为现实世界,从而,"两重"世界归根到底指向现实世界或世界的现实形态。以此为视域,也可以说,对人呈现具体意义的实质上只是现实的世界。以不同存在规定的关联为具体形态,这一现实世界同时展现了存在的综合性和世界自身的统一性,后者为避免事实与价值以及事实、价值与可能之间的相分和相离提供了本体论的根据。冯契先生曾区分自在之物与为我之物,认为"自在之物是'天之天',为我之物是'人之天'"[①],这一意义上的自在之物和为我之物与本然世界和现实世界无疑具有实质上的相关性,同时,他也一再强调价值和事实的统一,并且反复肯定"本然界"、"事实界"、"可能界"、"价值界"之间的相互联系。然而,尽管如此,"四重"之界的提法在逻辑上又确乎隐含着不同之"界"并立甚而分离的可能性。在重新思考"四重"之界说时,以上方面无疑需要加以关注。

三

与"四重"之界说相关的,是对事实本身的理解。历史地看,从罗素、金岳霖到哈贝马斯,对事实的理解,整体上侧重于认识论之域。在谈到事实时,罗素曾指出:"现存的世界是由具有许多性质和关系的许多事物组成的。对现存世界的完全描述不仅需要开列一个各种事物的目录,而且要提到这些事物的一切性质和关系。我们不仅必须知道这个东西、那个东西以及其他东西,而且必须知道哪个是红的,哪个是黄的,哪个早于哪个,哪个介于其他两个之间,等等。当我谈到一个'事实'时,我不是指世界上的一个简单的事物,而是指某物有某种性质或某些事物有某种关系。因此,例如我不把拿破仑叫做事实,而把他有野心或他娶约瑟芬叫做'事实'。"[②]罗素的以上看法

---

① 冯契:《认识世界和认识自己》,上海:华东师范大学出版社,1996年,第302页。

② [英]罗素:《我们关于外间世界的知识》,陈启伟译,上海:上海译文出版社,1990年,第39页。

注意到"事实"不限于事物及其性质,而是首先指向事物之间的关系,这一理解同时侧重于"事实"的认识论意义:在认识论上,仅仅指出某一对象(如拿破仑),并不构成严格意义上的知识,唯有对相关对象作出判定(如拿破仑有野心,或拿破仑曾娶约瑟芬),才表明形成了某种知识,而这种判断又以命题的形式表达出来。与之相联系,认识论意义上的"事实"也不囿于事物及其性质,而是以命题的形式指向事物之间的关系。罗素诚然曾提及"事实属于客观世界",并以所谓"原子事实"为最基本的事实,但其考察主要是在逻辑的视域中展开,罗素自己明确地肯定了这一点:"在分析中取得的作为分析中的最终剩余物的原子并非物质原子而是逻辑原子。"①与之相应,原子事实内在地关乎语言:"每个原子事实中有一个成分,它自然地通过动词来表达(或者,就性质来说它可以通过一个谓词、一个形容词来表达)。"②这种与"逻辑"、"语言"相关的"事实",更多地呈现了认识论层面的意义。在这方面,金岳霖的看法与罗素有相近之处,在谈到事实时,金岳霖便指出:"事实是真的特殊命题所肯定的"③,此所谓"事实",同样侧重于认识论的意义。

类似的视域,也存在于哈贝马斯,从其著作《在事实与规范之间》中,便不难看到这一点。如书名所示,在该书中,哈贝马斯也论及"事实",尽管与罗素侧重于逻辑形式有所不同,哈贝马斯主要关注事实与规范性的关系,但在将事实与语言联系起来这一点上,两者又有相通之处。在哈贝马斯看来,"借助于名称、记号、指示性表达式,我们指称个体对象,而这些单称词项占据位置的句子,则总体上表达一个

---

①　[英]罗素:《逻辑与知识》,苑莉均译,北京:商务印书馆,1996 年,第 215 页。
②　[英]罗素:《逻辑与知识》,苑莉均译,北京:商务印书馆,1996 年,第 239 页。
③　金岳霖:《知识论》,北京:商务印书馆,1983 年,第 755 页。

命题或报告一个事态。如果这种思想是真的,表达这个思想的句子就报告一个事实。"①名称、句子、命题以不同的形式关乎语言,与之相联系的事实,也首先涉及语言,事实上,哈贝马斯便明确地将这类事实置于"语言之中"②。"语言之中"的这种"事实",无疑可以归入广义的认识论之域。

然而,"事实"不仅仅具有认识论意义,从现实形态看,它同时包含本体论的意义。在人与对象的相互作用中,人通过实践活动而改变对象,并在对象之上打上自身的印记。这种打上了人的印记的对象,既可以视为"事实"的事物形态,也可以看作是作为事物的"事实"。这一论域中的"事实",也就是人所面对的现实存在,其意义既体现于认识论之维,也呈现于本体论之域。本体论意义上的"事实"与认识论意义上的"事实"并非仅仅彼此相分,以人的活动为现实前提,两者一开始便存在内在关联:可以说,作为人之所"作"的产物,本体论意义上的"事实"与认识论意义上的"事实"构成了"事实"的不同形态。

"事实"的以上不同形态,往往未能得到充分的关注:如上所述,就总的哲学趋向而言,哲学家的注重之点,常常主要指向认识意义上的"事实",从罗素、金岳霖以及哈贝马斯等对事实的理解中,已不难注意到这一点。在这一视域之下,"事实"主要表现为以命题形式呈现的观念形态,尽管这种命题被视为"真的特殊命题",但作为认识论之域的命题,它毕竟有别于打上了人的印记之实在。"事实"形成于化本然存在为人化对象的过程,与之相联系,它无法限于认识形态:

---

① [德]哈贝马斯:《事实与规范之间》,童世骏译,北京:生活·读书·新知三联书店,2003 年,第 14 页。

② [德]哈贝马斯:《事实与规范之间》,童世骏译,北京:生活·读书·新知三联书店,2003 年,第 12—21 页。

当人们强调从"事实"出发之时,便并非仅仅着眼于真的"命题"或"陈述",而是要求基于真实的存在,这一实践取向从本源的方面展现了"事实"的本体论之维。同样,在通常所谓"事实胜于雄辩"的表述中,"事实"与"雄辩"构成了一种对照,其中的"事实"作为与"雄辩"相对者,也不同于主要表现为认识形态的"命题",而是呈现为现实的存在。

与罗素等看法有所不同,冯契先生一方面上承了金岳霖的进路,肯定人通过知、行过程化而本然为事实,以命题概括由此所达到的认识成果,从而确认了认识论意义上的事实。然而,他并未因此忽视事实的本体论意义。尽管如前所述,在本然界、事实界、可能界、价值界的区分中,"界"在形而上的层面表现为存在的形态,以上之分相应地蕴含着事实与价值相分的可能,然而,就"事实"的理解和把握而言,对以上诸界的考察本身则不仅基于认识过程,而且内含本体论的进路。在谈到"事实"时,冯契先生便既将"化所与为事实"与知识经验的形成过程联系起来,又强调:"事实的'实'就是实在、现实的实。"[①]后一意义的"事实",无疑同时具有本体论意义。与之相联系,冯契先生区分了"事实界"与"事实命题",认为:"事实界是建立在具体化与个体化的现实的基础上的,事实命题归根到底是对具体的或个体的现实事物的陈述。"[②]如果说,这里所说的"事实命题"侧重于"事实"的认识论内涵,那么,以"具体化和个体化的现实"为基础的"事实界",则突出了"事实"的本体论意义。

就更本源的层面而言,肯定"事实"包含认识论与本体论二重内

---

① 冯契:《认识世界和认识自己》,上海:华东师范大学出版社,1996 年,第321 页。

② 冯契:《认识世界和认识自己》,上海:华东师范大学出版社,1996 年,第330 页。

涵,以说明世界和变革世界的关联为其前提。说明世界关乎从认识之维把握世界,变革世界则涉及对世界的实际作用。认识论意义上的事实更多地与前者相涉,本体论上的事实则主要指向后者。变革世界意味着人化实在的生成,这种人化的实在,同时也具有事实的意义。如果仅仅关注认识论之维的事实,则事实与世界的变革之间的如上关联便可能被置于视野之外。以认识的形式呈现的事实与作为人化实在的事实之间的相互关联,折射着说明世界和变革世界的互动。相对于罗素等对事实的理解,冯契先生关于事实的看法,无疑为说明世界和变革世界的沟通提供了更现实的根据。从形上之维看,说明世界和变革世界的关联同时表现为本然世界向现实世界转化的前提,就此而言,对事实的以上理解在逻辑上也蕴含了承诺"两重"世界的内在趋向,后者对前述"四重"之界内含的问题,无疑也从一个方面作了限定。

(原载《华东师范大学学报》2019 年第 3 期)

附录一

行动、实践与实践哲学
——对若干问题的回应①

在《人类行动与实践智慧》②一书的讨论会上,与会学者对书中涉及的若干问题提出了多方面的看法,这些看法既涉及元理论层面如何理解实践哲学的问题,也关乎行动结构、实践分类、实践过程中理性与非理性的关系、实践过程中"几"、"势"如何把握等具体的问题。广而言之,问题也兼及更普遍意义上研究的不同进路与视域。对以上问题的回应,既指向相关问

---

① 2013 年 7 月 17—18 日,《哲学分析》、生活·读书·新知三联书店联合举办了第六届《哲学分析》论坛:"人类行动与实践智慧"研讨会,围绕作者的《人类行动与实践智慧》一书展开讨论。本文系作者对与会学者相关问题的回应,根据录音整理和修订。

② 杨国荣:《人类行动与实践智慧》,北京:生活·读书·新知三联书店,2013 年。

题的具体分疏,也涉及观点和看法的进一步阐发。

一

如何理解"实践哲学"？这是实践哲学研究过程中无法回避的问题,黄颂杰教授所论首先涉及这一点。以西方哲学的历史衍化为背景,黄颂杰教授提出了何谓实践哲学、实践哲学是否要取代思辨哲学、实践哲学有没有一般(或基本)原理三个问题,并对此作了清晰、细致的分析,其中包含不少富有启示的看法。

从理论上看,把握"实践哲学"的内涵确实十分重要,其中关乎需要辨析的不同方面。大致而言,在狭义的论域中,实践哲学表现为以行动、实践为指向的哲学形态,其中又可以区分为关于具体实践领域的研究和跨越不同实践领域的元理论形态研究。从广义上看,实践哲学的特点则在于以实践为理解、认识世界的基础,这一意义上的实践哲学有别于黄颂杰教授所说的思辨哲学。我的《人类行动与实践智慧》一书的旨趣,并非试图在实践的基础上建立整个哲学的大厦,简要地说,我无意建构广义的实践哲学。在内容上,我的讨论主要与狭义的实践哲学相联系,具体地看,其侧重之点在于从元理论的层面,对行动和实践的意义作一哲学的分疏,我所提到的实践哲学"以人的行动和实践为指向",大致也是就此而言,它在某种意义上可以视为对行动和实践本身的理论考察,从而既不同于对特定实践领域的研究,也有别于基于实践而建构整个哲学系统的进路。当然,实践哲学"以人的行动和实践为指向"这一宽泛的提法以及与之相关的解说,可能容易引发歧义,黄颂杰教授指出这一点,无疑有助于对相关问题的进一步澄明。

与以上视域相关,广义的实践哲学与理论哲学或思辨哲学之间,并不存在相互排斥或彼此取代的问题。在广义论域中,实践哲学的特点在于以实践为基础或出发点考察和理解世界,当我们以这一方式把握世界时,理论和思辨依然不可或缺:作为理解和把握世界的方式,基于实践的哲学进路并没有离开理论思维。同样,理论哲学或思辨哲学尽管以观念层面的思与辨为把握世界的主要方式,但从现实的角度看,这种理论或思辨活动无法超越活动主体(从事上述理论或思辨活动的主体)所处的不同生存境域,后者又由具体的生活、实践过程所构成,在此意义上,即使是思辨性的理论活动,最终也难以与实践过程相分离。从根本上说,哲学对世界的把握,基于人自身的知与行,二者固然可以有不同侧重(基于实践视域的实践哲学与基于理论视域的理论哲学分别侧重于行与知),然而,在把握世界的现实过程中,实践的视域与理论的视域无法截然相分。

关于实践哲学的原理,往往存在不同的理解。后者可以表现为预设若干类似公理的原理,由此进而推演出某种理论系统。从哲学史看,斯宾诺莎在考察作为实践领域之一的伦理之域时,曾运用几何学的方式,推演出伦理学的不同原理。康德的道德形而上学,也预设了普遍性、意志自由等原理。实践领域的这种原理在形式上固然整齐统一,但同时又往往具有抽象的性质。对实践领域及其原理的理解,也可以侧重于把握实践过程的现实规定和关系,由此进一步作出理论的概括,形成具体的概念系统。以行动和实践过程为对象,我所趋向的,主要是后一进路。这一考察进路一方面包含元理论层面的概念性思考,从而不同于经验层面的描述;另一方面又非抽象地预设某种普遍的原理,从而有别于思辨的构造。质言之,原理应当体现内含于现实的普遍性,而非基于抽象的预设,它与我所主张的"具体形上学",具有相通性。

实践哲学也可以根据不同的领域或不同对象的特点来加以划

分,如将展开于主客体关系的实践活动与主要表现为主体间交往的活动加以区分。然而,我们同时需要把握"实践"之为"实践"的普遍品格,诸如"说明世界和改变世界"、"合目的性和合法则性"的统一等特点,不管讨论什么特定形态的实践,以上问题都将涉及,因此,从这一层面讨论实践问题,应该是实践哲学的题中之义。

与会学者的相关讨论还涉及实践哲学的功能问题。对具体的实践活动来说,实践哲学的功能是什么?从宽泛的意义上说,这也关乎哲学的作用是什么(哲学何为)的问题。在我看来,哲学既有理解、说明世界的作用,也有通过规范、引导实践以完善世界的意义。冯契先生所说的"化理论为方法,化理论为德性",实际上便涉及哲学的规范意义。我们通常所说的"观念的力量"、"思想的力量"也体现了哲学的规范作用。

哲学以概念的形式把握世界,其作用于世界的方式与具体的科学、技术有所不同,不能要求哲学像特定技术一样以直接的、操作性的方式来干预社会生活。哲学更多地是以观念的力量引导人,这种力量凝结着人的生活经验和智慧,可以在各个领域中产生影响。虽然哲学(包括实践哲学)看上去是在做一些理论性、概念性的分析,然而,这一工作所凝结起来的理论成果对人们的实践生活依然有现实的规范、引导意义。

对实践哲学的另外一种理解,就是对现实世界及社会领域中具体问题的哲学性回应,这在广义上也体现了实践哲学的品格。在社会实践(包括现代化的进程)中,往往会出现政治、经济、文化等不同层面的问题,它们对社会生活本身也会产生多方面的影响,从哲学的角度直面这些问题,分析其根源、提出多样的解决思路,等等,这些活动在一定意义上也可归属于广义的实践哲学。

实践哲学同时涉及"以行动本身为对象"与"以讨论行动的方式

为对象"的区分,江怡教授的发言便涉及此。比较而言,分析哲学固然也涉及行动本身,但可能更侧重于考察"讨论行动的方式",后者在某种意义上可以视为对研究的再研究。按我的理解,广义的实践哲学与分析哲学不同,"以行动为对象"和"以讨论行动的方式为对象"这两者并非互不相干,而是都包含在广义的实践哲学之中:我们既要注意讨论行动的方式,也要关注现实的活动和实践本身。在这一点上,我所理解的"行动哲学"与分析哲学的看法显然存在差异,在后者的视域中,我的这种讨论方式也许超出了语言分析之域,有某种"形上学"的趋向,从而不合其"规范"。然而,实践哲学最终旨在理解现实的实践活动,行动本身是无法回避的问题。顺便指出,分析哲学中的一些人物如后期维特根斯坦趋向于对日常语言的分析,并关注生活世界、肯定语义的理解要以生活世界为背景,等等,这些看法无疑也注意到了日常生活的意义,然而,其重点仍然在于如何恰当把握语言的意义这一方面,因而并没有离开广义上的语言之域。在我看来,对行动的讨论不能仅仅限于语言关切这一层面,而应指向更广的社会生活与历史过程。

二

实践哲学同时关乎如何理解行动。历史地看,王阳明在谈到知行关系时,曾以"好好色"和"见好色"的不可分,解释知与行的统一。郁振华教授在讨论中也提到这一问题。对王阳明的这一具体理解,我难以完全赞同。在我看来,"好好色"主要是情感上的认同,仍然属于观念的领域。我在《人类行动与实践智慧》中也提到,对于行动的理解需要在动态的结构上来展开,这个动态的结构包括意欲的生成、对意欲的评价、动机的确立、行动的选择与决定等一系列环节,这些环节都关乎观念。观念的如上展开对于走向行动是必要的,但它尚未落实到行动之中,从而不能视为行动本身。王阳明注意到,没有以上进展,"行"是不能想象的,但他却由此把观念的环节当做"行"本身,从而趋向于王船山所批评的销行入知。即使将"行"区分为经典意义和非经典意义两种,"好好色"也仍然属于广义之"知"的范围。总之,从意欲到行动有一个很复杂的过程,在未跨入行动领域的时候,观念性活动仍然是"知"而不是"行"。当然,王阳明将"好好色"和"见好色"统一起来是有所见的。

胡军教授提到了人的行动结构问题。确实,行动有其结构。从行动本身看,如前所述,"行动结构"包括意欲的生成、选择、决定等动态过程的各个方面。我在《人类行动与实践智慧》一书的第一章第三节中,以《行动的结构》为题,对此作了较为集中的考察,并概要地指出:"在非单一(综合)的形态下,行动呈现结构性。行动的结构既表现为不同环节、方面之间的逻辑关联,也展开于动态的过程。从动态之维看,行动的结构不仅体现于从意欲到评价,从权衡到选择、决定的观念活动,而且渗入于行动者与对象、行动者之间的关系,并以主体与对象、主体与主体(主体间)的互动与统一为形式。"从更广的意义上去理解实践过程,进而涉及行动过程的多重关系,包括私人空间与公共空间、行动的个体之维和社会之维之间的互动,这些关系的展开以及相关方面之间的互动,都包含了行动的结构。不管从微观的意义上,还是从较为宽泛的意义上,行动都具有结构性。

胡军教授同时谈到"集体行动"和"个体行动"之间的关系,这二者确实也是理解行动时无法回避的重要方面。

关于"集体行动"和"个体行动"的问题,可以从不同的层面加以理解。一方面,任何一种集体行动最后都落实于个体行动之中,没有抽象的、超验的集体。同时,个体行动总是内含集体性的规定,即便是日常生活中的饮食起居也涉及家庭、单位等社会性的依托,在此意义上,个体和集体很难截然相分。另一方面,个体的作用在不同的行动过程中又存在差异。在有些场合,特别是在胡军教授提及的大规模集体行动中,个体的作用似乎并不显著。然而,并不能由此完全忽视或消解个体在集体行动中的作用。在诸如建立空间站、登月这类事关林林总总、方方面面的大工程中,个体的作用看似无关全局,但其行动往往牵一发而动全身:任何一个小部件的设计、加工、制作都事关整个过程,其中每一个体的作用都不可轻视。不难看到,行动的个体之维与行动的集体之维在行动过程中所占的位置需要放在具体的历史情境中分析,既不能夸大个体作用,也不能将个体淹没于集体中。此外,"集体行动"本身是个抽象概念,集体参与的行动往往离不开具体的目标或计划:通过共同的目标或计划,不同个体被连接于一定的集体。在这一过程中,既涉及个体对集体目标的认同,也关乎个体之间的相互关联、相互作用,等等。在这些不同的环节中,都可以看到个体之维的行动与集体之维的行动之间的内在互动。

刘宇博士提出了实践范畴的区分问题,并以实践对象以及实践领域的分别为这种区分的根据。与之相关,刘宇博士特别强调"分":从对象的区分,到范畴的区分,都侧重于"分"。确实,无论是实践的对象,抑或实践的范畴,都存在不同的规定,并可以作出不同的区分。具体地把握实践对象与实践领域的各自特点,对于实践过程的合理展开,具有不可忽视的意义。然而,作为以人为主体的过程,实践过程本身又难以判然相分。在基于对象等差异而区分实践的不同领域、方面的同时,对实践过程作为人的活动所具有的相关性,同样需要给予充分注意。以刘宇博士所提及的实践范畴——实践与外物、实践与他人、实践与自身——之分而言,其中便似乎存在不少需要辨析的问题。首先,这里的实践内涵有待澄明:与外物、他人、自身相对的实践,究竟涉及什么? 从逻辑上说,似乎关乎实践的个体,因为同时满足与外物、他人、自身相对这一条件的,只能是作为个体的实践主体。然而,从上述意义上的个体(或实践个体)这一维度去理解实践,显然与实践的现实形态存在距离。从最一般的意义上说,实践作为系统性的过程,包含对象、主体、背景、过程等方面,其中的主体既有个体之维,也有社会之维,仅仅从个体之维理解实践过程,似乎难以把握其现实或具体的品格。进而言之,即使以个体为着眼之点,也不难注意到,在其实践过程的具体展开中,外物、他人、自身也并非壁垒分明:以"外物"为对象的实践(如改变自然),总是直接或间接地涉及与他人的关系,包括协作、互动等,而在这一过程中,个体自身也将在能力、德性(包括对待劳动的态度)等方面发生某种改变;与"他人"打交道的主体间交往,并非以单纯的主体性对话、讨论等方式展开,在其现实性上,它往往发生在作用于广义"外物"的过程之中,而这种交往对个体自身的精神世界同样会发生不同形式的变化;至于以个体"自身"为对象的实践,更是无法离开作用于"外物"、与"他人"交往等过程:个体的自我发展,并不是一个自我封闭的修养、静坐、反省过程,即使以个体德性为关注之点的心学,也一再强调应当在"事上磨练",亦即有见于以上关联。从上述方面看,实践与外物、实践与他人、实践与自身的范畴区分,以及基于这种视域的实践观念,显然需要再思考。

同时,范畴的区分应以对象本身的规定为依据并体现对象自身的这种内在规定。以刘宇博士提到的"人事"与"人伦"的区分而言,二者确乎存在差异,但刘宇博士认为二者的区分表现在"人事的特征在于以合理的手段实现既定目标,而人伦是非目的性的自然关系",这种分别则有待分疏。"人事"以"事"为实质的内涵,"事"具体展现为人之"为";"人伦"则以"伦"为其核心,"伦"相对于"事",更多地表现为静态意义上人与人的关系,二者分别属不同的存在形态。不难看到,在这里,人事与人伦首先均与本然之物相异而与人相涉①,在这一方面,二者呈现相通性,二者的不同,是基于以上相通的差异,这种差异主要在于人事属人的动态活动(人之"为"),人伦则首先呈现为人的静态关系:尽管人伦关系本身也往往展现于多样的实践过程,但相对于"人事",它更多地侧重于静态的关系。从现实的形态看,一方面,作为人与人之间的关系,人伦一开始就不同于"自然关系",从而也难以与人事截然相分;另一方,作为人之"为",人事的展开又以人与人的关系为背景:从政治活动到伦理活动,从劳动过程到日常生活,人之"为"(人事)都无法隔绝于人与人的关系(人伦)。从以上方面看,仅仅偏重于人伦与人事之"分",对二者的现实形态都无法加以具体的理解。

要而言之,理解实践过程既需要从"分"的角度把握,也离不开"合"的进路。以"分"观之与以"合"观之的视域交融,并非取决于思维的偏好,而是由对象本身的性质所规定的。如前所述,就现实的形态而言,实践过程既在对象、主体、领域等方面存在多样性和不同的区分,也内含着不同层面的相关性,仅仅关注其中的一个方面,便容易就其抽象化而无法把握真实、具体的实践形态。

王中江教授提出了"理性的行动可能产生不合理的后果"这一问题。理性的行动基于理性的思考和计划,然而,为什么这种理性的思考和计划却可能产生与初衷相悖的结果呢? 对于这个问题,也许可以从不同的角度去考察。

以上现象首先涉及行动者。作为现实的存在,行动者不仅是理

---

① 顺便指出,中国哲学之沟通"物"与"事",主要表现为在人的知行过程中考察"物",这一视域中的"物"已不同于本然的对象,而是被理解为"事"中之物。

性的化身,而且同时包含情意、想象等理性之外的规定,在具体的行动过程当中,由于受到理性之外多重因素的影响,行动者可能会偏离理性所计划的轨道,由此导致在事后看来不合理的结果。其次,行动总是涉及具体的情境,具体的情境本身处于变化中,理性的计划在变化的处境中可能会面临各种新的问题,当原有计划未能对其加以适当应对、调整时,这种计划本身便往往难以按原来的理性设定得到实现。此外,从理性本身的性质来看,计划的有效性、周密性等方面属于"技术理性"或者"工具理性",与此同时,理性也有价值的向度,一种经过周密考虑的行动固然在工具理性意义上具有合理性,但在价值上却可能缺乏合理性,如法西斯主义、恐怖主义所实施的那些经过精心策划的反人类行动。后者在引申的意义上,也属于"理性的行动可能产生不合理的后果"。当然,在后一论域中,"理性"的具体内涵已有所不同。

以上问题同时涉及实践过程中理性与非理性的关系,事实上,黄颂杰教授便提出了如下问题:"人类实践领域中大量非理性的行动和过程怎么解释?"我在讨论实践过程中的意志软弱以及实践过程的合理性问题时,对以上问题有所涉及。确实,人类行动和实践的过程不仅仅关乎狭义的理性,而是处处渗入了情意等因素,后者便属非理性之维。作为行动的主体,人本身既有理性的规定,也有情意的趋向,在现实的行动过程中,理性与非理性常常交互作用,当情意等方面压倒理性时,行动便往往表现出非理性的趋向:因情绪的失控、意志的冲动而引发的行动,便呈现以上特点。这里需要注意的是,一方面,情意并非单纯地表现为消极的因素,事实上,如我在《人类行动与实践智慧》中所论及的,广义的合理性便包括"合理"与"合情"二重维度,其中的"合理"与狭义的理性相关,"合情"则涉及非理性的规定,就此而言,非理性并不仅仅呈现负面的意义。另一方面,非理性的活动本身也非完全逸出理性之域：我们不仅可以在理性层面对其加以理解，而且可以通过理性的方式抑制其可能产生的消极作用。

三

从更广的层面看，行动和实践的过程同时涉及形而上的问题，包括行动和实践的主体和对象及其相互关系、因果性、与实践背景相关的"几"、"势"，等等。在以上方面，黄颂杰教授提出了如下问题：思辨哲学的概念框架如主客体等如何适用于实践哲学？由此，他进而认为："杨国荣教授用主体—客体及主体间性说明实践活动的展开，人与世界的互动。这似乎又回到了传统思辨哲学。"以上问题无疑值得思考。

主客体及其相互关系本身有其复杂性。宽泛而言，讨论认识论、实践哲学，恐怕无法完全回避主体、客体，以及主体间性等概念，当然，以什么样的方式展开讨论，则可进一步研究。这里，问题的症结不在于能否运用主体、客体、主体间等概念，而在于如何具体理解这些概念以及这些概念之间真实的关系。时下不少学者之所以对主体、客体等概念保持相当的戒心和距离，恐怕与近代以来对这些概念的理解、运用的历史状况有关。如一般所认为的，自笛卡尔以来，西方哲学的传统可能更多地执着于主体与客体之间的相分、对峙关系，这种理解在现代一再受到批评。然而，从现实的过程看，认识的发生总是涉及所知与能知，所知与能知也就是对象与主体，这在认识过程中是无法回避的。关键在于不能一开始就以分离的方式去理解二者的关系。实践过程也有类似的问题，实践总是涉及不同方面的相互作用，而不同方面的相互作用也包括实践的承担者——分析哲学中所讲的 agent，也就是实践的承担者。如果没有承担者，则行动便难以展开。实践同时也无法仅仅停留在观念的领域中,它总是涉及各种关系、作用。从后一意义上说,它又与对象性的方面脱不了干系。

　　一方面,从混然不分的状态中形成主客之间的区分,这是人与世界关系发展的重要一步;另一方面,又不能停留于主客之分,而要不断地从不同的历史层面重建二者的统一。如果停留于原始的混沌状态,那么认识、实践过程的发展便无从实现。但同时,即使在强调相分的时候,也要注意两者互动、关联的一面。这里,关键同样不在于要不要、能不能使用主体、客体的概念,而在于如何理解、界定它们。如果完全撇开这些概念,则既无法理解认识过程,也难以把握实践过程。要而言之,对认识与实践的理解不能因噎废食:不能因为从笛卡尔以来,西方近代哲学有一种执着于主体与客体对峙、分离的趋向,并由此导致各种理论和实践上的问题,就完全摒弃这些概念。这里需要引入历史的视域,并在不同的历史层面上重建相关方面的统一。在现实的认识过程和实践过程中,能知与所知、行动的主体与行动的对象等概念,是无法完全抛弃的,如果没有这些概念,认识与实践的意义将无法呈现。

　　从更本原或形而上的层面看,认识过程与实践过程的展开和现实世界的理解相关联。现实世界不同于本然的世界,而是人通过自身的活动而形成并生活于其间的世界。在这一意义上,人与世界并非彼此分离,不论是认识者,还是认识对象,都是这个世界的成员,它们统一于现实的世界中。真正对人有现实意义的存在,就是人参与其形成并生活于其间的现实世界,这一世界与人具有本体论意义上的统一性。在这里,重要的前提是区分现实的世界与本然的存在:前者与人的知行过程相涉,后者则尚未进入知行之域。对人而言,具有真实意义的存在,乃是现实的世界。

　　要而言之,我们可以在理论上或逻辑上承认知行领域之外某种对象的存在：不能因为现在认知达到了某一层面，便认为世界即止于此，而应承认未知世界的存在。但真正对人有现实意义的存在，则是人参与其形成的现实世界。在这一点上，我与西方笛卡尔以来的传统有明显的差异。但我同时又肯定，当我们具体考察认识、实践过程时，对认识主体（能知）、行动的主体和认识的对象（所知）、行动的对象的区分仍是必要：把握以上过程离不开这种区分。当然，如前所述，同时需要注意区分的相对性，并不断重建历史的统一。

人类的认识、实践有其普遍性。人们往往一再批评西方如何强调"分"，中国如何注重"合"，然而，如果回到中国哲学的现实语境，则自先秦开始，儒家、道家、墨家，等等，不管是积极意义上对认识过程的肯定，还是消极意义上对认识过程的质疑，都承认能知和所知的区分。此外，还有关于天人关系的理解，其中既有肯定天人相合这一面，也有确认天人相分的意识，如荀子即提出"明于天人之分"，这同样也是很重要的中国哲学传统。当然，中国哲学又不限于这种相分，而是同时要求在不同的历史层面上重建相关方面的统一。总之，认识和实践都是在关系中展开的，只要这种关系存在，则无法略去关系项（包括能知与所知、行动者与行动对象，以及主体与客体，等等）之间的关系。

颜青山教授等同仁的发言涉及因果性。因果是非常复杂的问题，这里只能简单一提。金岳霖曾有"理有固然，势无必至"的著名论点，在引申的意义上，其中关乎因果的必然性以及事物变化过程中的偶然性。"理有固然"肯定了因果之间的必然性：在 A 为 B 的原因这一条件下，A 与 B 之间的关系具有必然性，也可以说，有 A 必然有 B；"势无必至"则涉及 A 是否产生、A 以何种方式产生等问题，其中渗入了偶然性：作为原因的 A 是否产生、以何种方式产生，这往往与偶然的因素相关。

与会学者还提到"主体因"和"事件因"的关系以及"势"与原因的关系。概略而言,两者在广义上都属于原因,但是其形式有所不同。同时,"主体因"最终以"人"为原因。与物理世界不同,人属于具有意识、精神的存在,"主体因"相应地包含意识、精神的作用。从实证科学的角度看,科学发展到一定的阶段,精神作用的机制也许会搞得比较清楚。至于"势",固然可以在宽泛意义上将其归于原因的序列,但它与引发性的"动因"则又有所区别。

余治平教授的发言涉及"人与世界"的关系。在他看来,康德将世界理解为"现象的总和",由此,便不宜谈"人与世界"的关系问题。然而,问题在于"世界"这个概念可以在不同的意义上去界定,康德在理念的意义上对"世界"的界定只是体现了其中的一种视域,康德以外,其他的哲学家往往对"世界"有不同的理解,如海德格尔讲"世界与大地",这里的"世界"主要侧重于为近代技术所支配的对象,"大地"更多地表现为与人相统一的存在形态。汉语中的"世界"一词可能来自佛教,如《楞严经》卷四便云:"何名为众生世界? 世为迁流,界为方位。汝今当知:东、西、南、北、东南、西南、东北、西北、上、下为界,过去、未来、现在为世。"这里的"世"与"界"分别对应"时间"和"空间","世界"则相应地表现为时间与空间的统一,近于先秦"宇宙"一词。如果将"世界"理解为现实的存在,则如前所述,人既参与了世界的形成(所谓"赞天地之化育"、"制天命而用之"),又内在于世界之中,正如在天人关系中,人既是"天"(自然)的一部分,又与"天"相对。"人与世界的互动"正是在这一意义上讲的,其中"世界"的内涵与康德和海德格尔的理解有所不同。

余治平教授同时提及"几"("幾"),并对在实践活动的视域中讨论"几"的适宜度,提出疑问。首先需要指出,中国传统哲学中的某些概念的重要性不在于可以对应于西方哲学中的某一特定概念,而是它常常包含了西方哲学相关概念所容纳不了的意义。但另一方面，在今天的学术语境中，为了使传统的哲学概念取得现代可以理解、可以批评、可以讨论的形式，需要对其作必要的解释。如"几"，我们一方面要从现代哲学的语境中加以理解，而不是仅仅停留在某种神秘的、体悟式的层次上，这就需要借助现代学术概念；另一方面，"几"的重要特点是"将成而未成"，"将成"不同于纯粹的可能，因为"可能"有多重形态，但不是所有的"可能"都会成为"几"，"将成"意味着已经向现实迈进。与之相对的"未成"则表明它不同于"现实"——尽管它有走向"现实"的趋向。如果单纯用可能与现实等范畴来解释"几"，则不足以把握它的全部内涵。正是"几"的以上独特内涵，使之与人的实践过程形成了内在关联，并从一个方面突显了实践过程中的形而上之维。

陈赟教授从另一个角度提及如何理解"势"的问题，包括"自然之势"（自然领域之"势"）与社会领域的"势"之间的关系、在"天下无道"背景下"势"的意义等问题。这些问题都值得关注。这里仅作简单的讨论。"自然之势"（自然领域之"势"）的特点在于未经人的作用，社会之势（社会领域的"势"）则是通过人的知行活动而形成。社会领域中的"造势"，即体现了人对势的作用。当然，在引申的意义上，"造势"也涉及自然对象，黑格尔所谓理性机巧，便与之相关。如建水坝发电（利用水的势能），一方面经过了人的"造"势过程，从而不同于水的自然流动；另一方面又主要表现为自然力的相互作用（与社会之"势"不同）。与之相关的是宇宙论视域中的"势"：人与自然均属广义的宇宙，这里的"宇宙"可以视为宽泛意义上的存在，在此意义上，宇宙之势也就是存在本身的衍化、发展趋向，而人与自然两者则均受这一意义上的宇宙之势的制约。不过，从人的具体行动和实践这一层面看，社会领域的"势"又构成了其现实的实践背景。

从"有道"或"无道"与实践之"势"的关系看，"有道"即积极或正面的实践背景，"无道"则表现为消极或负面的实践背景。无道背景下的"势"，更多地体现了"势胜人"这一面。这时的顺势而为，主要表现为相关个体的独善其身。同时，在政治昏暗（所谓天下"无道"）的社会背景下，虽不能顺势而为，却可以逆势而上。历史上的仁人志士，其实践活动，往往便体现了以上二重特点。

四

对实践与行动的研究，总是渗入并展现了不同的进路和视域，后者既涉及比较具体的思考路向，也关乎普遍意义上的哲学观念。在具体的讨论中，问题也与以上方面相关。

成素梅教授提出，认知科学可以从意向性这个角度去考虑。这无疑是值得关注的见解。然而，从认知的角度出发包括很多层面，若干问题也需要做必要的分疏。

首先，从神经科学、脑科学等方面出发，具体考察相关机制，包括大脑、神经系统的活动与意向性之间的关系与互动。这样的考察更多地体现出实证性的进路：联系心理、生理等实验，在具体的场景下考察行动与大脑活动的联系。其次，从人文科学（不同于实证进路）的角度看，如中国哲学所强调的，通过身心的实践，普遍的、社会化的观念逐渐内化为个体的意识，并融入于自身存在，达到身心合一。由此，个体的行为逐渐进入"不思不勉"的境界，这一过程非实证化的进路所能完全把握。最后，身与心之间需要分疏：意向性在广义上仍然属于观念性的层面，这一层面的意向性与"身"不能简单等同。从分析的角度看，"身的意向性"的提法似乎宜慎重，因为"身"不同于意向，如果提出"身的意向性"，可能会模糊观念性的意向与感性、生物性、物理性层面的"身"之间的区分。当然,在具体的活动过程中,两者也有可能达到某种几乎不可截然相分的层面。

安维复教授提到如何理解实践推论的问题。在我看来,实践推论至少包含如下几个方面:第一,实践推论的目标主要不在于说明世界,而是沟通应当做什么和应当如何做,或者说,在目的与手段之间建立切实的联系,这里体现了实践推论与狭义逻辑推论的不同。第二,实践推论包含实质的内容,不限于形式化的程序。布兰顿曾提出"实质推论"的概念,"实质推论"与概念的实质内容相关联,而不是单纯根据形式层面的逻辑隐含关系来推论。比如,当天空出现了闪电时,就可以推论:马上可以听到雷鸣。从形式层面的逻辑隐含关系看,"闪电"的概念中并没有包含"雷声",但是从概念的实质内涵(包括物理层面的内涵)来看,却实实在在有以上联系。同时,实践推论不仅仅限于理论的层面,而且与具体的情景相联系:欲在目的与手段之间建立联系,就离不开对具体情景的把握。当然,实践推论并不是与逻辑推论完全无关的另类,事实上,实践推论同样要运用逻辑的范畴、遵循逻辑的法则。

从讨论的方式看,这里同时关乎辩证法问题。与会学者提出:以辩证法来讨论相关的问题,会有一种混沌、模糊的感觉。这里可以提及伽达默尔的相关看法。在讨论黑格尔的辩证法思想时,伽达默尔曾指出:他自己所致力的,是赋予辩证法富有成果的不明晰性以思想明晰的生命①。这一看法的前提是,辩证法可以形成创造性的思想成果,却缺乏思想的明晰性,如何将辩证法的丰富思想成果与思想的明晰性结合起来,无疑是一个需要正视的问题。在我看来,这种结合具

---

① 参见 H. Gadamer：*Hegel's Dialectic: Five Hermeneutical Studies*, New Haven, CT：Yale University Press, 1976, p3。

体涉及两个方面,一是"逻辑分析",一是"辩证综合",冯契先生已提到后者。这两者在我们认识对象和理解自身的实践活动时都不可或缺,因而也都要给予相当的关注。

"逻辑分析"注重的是对概念的辨析、界定,把握概念的界限,由此达到概念的明晰性,这是认识世界必不可少的环节。但是,我们不能仅仅停留在"分"的状态之下,而是同时需要具有"辩证综合"的视野。"辩证综合"不是我们主观地加之于对象之上的,而是对象本身的内在规定与实践活动本身的内在要求。在一定的认识阶段,可以仅仅把握认识对象的某一方面或某一层面。然而,当我们回到对象的现实形态时,便必须注意,对象本身是互相联系在一起的:在人以不同的方式对事物加以分离之前,事物本身并非以这种"分"的形态存在。这一事实表明,注重逻辑分析的同时不可忽略辩证综合,这一进路有其本体论的根据。

从哲学史上看,康德比较重视"分",他提出感性、知性和理性,现象和物自体等分疏,注重划界,都体现了这一点。相对而言,黑格尔更重视"合"。从现实的意义上看,我既主张回到康德,也主张回到黑格尔,两人都需要重视。当代的分析哲学似乎更重视康德的"分"和知性思维的一面,这一趋向显然有其片面性。

如果回到中国哲学自身的语境,则可以注意到,中国古代的哲学家已在某种意义上意识到了以上关系。荀子提出"辨合","辨"侧重区分、辨析,"合"则涉及辩证综合,对荀子而言,两者都不可偏废。此外,荀子还讲"符验",亦即现实的验证,其中包含回到现实对象的取向。这些表述看似简单,却已把握了我们认识世界、认识人自身过程所不可忽略的方面。

"逻辑分析"与"辩证综合"更多地呈现方法论的意义,与之相关但又有不同侧重的是形而上层面的研究视域,俞宣孟教授从后一方面表达了对中西形而上学的看法。在他看来,西方与中国的形而上学不同,前者是一种用概念表达的理论,注重概念与逻辑;后者是生活的、生成的,主要目的是转化自身的生存状态。这一看法无疑值得思考。

首先,从形而上学本身来看,中国的形而上学同样具有西方形而上学所普遍具有的内涵。谈到"形而上学",总是包含"形而上学"之为"形而上学"的内涵,这一点从"知识"与"智慧"的区分中便不难看出。"形而上学"非限定在分门别类的特定知识限度之内,而是跨越其界限,从智慧的层面来理解世界。这种理解在中国哲学中同样可以注意到,《周易》中所谓"形而上者谓之道,形而下者谓之器",一方面提到了"形而上"与"形而下"之别,另一方面也突出了"道"与"器"的区分。"器"与技术、经验等对象相关,形而上者则属于"道"的层面,更多地与智慧的追求相关,而非限于经验性的"器"。具体来说,中国哲学表现为对"性与天道"的追问,后者同样跨越知识的界限,不同于"技"、"器"的理解,在这个意义上,中国的形而上学与西方的形而上学显然具有相近的内容。其次,从概念的角度来看,中国哲学也运用概念、分析概念,比如"道"、"理"、"气"、"技"、"器"就是很重要的中国哲学概念。从先秦到宋明,在不同的哲学家的相互讨论中,概念的辨析构成了十分重要的方面。因此,不能说中国的哲学家不使用概念。最后,中国哲学家既有对"性与天道"的实际追问,同时对此也表现出相当的理论自觉。比如,早期道家已强调"道"、"技"之分,儒家则注重"道"、"器"之别。清代的龚自珍在知识分类的基础上,将乾嘉以来的学问分为十个大类,其中九类都是技术性的、知识性的。在此之外,他特别提到了"性道之学",以区别于其他九类,这也表现出对以"性道"为内容的形而上学高度的理论自觉,就此而言,不能说中国没有涉及概念分疏的形而上学。事实上,注重生存、注重自我完成与注重基于名言(概念)的理论思考,在中国哲学中并非彼此相分。

　　从更广的研究路向看,陈嘉明教授提出了重建中国哲学的几种进路,如"以中释中"、"以西释中"等。在我看来,仅仅讲"以中释中"、"以西释中"都似乎有其问题。如果一定要借用"以……释……"的模式,则我更愿意讲"以今释古"。

　　"今"与"古"各有两方面的义涵,"今"一方面是指已经融入我们今天的中、西思想中的内容,或者说,是在历史衍化中已凝结而成的智慧的成果;另一方面则是指今天所面临的问题:我们需要从今天的问题出发,回过头去理解过去。与之相对的"古",一方面是指过去的思想:今天的思考不能从无开始,必须基于以往对相关问题的思考成果,这里涉及"史"与"思"的统一;另一方面,从具体的内容来看,"古"既包括中国的"古",也包括西方的"古",而不单单是中国自身的单一传统。顺便指出,"以今释古"的提法只是比照"以中释中"、"以西释中"而言,实际上,更准确的表述应该是"古今互释"。这里的"今",已经不再是中西截然二分的形态。梁启超在评价同时代的康有为、谭嗣同以及他自己的思想时,曾认为他们的共同特点在于"不中不西、即中即西"。确实,近代以来,中国思想学术中已包含大量西方的东西,因而可以说"不中";然而,从纯粹西方的角度来看,中国近代的思想同时承继了中国自身的传统,因而可说"不西"。另一方面,在中国近代思想中,中西总是相互交融,就此而言,又是"即中即西"。在相近的意义上,也可以说,中国近代以来的思想是"不古不今、亦古亦今"。在中西思想相遇之后,这个局面便很难摆脱。梁启超所处的19世纪末、20世纪初与今天的具体状况固然已发生了很多变化,但中西互渗、古今交融的特点似乎并没有根本的改变,这也许是近代中国学人所共同面临的历史命运。

附录二

伦理与哲学①
——与李泽厚的学术交谈

一、两德论：不同的理解

杨国荣（以下简称杨）：你近年对伦理学特别关注，这次在华东师范大学所主持的讨论班，也以伦理学问题为主题。在伦理学中，你的"两德论"尤为令人瞩目，其中包含很多洞见。按你的理解，道德可以区分为两种形态，一种是宗教性道德，一种是社会性道德。

李泽厚（以下简称李）：刘再复一再问，为什么是道德而不是伦理？对于基督教，或者儒家，都有他们自

---

① 2014年5月，应作者多年前之邀，李泽厚前来华东师范大学，并主持伦理学讨论班。四次讨论结束后，李泽厚与作者就伦理学问题作了一次交谈，本文由研究生根据交谈录音整理而成，并经交谈双方的校阅，原载《社会科学》2014年第9期。

己的伦理,个体道德行为是其伦理的具体呈现。社会性道德实际上是现代社会的一套制度、规范的一个自觉践行。

杨：这里暂时不去涉及伦理与道德之分,下面也许会谈到。我们可以在广义的视域中理解道德,这一意义上的道德主要与法律、政治等相对而言。你把宗教性与社会性看作是道德的两个方面。在我看来,你所说的宗教性道德在某些方面有点类似于人生取向或人生选择,如宗教的信念、终极关怀等。但我以为,人生取向或人生选择与道德之间要有所区分。如从日常生活来看,有的人喜欢做工程师,有的人愿意当教师,这些都属于人生取向或人生选择,而有别于道德。

李：但我讲的人生选择是人生意义的选择。

杨：回到宗教层面。宗教信仰也属人生意义上的选择,但仅仅就个人的选择而言,它还不是道德问题。一个人皈依基督教,另一个人信奉佛教,这并不是道德问题。

李：这恰恰与道德攸关。

杨：从个体之域说,个人选择什么样的信仰与个人选择何种职业有相似性。

李：我不同意,选择宗教与选择职业是完全不同的。

杨：确实,二者在价值方向、价值意义上不一样。但进一步说,如果一个人的信仰仅仅限于个人之域,不涉及他人,则这种人生意义的选择似乎不具有严格的道德意义。唯有超出个人的信念、影响到他人,这种选择才涉及道德问题,比如说宗教极端主义者,他一方面在人生取向上选择一种宗教,另一方面又对社会形成负面影响。

李：不要讲极端主义。比如说一个基督徒,他劝他人也信仰基督教,这算不算影响?

杨：这当然影响到他人。

李：那涉不涉及道德问题?

杨：如果影响了他人的生活状况，则可以说涉及道德问题。但是如果他不试图影响他人，而仅仅限于个人领域的信仰，就不涉及道德问题。如一个信基督教的人，不一定会去劝其同事、朋友也去信，在这种情况下，他的信仰便属于个体的人生取向或人生选择。

李：但传道恰恰是宗教信仰的一个重要方面。

杨：所以，这里还是要区分。信仰者可能引导他人也要像他一样去信仰，借用孔子说的话，即己欲立而立人，己欲达而达人，由个人到他者，从而超出个人，涉及与他人的关系，这就关乎道德问题。

李：劝人向善，劝人信教，这算不算由个体影响他人？那算不算道德？

杨：这当然算。但还是要区分自我信仰与影响他人。

李：但这里还要注意，所有的宗教都希望其有普世性，因此所有的宗教都或者比较明显或者不是很明显要求普及自己的宗教，宗教信仰本身已经蕴含了要求影响他人的内涵，这就涉及道德问题。而且就个体来说，他的信仰会影响他的情感、行为，因此，这里肯定涉及道德的问题。

杨：我不完全否认这一点。确实，在一些情况下，一个有信仰的人，可能不会满足于他自己信教。

李：先不说影响别人，单就个体来说，他有了信仰后，会不会影响他的行为？如果没有影响其行为，那恐怕就没什么意义了。即使不影响他的行为，至少影响他的情感。

杨：即使将宗教视为私人领域的事情，相关信仰对其内在精神世界也会有影响。

李：影不影响情感？

杨：影响个人的观念、精神寄托，广义上也包括情感。

李：这些东西涉不涉及道德？

杨：如果只是在个体之域，没有涉及与他人的关系，则恐怕主要还是宽泛意义上的人生取向，而不是严格的道德问题。

李：但即使像修行的和尚，总要碰到人，总要和人打交道。人是处在不同的人际关系之中的。所以，个人信仰宗教当然就会影响别人，哪怕他一句话都不说。

杨：这里仍包含两个方面，一是个人的人生信念，一是个人在行为过程中与他人的关联、对他人的影响。

李：我觉得不管个人信什么，你是否会对他人产生影响，都会表现为道德。个人的信仰，追求终极关怀，体现在情感、观念、行为、语言中，这就有道德的问题。除非一个人不说话，只要说话，就会影响别人。比如我讲"我信佛"这句话，就会影响他人。你的意见是想要把道德与个人信仰分开，我认为这两者是分不开的。这是我们的分歧。

杨：我的看法是，个体性的信仰与道德并不完全重合。就宗教信仰而言，作为不影响社会和他人的个体性人生信念、人生取向，它与道德有所不同。另一方面，个体的这种信仰如果与他人发生关联、影响他人的认识和行为，则会呈现道德的意义。当然，在现实的生活中，个人的信仰作为人生取向可能会影响其行为，正如其择业观也会影响他的行为一样，但在逻辑上，似乎仍可区分主要限于个体之域的人生取向与体现于社会行为的人生选择，前一意义上的人生取向或选择不能完全等同于道德。

李：好的，我们可以有各自的理解。

杨：在你的伦理学中，与宗教性道德相对的是社会性道德。社会性道德体现的是公共理性，宗教性道德则偏重于个体行为。公共理性背后涉及的是社会化的实践方式，具体体现在政治、法律等领域的活动中。与之相对的宗教性道德则侧重于个体的信念、选择等方面。

按其实质的内容,这似乎关涉两个领域,而不仅仅是同一道德的两个方面。我们可以同意宗教不能等同于道德,但包含道德的维度,而社会性道德实际所涉及的,主要是政治、法律等领域,道德与政治、法律在逻辑上应当加以区分,你为什么要将这两者都融合在"道德"的概念之下呢?

李:桑德尔批评罗尔斯,认为现代社会中的法律、制度等没有道德的维度。而我特别强调,遵守公共理性的规范也属道德。不闯红灯、不抢别人的座位,算不算道德? 我认为这就是道德。

杨:在这个问题上,你不同意桑德尔。

李:桑德尔要把宗教性道德统一为社会性道德,我认为这是不对的。现在的问题就是想以某一种宗教或主义一统他者,就是很危险的。

杨:社会政治、法律和道德确实并不是截然分离的,前者(政治、法律)总是要受到后者(道德)的影响,但两者同时又属不同的领域。

李:这涉及道德究竟是由内向外,还是由外向内。道德是内在的,是自觉的行为,那自觉的行为是从哪里来的? 即使闯红灯没被别人发现,也会觉得这是不对的,那道德是从哪里来的?

杨:也就是说,在按照社会的规范行动时,已经蕴含了某种道德意识了。

李:是变为道德意识。小孩不知道抢东西是不对的,告诉他这是不对的以后,他会心里难受。下次还是这么做的时候,他就会感到某种道德上的羞愧。羞愧感就是道德,而且是现代道德最重要的方面。所以要建立这种社会性道德。

杨:社会性的法律、政治一方面要形式化,比如交通规则、法律规范都要清清楚楚。在传统社会中,这方面没有得到充分发展。

李:传统社会中,宗教性道德与社会性道德是合在一起的。

杨：就此而言,宗教性道德与社会性道德区分的背后,实际所涉及的是公共理性与个体道德之间的关系。

李：个人的情感如对终极关怀的选择,是个体道德选择。个体闯不闯红灯,也是个体选择,但并不是个体宗教性道德。公共理性不是个体情感的追求,为公共理性奋斗的人可以有情感追求,甚至可以为此献身。很多人遵守规则,却与安身立命没有关系。它与个人的情感、信仰等的追求是不同的。

杨：如果换一个角度来说,这里也涉及现代政治、法律与道德之间的互相关联、相互作用。

李：所以一定要区分两种道德,一种是直接关联的,一种是间接或没有关联的。

杨：也就是说在宗教性道德中,是没有关联的?

李：是的。如在伊斯兰那里的宗教性道德,女性必须将头蒙起来,把脸漏出来就是不道德的。

杨：你的这一看法与罗尔斯不同。罗尔斯要区分公共领域与私人领域,哈贝马斯亦是如此。

李：所以我在答复桑德尔的同时,也在答复罗尔斯,甚至是答复整个自由主义。

杨：在他们看来,政治、法律就是政治、法律,与道德没有关系。所以道德选择成为个人的事情。

李：他们是以个人为单位。

杨：在这个意义上,你不赞同罗尔斯。所以可以说,你是在两条战线上作战。

李：对。

杨：具体而言,一方面你不同意桑德尔,好像比较赞同罗尔斯,但骨子里可能并不完全赞成罗尔斯。

李：在某个方面我是赞成罗尔斯的，某些方面是不赞成的。如罗尔斯的两条原则究竟是哪里来的？他没说。

杨：似乎是一种理想的预设。

李：所以是一种假定，所以我肯定不同意。

杨：康德的先天预设还是比较普遍化、形式化的，罗尔斯的预设则是契约论的预设，好像和历史有关，但实际上又和历史不怎么相干。

李：康德就是讲先验。

杨：康德是不会讲契约论的，一谈契约就涉及经验了。所以罗尔斯一方面接着康德，一方面又拖泥带水。

李：现在很多人以为康德有原子个人观，其实他并没有。

杨：康德注重的是类。这就是康德有意思的地方，表面上好像很注重个体，实际上隐含的是类的意识。

李：很多人不注意这一点。

杨：这是理解方面的方向性错误。

李：很多外国人的理解也是错的，但我们这里很多人太崇拜他们的研究。

杨：不少人往往只见树木不见森林，可能细节很清楚，但总体上却是模糊的。

李：你这个观点很好，可以好好讲讲。

杨：回到刚才的话题。从历史的角度看，从传统社会到近现代社会，往往经过一个分化过程。比如，对天人关系的理解，传统思想总体上偏重于"合"，当然，同样讲天人相合，道家、儒家等的侧重可能不同。近代社会则强调"分"，即天人相分。而在对反思现代性的时候，往往又重新趋向于"合"，如环境主义，反人类中心主义等。同样地，在政治、法律与道德的关系上，也有类似的情况。在传统社会，伦理、道德与政治更多地处于相合的状态,所谓家国一体,也折射了这种情况。近代以来,特别是现代的一些理论家像罗尔斯等,总体上倾向于分,如区分公共领域与私人领域,再进一步,公共理性(政治、法律)与个体道德的区分。也许在经过区分之后,我们还是要在更高的层面上注意它们的关联,事实上,在现实的过程中,政治、法律与道德并不是分得那么清楚。传统社会没有把其中一个方面的意识充分发展起来,而是常常合而不分,这有它的问题。近代以来对其辨析、区分,无疑有其意义,但如果由区分导致分离,那就又走向另一个极端了。政治、法律与道德的关系,我们也可以这么去看。我前面之所以提到人生取向或选择与道德的区分,主要试图将人生取向的问题与道德对政治的制约问题作一分疏:人生取向的多样性,与道德对政治的制约,可以互不排斥。一方面,个人的人生取向可以多样化,既不必千人一面,也不必无条件地服从某种单一的原则,另一方面,政治实践的展开,又需要道德的制约:从在根本的层面将社会引向合乎人性的形态(价值方向的引导),到具体的实践主体的品格(敬业、清廉、公仆意识等等),都离不开道德的引导。

李:这是我同意的。

杨:刚才你提到你与罗尔斯等人的意见不同,也就是说你认为政治、法律并不能与道德区分的那么清楚。

李:当然,政治、法律怎么能与道德完全分开呢!

杨:但的确有很多哲学家在分。

李:所以桑德尔批评罗尔斯说没有道德的政治,他就分开了,这点桑德尔是对的,是不能分开。康德就没有分开。

杨:我们可以换一个角度说。从实践主体方面看,道德行为并不是由抽象的群体承担,而是落实于具体的实践个体。从这个角度看,今天可能需要培养两种意识,一种是公共理性,或者说法理意识,另一种是良知意识。法理意识以对政治、法律规范的自觉理解为内容，以理性之思为内在机制，同时涉及意志的抉择。良知意识既包含情感认同，也涉及理性的引导。现在之所以既要注重法理意识，也要重视良知意识，主要在于，一方面，缺乏公共的理性，社会的秩序便难以保证，另一方面，仅有法理意识，亦即光有对法律等规范的了解，并不一定能担保行善。良知意识具有道德直觉（自然而然、不假思为）的特点，看上去好像不甚明晰，但以恻隐之心（正面）、天理难容（反面）等观念为内容的这种意识，却可实实在在地制约着人的行动。现在比较普遍的实际状况是，不仅法理意识不足，而且良知意识淡化。所以这两个方面都要注重。

李：这里面涉及的问题很多，很复杂。

杨：确实，具体的运行机制很复杂。良知的说法也可能比较笼统、模糊。

李：遵守现代的公共规范，里面是否也有良知的问题？天理良知到底是什么？它是天生就有的，还是它的具体内容是随着时代变化的呢？这里实际涉及伦理中一些根本性的问题。

杨：事实上，我刚才是一种分析的说法，就像你区分两种道德一样。但在一个现实的道德或实践主体那里，两种意识往往相互交错。

李：首先缺的是法理意识。法理意识不见得只是理性，还存在法理意识变为情感性的东西，比如我去排队，这与宗教信仰毫无关系，插队的时候你就感觉不对，这里难道就没有良知意识吗？遵守社会公共规范衍变为良知。

杨：但在现实生活中，我们看到，一个人明明知道某种规范，却仍可能违反。

李："知道"和理性是两回事，这就是道德与认识的区别了。不仅知道，而且去做，才牵涉道德问题。任何道德一定牵涉行为。为什么我讲"情本体"呢？人毕竟不是机器,他有情感。所以你插队,违反公共道德,就会不安。这本身就是良知。所以不能将两者完全分开。

杨：所以我刚才说,从实际的现实形态看,这两者的确难以截然相分。但从研究的层面看,我们可以从不同角度对两者加以辨析。

李：这里涉及培养羞耻感的问题,破坏公共秩序就会有羞耻。因此不能把法理意识与良知意识区分开。

杨：如果借用《大学》的观点,其中也许关乎"格物致知"与"正心诚意"的关系,格物致知更侧重于理性层面的理解、把握。

李：格物到底格什么物?

杨：不同的哲学家可以赋予其不同的涵义。

李：它不简单是认识,也不简单是情感,所以我讲"情理结构",既包括情感,也包括理性。这就是人的特点所在。

杨：从道德哲学或伦理学的角度看,这里在更广的意义上涉及规范与德性的关系。光停留在规范层面,还没有化为个体自身的内在意识。

李：规范和德性的关系是很复杂的,所以我反复提及,是从内到外,还是从外到内。即德性是怎么来的,德性是天赋予的? 还是后来才有的?

杨：从类的角度看,所谓规范与德性是分不开的。历史上首先有传说中的圣人,圣人就是有德性的人,圣人的品格往往被逐渐提升、抽象为一般规范。

李：关键是圣人(的德性)是哪里来的。

杨：可以再进一步说,从历史起源来看,这里不存在绝对的开端,而是展开为一个互动的过程,圣人可以视为最完美地体现一定时代的风俗、习惯、禁忌、伦理规范等等的人,而圣人的品格,又在历史过程中被抽象、提升为普遍的规范。这里有历史的循环过程,一定要说哪一个在先,恐怕很困难。从个体角度来看,则是从教育、学习、个人自己的体验、实践等互动过程中逐渐形成不同的德性,这些德性确实不是先天的意识。

李:从情到理,一切都是从环境中产生的,就是历史情境(situation),其中包括 desire,emotion,等。

杨:从类的角度来说,无疑涉及历史情境。

李:但类又是由个体组成的,就个体的情境说,也包括个体的情与欲。

杨:中国语言中的"情"有双重含义,一是实情,一是情感。在汉语中,情感与情境往往互通。如孟子说到舜的时候,一方面似乎真像是在谈一个具体的历史人物,其所处情景十分具体,另一方面其中体现的情感(如孝),也非常真切。从情境看,即使是历史的情境,常常也体现为个体的情境;就情感言,则总是呈现为个体之情。

二、伦理与道德:内涵及意义

杨:以下也许可以转向另一个话题。你倾向于区分伦理与道德,在此视域中,伦理侧重社会规范、习俗等,与公共理性相联系,道德则侧重于心理形式。事实上,历史地看,伦理(ethics)与道德(morality)二词从古希腊语到拉丁文,并没有根本的区别。

李:中西都没有什么区别。

杨:但哲学家在运用时还是有区分。康德侧重于道德,很少讲伦理,他虽有《伦理学讲义》一书,但那主要与课堂讲学相关,其个人著作,基本都关注于道德。相形之下,黑格尔却是注重伦理。在我看来,两者实际上分别突出了广义道德的一个方面。按照我的理解,道德至少涉及如下方面。首先是现实性与理想性的问题。当康德讲道德的时候,突出的主要是道德的理想性,即强调"当然",当然主要指向未来,所谓应然而未然,展示的是理想之维,但尚未体现为现实。事实上,限于当然,这也是黑格尔批评康德的主要之点。黑格尔本人则将伦理放在更高的位置,伦理是法和道德的统一,这一论域中的伦理侧重于现实的关系,如家庭、市民社会、国家。不难看到,这两位哲学家分别突出了道德的现实性与理想性。在我看来,道德既有现实性又有理想性。现实性的问题,与人类生活的有序展开如何可能有关,当我们从社会角度考察道德有何意义时,便涉及这一方面。道德既有现实性又有崇高性,历史上的不同哲学家常常侧重于其中某一个方面。其次,道德涉及个体性与社会性的关系。道德既与个体的理性、意志、情感等方面相关,也基于社会层面的普遍伦理关系。就道德义务的起源而言,康德主要从先天的角度来加以设定,但我认为义务实际上脱不开伦理关系。黄宗羲在谈到亲子等伦理关系时,曾指出:"人生堕地,只有父母兄弟,此一段不可解之情,与生俱来,此之谓实,于是而始有仁义之名。"亲子、兄弟之间固然具有以血缘为纽带的自然之维,但同时也是一种包含社会意义的人伦;仁义则是一种义务,其具体表现形式为孝、悌、慈,等等。按黄宗羲的理解,一旦个体成为家庭人伦中的一员,那么,便应当承担这种伦理关系所规定的义务,亦即履行以孝、慈等为形式的责任。在这里,现实的人伦,规定了相关的义务:你身在其中,便需履行蕴含于这一关系中的责任。以上事实从一个方面体现了道德领域中社会层面与个体层面的关系。再次,道德又涉及普遍规范与个体德性的关系。普遍规范的作用,离不开个体的德性:规范唯有化为个体的内在德性,才能实际地影响个体的行为。在广义的道德生活中,道德涉及以上三个方面。当哲学家们区分伦理与道德,并侧重某一方面时,常常是突出了道德所内含的如上三重关系中的相关之维。如前面提到的康德注重理想性,黑格尔侧重现实性,等等。与此相联系,我的看法是,与其区分伦理与道德,不如注重道德所蕴含的上述关系。无论是以伦理为名还是用道德之名,都会涉及我上面提到的几重关系。如果没有上述几重关系的交融,也就谈不上具体的道德或伦理。

李:你的理解与我就有很大的差别了。在我看来,伦理与道德的区分是非常重要的。我同意你说的康德注重理想性,黑格尔注重现实性。从世界范围看,在对康德研究中,忽视了康德所犯的一个很严重的错误,即康德把伦理与道德混在一起,因此他就没有区分一个是心理形式,一个是社会内容。所以康德三条,一条是有社会内容的,即人是目的,这是现代社会所产生的

杨:柏拉图、亚里士多德那里不会有这样的观念,一定要经过卢梭等人之后才会有。

李:这其实是理想性的。但康德把普遍立法与自由意志也说成是有内容的,如不要说谎、不要自杀,这是错的。任何一个群体都需要这些东西才能维持,但这并不是适合于每个人每个情境的。所以桑德尔为康德辩护,这是不对的。因为这涉及具体内容,我觉得我讲的很重要,康德讲的恰恰是建立心理形式。所以恐怖分子在这一点上是道德的,他有自由意志,他认为他这么做就是普遍立法,就是要摧毁美帝国主义。所以,心理形式是一样的。恐怖分子与救火队员是一样的。一些有理想的人,也可能干很坏的事,那为什么还对他们佩服呢?因为他们坚守他们的信念,这个很厉害,建立了自由意志的心理形式,康德在人性与人文方面都提出了很重要的观念,但至今没有被注意。所以区分道德与伦理关键是突出这种心理形式,也就是建立人之为人的根本点,这是非常重要的。

杨:的确,你对道德心理形式给予了充分的关注,在区分伦理与道德时,你一再强调道德偏重于心理形式。

李：道德心理形式表现为个体的行为，这就是个体的自由意志，不计因果、不计利害，如我明明知道我会被烧死，但我还是要去做。这就是自由意志，这个是动物所没有的。道德的特点就是要有自由意志，动物看似好像也有自由意志，但那其实是它的本能。而天地良心是意识，其中蕴含着理性，并不是本能的冲动。

杨：与康德与黑格尔一样，你也给予伦理与道德以自己的独特解释。你区分道德的心理形式与善恶观念，这自是一种卓然之见，对此我并无异议。从某种意义上说，我前面提到的个体性与社会性、德性与规范，也涉及这一方面。我的看法主要是，这二者并不一定要分别归于道德和伦理：它们可以理解为道德本身的两个重要方面。伦理与道德在历史衍化中有约定俗成的理解（更多地侧重于相通），从其相通着眼，则不管是谈道德，还是说伦理，都应注重心理形式与善恶观念这两个方面。

李：从历史上看，黑格尔很重视现实层面，很少关注心理层面。后者也是黑格尔和马克思很大的问题。

杨：黑格尔是远离心理，禅宗和实用主义是远离逻辑。他们都各有偏向。引申开来，哲学就是趋向于智慧的不同看法，就此而言，我们对问题有不同的理解，也是很自然的。

李：是的，哲学应该是多元的，统一的哲学是很可怕的。

三、权利与善：优先或互动

杨：你曾一再肯定"权利优先于善"，我充分理解你提出这一观点的良苦用心，但对此也有一些不同的看法。权利总是与个体相联系，具体而言，与个体的资格相关。个体有权利做，也就意味着有资格做。比较而言，"善"从总体上看就是对人的存在价值的肯定，这种肯定体现于两个层面,一是形式层面,另一则是实质层面。形式层面的"善",主要以普遍价值原则、价值观念等形态呈现,这种价值原则和观念既构成了确认善的准则,也为形成生活的目标和理想提供了根据;实质层面的"善",则与实现合乎人性的生活、达到人性化的生存方式,以及在不同历史时期合乎人的合理需要相联系。以普遍价值原则为形态,形式层面的"善"可以包括传统意义上的仁义礼智,也可体现为近代所谓自由、平等、博爱、民主等。从以上角度看权利与善的关系,似乎需要注意两个方面。首先是避免以普遍价值原则意义上的"善"为名义,对个人的自主性作限定,如向个体强加某种一般原则、以某种道德或宗教的价值原则作为个体选择的普遍依据,以此限制个体选择的自主性。基于以上原则,甚至可能进一步走向剥夺、扼杀个人的权利,从传统社会中的"以理杀人",到现代社会以原教旨主义为旗帜进行恐怖袭击,都可以看到普遍价值原则对个体权利的剥夺:在原教旨主义名义下的恐怖袭击中,如果说,自杀袭击者的生存权利被"自愿"剥夺,那么,无辜的受害平民则被以暴力方式剥夺了生存权利。这也是你很担忧的一个重要方面,即在"善"的名义下限制、损害个体的权利。但同时,如上所述,"善"还有实质性的方面,即对合乎人性的生存方式的肯定或对人在不同历史时期合理需要的满足,孟子说"可欲之为善","可欲"可以理解为一种合理需求,满足这种需求就是"善"。从这个方面看,如果光讲权利,而不讲实质层面对人的价值的肯定,那么,这种权利可能会被抽象化。

李:"权利优先于善"是自由主义历来的观点。但是尼采以来,特别是与后现代思潮相关系,包括桑德尔、列奥·斯特劳斯,都强调善优先于权利。

杨:社群主义也有此倾向。

李:国内的大量学者也是跟着这一潮流走,我是反对的。人类发展到现代(这与古代不同),非常注重个人的权利。我反对个人的抽象权利,权利是有具体内容的,是由具体的历史情境所规范的权利。所以我认为,作为哲学的伦理学,要非常具体地关注现实。因此,善优先于权利会带来很大的问题。另一方面,我又讲和谐高于正义。和谐是引导正义、公正,这些都是与两德论联系的。宗教性道德是范导社会性道德,两者并不是分开的,宗教性道德不是去建立社会性道德,如果是建立,那就是强制了,那就变成善优先于权利了。而宗教性道德有情感、理想的寄托,牵涉终极关怀,所以可以是范导。

杨：有点像"极高明"。

李：所以我说两德论就是要极高明而道中庸。

杨：光讲权利优先于善,可能会带来另一种偏向,即一方面过于强化个体取向,由此偏离价值的引导,使之工具化、手段化;另一方面又将权利本身空泛化:离开了我前面所说的实质意义上的"善",权利往往会变得空洞、虚幻。以上偏向与"善"的二重涵义具有一致性。因此,我倾向于认为:权利要包含善的内容,这里的"善"不仅包括形式层面的价值原则,而且指在实质层面使人的存在方式更人性化,具体而言,能够不断合乎人在不同时期的合理的历史需要。同时,"善"又要体现于个体权利,"善"如果与个体的权利相分离,就会超验化。借用康德式的表述,善离开权利将趋向于超验化;权利离开善则容易工具化、手段化和空泛化。简言之,权利以善为指向,善通过权利得到实现,二者无法分离,而是相互制约。如果单纯讲谁优先于谁,可能都会导致问题,唯有相互制衡,才能保证现代社会的有序运行。

李：我们提法不同,我是强调权利优先于善,同时和谐高于正义。

杨：而我是想要在权利与善本身之间建立一种互动关系,不需要另外以"和谐高于正义"制约"权利优先于善"。

李：我之所以区分开来,是因为权利与善如果纠缠在一起,就讲不清到底是什么关系。

杨：我的意见是首先要分疏"善"。一般比较容易将"善"理解为抽象的价值原则。

李：但善到底是什么？基督教有基督教的善，伊斯兰有伊斯兰的善。

杨：这些都是我所说的形式层面或观念层面的"善"。"善"还有一个实质的层面，包括对人类合理需要的满足。孟子说"可欲之为善"，这里的"善"如果从实质层面去理解，就与宗教不相干，而与人的实际生存方式相联系了。如同你区分两种道德，我在这里趋向于区分两种"善"，即形式层面的善与实质层面的善，如果仅仅强调形式层面的"善"，则往往或者引向价值的冲突，或者将某种独断的价值原则强加于人。反之，如果忽视实质层面的"善"，则可能导致对人的存在的思辨理解，并使人的存在价值被架空。实质的"善"并非不可捉摸，它也有其相对客观的标准：在其他条件相近的条件下，社会成员丰衣足食总是比他们处于饥寒交迫之中更合乎实质的善。所谓贫穷不是社会主义，也体现了这一点。

李：但"可欲之为善"究竟怎么理解，这是一个问题。比如，我想吃饭也是善，那动物也有善，"欲"究竟是什么。我想吃这块肉，你也想吃这块肉，我们抢吃这块肉，这也涉及"善"。

杨："可欲之为善"中的"可"，就是合乎当然，它体现了合理需要。

李：问题是什么是"当然"。我们两个都有需要吃这个香蕉，那谁的"欲"是对的呢？

杨：这就是我所说不同历史时期的合理需要，可以根据一定时期的物质供应情况、人的不同具体需求等等来确定。

李：不讲普遍的，就说现在。"可欲之为善"中的"欲"就是指欲望，欲望总是个体发生的。孟子这里的"可欲"其实并非生理欲望。

杨：确实，与"善"相涉的"可欲"不同于单纯的感性欲望。这里，我们可再具体一点。就肉而言，它既满足人的口食之欲，还能补充营养、合乎生存需要。对特定时期的不同个体，则可以具体了解他们的生存对肉的需求量，由此大致把握其合理需要，如果这种需要得到满足，便体现了实质层面的"善"。

李：这里恰恰涉及权利，这种权利又恰恰是外在理性规定的，如怎么样分配。

杨：个人权利说到底就是资格问题，即我有资格做某事。

李：但你刚刚说历史时期不同的分配，恰恰不是个体所决定的，我讲的是个体，比如我们俩都抢这只香蕉怎么办？

杨：回到一开始的问题，即如何理解权利与善，从刚才的讨论中可以看到，这确实是一个复杂的问题。大致而言，我的意见是，二者的关系可能不仅仅是何者更为优先（"善优先于权利"或"权利优先于善"），而是在区分不同层面的"善"这一前提下，关注两者的互动。

四、三个命题：延伸和扩展

杨：前面所谈主要关乎伦理学中比较具体的问题，下面我想提出一个更广一些的话题。我一再提到，从哲学史看，你提出的三个命题或三句箴言在理论上作了重要的推进。第一句是"经验变先验"。这一命题解决的是康德的问题，即，从类的层面来看，先天（先验）形式从哪里来，你给出了一个解释。从现实的实践过程看，类层面的先天形式对于个体来说是先验的，康德之所以讲先天，恐怕也与这种形式对于个体具有先验性有关：它先于个体。但这种形式真正起作用，还是不能离开一个一个的个体。所以上次在你的讨论班上，我提到"经验变先验"还要继之以"先验返经验"，即普遍的形式还是要返归于个体之中,这样才会实际地起作用。康德尽管讲自我立法、自由意志等,但从道德的领域看,先天形式如何实际地起作用,如何化为内在的道德机制,亦即类层面的先天形式如何落实到个体层面,他显然未能给予充分的关注。

李:我认为康德恰恰充分关注了经验。康德讲先验与超验有区别,先验之所以为先验,一方面先于经验,另一方面不能脱离于经验。所以在《纯粹理性批判》中开头就说一切都要从经验开始,但经验并不等于知识。康德的先验范畴恰恰是要说明只有不脱离经验,才能成为科学。

杨:这里可能还要分别地看。康德在认识论上的立场与伦理学上的立场有较大的差异。就认识论而言,康德在《纯粹理性批判》中说知性离开感性是空的,感性离开知性是盲的,所以先天形式必须和经验结合起来才能构成知识,而且物自体的设定,也是为了使经验获得外在之源。所有这些都说明康德在认识论上注意到经验。但在伦理学中,康德的思路有点不一样:其道德学说似乎更趋向于剔除经验的因素。即使谈到情感,康德也主要将其视为尊重普遍法则的情感,这种情感在某种意义上已被理性化。对休谟意义上经验层面的情感,康德显然是排拒的:一旦涉及经验层面的情感,他就称之为inclination,亦即视为一种偏向。

李:康德《实践理性批判》中强调的自由意志的确是与经验无关的,因而它是本体界。"先验"一词首先出现在认识论中,而康德在道德领域说,我为什么要这么去做,这种来源,并不是出自经验。所以康德反对幸福论,对他来说,在快乐、幸福中是推不出道德的。

杨:康德是讲如何配享幸福,而不是获得幸福,功利主义则注重如何获得幸福,这有很大的差别。

李:所以康德认为,我去做一件事,并不是我同情你,而是我应该这么做。

杨：甚至也不是为了心安理得。

李：所以黑格尔说他是空洞。我认为康德讲的自由意志恰恰是心理形式，这个心理形式不能脱离具体内容。

杨：但康德并没有讲先天形式如何与具体情境相结合，这是他很大的不足。

李：是的，康德没有讲。

杨：所以我认为在"经验变先验"之后，还要加上"先验返经验"。

李：我讲"经验变先验"就是讲先验是哪里来的，而不是运用到哪里去。

杨：我是基于康德的偏向，在引申的意义上说的。

李：我的三句话是从最根本上来讲，因为哲学是讲一些最基本的问题。

杨：我刚才说的这些倒也不是和最基本的问题不相干。因为这涉及具体的道德行为如何可能的问题，道德实践还是需要个体来完成，个体如何展开其行为？这就涉及普遍形式的落实问题。

李：而且我这三句话也并不是单讲道德，也讲知识形式。

杨：确实如此，但这里我们主要以伦理学为话题。从广义的认识论角度看，中国哲学中的本体与工夫也涉及这一问题，从本体出发展开工夫，工夫需要本体的引导。认识论上，康德讲知性范畴对经验层面认识过程的作用，事实上也涉及普遍的形式如何引导个体认识活动的问题。从中国哲学看，这一问题又与明代心学中本体与工夫之辩相关：本体与工夫之辩说到底也涉及以上问题。工夫即知行活动，本体则包括人的内在观念形式，本体与工夫之辩所讨论的，就是这两者之间的关系。

李：本体与工夫这个问题很大，首先包括"本体"一词在中国是什么时候开始的。

杨：从历史层面考察"本体"，可能涉及较长时期。不过，"本体"作为一个与"工夫"相关的哲学话题，则至少可追溯到王阳明与他的后学。王阳明有两个基本观点，对此可作引申性理解：其一，从工夫说本体，它侧重本体的形成——通过工夫而形成本体，"经验变先验"，似乎也可从这一层面加以理解；其二，从本体说工夫，其侧重之点是本体落实于工夫，所谓"先验返经验"，可能与之具有相通性。从以上前提看，"经验变先验"与"先验返经验"，似乎也涉及本体与工夫的互动。不过，在王阳明那里，本体与工夫同时又与致良知相联系。

李：当然，致良知也有很多的问题。

杨：回到你的三个命题。第二句是"历史建理性"，这一命题指出了理性的来源问题，揭示了它乃是在历史过程中形成的，而不是先天的。这无疑是重要的洞见。但从另外的角度来说，也许可以再加一句，即"理性渗历史"。从历史上看，理性在形成之后，往往会成为稳定的、相对确定的形式，这种确定的形式一旦加以强化，则容易同时被凝固化、独断化，如天理就可以视为被凝固化的理性。反之，如果肯定理性渗入于历史过程，则意味着承认其开放性、过程性。所谓"理性渗历史"，强调的便是理性的开放性和过程性，也就是说，不仅其形成是历史的，而且它的作用、功能也是在历史过程中呈现的。这种渗入于历史的开放性和过程性，同时也担保了理性本身的丰富性。

李：这个我不反对，但我那句（"历史建理性"）是前提。

杨：你的命题中的第三句是"心理成本体"。这一观点同样具有重要的意义，从哲学史上看，一些哲学学派如禅宗、实用主义，往往趋向于否定或消解本体，以此为进路，人的知、行活动便缺乏内在根据。与之相对，"心理成本体"将内在本体的意义重新加以突显。当然，在这一方面，我觉得可能还有"本体存心理"的问题。所谓"本体存心理",侧重的是本体的内在性:普遍的、获得了逻辑形式的本体,需要进一步融合到个体的心理形式之中。引申而言,从道德实践看,这里同时涉及道德行为的内在机制:"本体存心理"意味着普遍的理性形式与情、意的融合,由此为道德行为提供内在的机制。

李:这也是我同意的。

杨:从总的方面看,我非常赞同你关于伦理学说到底就是哲学的观点。与这一观点相联系,我比较关注伦理学与哲学其他领域之间的不可分离性,如伦理学与本体论便难以截然相分。然而,现在的元伦理学(meta-ethics),却似乎将伦理学与哲学的其他方面区分得干干净净,具体而言,把本体论、价值论等从伦理学中加以剔除。以此为背景,便需要重新肯定:真正的伦理学一定是与哲学的根本问题相关的。

五、金冯学派与转识成智

李:以上都是你在提出问题,我也有个问题。从金岳霖、冯契一直到你,所谓金冯学派,有这么一个哲学传统? 其中,冯契特别提到转识成智,这里的"智"是什么意思? 牟宗三讲智的直觉是从康德那里来的。"智"当然是直觉性的,但它是一种认识还是道德? 是经验形态还是非经验形态?

杨:我没有很系统地考虑过以上问题,这里只能简略地谈谈我的看法。在现代中国,如果说,新儒家等形成了某种哲学传统,那么,从金岳霖到冯契,其哲学进路也展现了独特的品格,我个人的哲学思考,可以视为这一哲学进路的延续。关于"智",大致而言,这里至少可以从两个层面去理解。一是形而上之维,在这一层面,"智"可以视为对人和世界所具有的不同于经验形态的理解。我们对世界和人自身既有经验层面的理解,如对人的人类学考察,对世界的物理学考察,也可以有形而上层面的理解。作为对世界的形上把握,"智"不同于经验知识的形式:经验知识限于一定界域,"智"则跨越界限,指向存在的统一。

李: 把握是一种心理形态吧?

杨: 不仅是心理形态,同时也是一种理论形态、概念形态。

李: 概念形态是不是和语言有关系?

杨: 如果我们从理论思维的把握方式看,概念形态肯定与语言有关系。

李: 那么,语言是经验的,而你说的形而上层面的把握又是超语言超经验的形而上的普遍,如何处理?

杨: 语言或名言本身可以有不同形态。《老子》已区分"可名"之名与"常名",所谓"道可道,非常道;名可名,非常名"。以经验领域为对象的语言("可名"之名)固然无法把握"常道",但语言并不限于经验领域,它也可用于讨论形上领域的对象,正如哲学家可以在形式的层面谈"先天"、"先验"一样,他们也既可用"大全"、"绝对"等思辨的语言讨论形上对象,又可用"具体的存在"、"真实的世界"等概念讨论形上领域的问题。事实上,概念既涉及经验层面的语言,又包含普遍的内涵,后者决定了它并不隔绝于形上之域。由此可以转向"智"的第二层面的涵义。在这一层面,"智"与人的内在境界相联系。这种境界表现为知、情、意的交融,在知情意的这种统一中,同时包含真、善、美的价值内容。谈到"智"或智慧,总是不能偏重于某一方面,而是以精神世界的统一性为其内在特点,在此意义上,境界呈现为一种综合的精神形态。再细分的话,境界又可以视为德性与能力的统一。德性主要表现为人在价值取向层面上所具有的内在品格,它关乎人成长过程中的价值导向和价值目标,并从总的价值方向上,展现了人之为人的内在规定。与德性相关的能力,则主要是表现为人在价值创造意义上的内在的力量。人不同于动物的重要之点,在于能够改变世界、改变人自身,后者同时表现为价值创造的过程,作为人的内在规定的能力,也就是人在价值创造层面所具有的现实力量。单讲德性,容易导致精神世界的玄虚化、抽象化,如宋明理学中一些流派和人物往往便偏重心性,由此悬置对世界的现实作用;单讲能力,则会导向科学主义,并使能力本身失去价值的引导。在作为智慧型态的境界中,德性与能力超越了单向度性,呈现内在的融合。总起来,"智"既涉及世界之"在",又关乎人的存在;既体现于对世界的理解,又渗入于人自身的精神之境和精神活动。在此意义上,也可以说,它兼涉中国哲学所说的"性与天道"。以上是我对转识成智之"智"的大致理解,对此你也许不一定赞同。

2021 年版后记

　　本书收入了我前些年所发表的若干论文，2018 年由生活·读书·新知三联书店出版。此次收入我的著作集，除增删了若干文稿之外，其他内容未作实质性的改动。

杨国荣

2021 年 4 月 15 日